UTB **8384**

**Eine Arbeitsgemeinschaft der Verlage**

Beltz Verlag Weinheim · Basel
Böhlau Verlag Köln · Weimar · Wien
Verlag Barbara Budrich Opladen · Farmington Hills
facultas.wuv Wien
Wilhelm Fink München
A. Francke Verlag Tübingen und Basel
Haupt Verlag Bern · Stuttgart · Wien
Julius Klinkhardt Verlagsbuchhandlung Bad Heilbrunn
Lucius & Lucius Verlagsgesellschaft Stuttgart
Mohr Siebeck Tübingen
C. F. Müller Verlag Heidelberg
Orell Füssli Verlag Zürich
Verlag Recht und Wirtschaft Frankfurt am Main
Ernst Reinhardt Verlag München · Basel
Ferdinand Schöningh Paderborn · München · Wien · Zürich
Eugen Ulmer Verlag Stuttgart
UVK Verlagsgesellschaft Konstanz
Vandenhoeck & Ruprecht Göttingen
vdf Hochschulverlag AG an der ETH Zürich

Carsten Homburg
Ute Bonenkamp
Michael Lorenz

# Übungsbuch
# Kosten- und Leistungsrechnung

Lucius & Lucius

WISU-TEXTE sind die Lehrbuchreihe
der Zeitschrift WISU – Das WIRTSCHAFTSSTUDIUM
(www.wisu.de)

Anschriften der Autoren:

Prof. Dr. Carsten Homburg
Dipl.-Kff. Ute Bonenkamp
Dipl.-Kfm. Michael Lorenz
Seminar für ABWL und Controlling
Universität zu Köln
Albertus-Magnus-Platz
50923 Köln

Bibliografische Information der Deutschen Nationalbibliothek

Die Deutsche Bibliothek verzeichnet diese Publikation in der Deutschen Nationalbibliografie; detaillierte bibliografische Daten sind im Internet über http://dnb.ddb.de abrufbar

ISBN 978-3-8282-0417-1 (Lucius & Lucius)

© Lucius & Lucius Verlagsgesellschaft mbH Stuttgart 2008
Gerokstr. 51, D-70184 Stuttgart
www.luciusverlag.com

Eine Lange Publikation

Das Werk einschließlich aller seiner Teile ist urheberrechtlich geschützt. Jede Verwertung außerhalb der engen Grenzen des Urheberrechtsgesetzes ist ohne Zustimmung des Verlages unzulässig und strafbar. Das gilt insbesondere für Vervielfältigung, Übersetzungen, Mikroverfilmungen und die Einspeicherung, Verarbeitung und Übermittlung in elektronischen Systemen.

Druck und Einband: Pustet, Regensburg

Printed in Germany

UTB-Bestellnummer: 978-3-8252-8384-1

# Vorwort

Das Übungsbuch enthält zahlreiche Aufgaben mit ausführlichen Lösungen zur Kosten- und Leistungsrechnung. Es bietet insbesondere die Möglichkeit, diejenigen Teile zu vertiefen und anzuwenden, die im Bachelor-Studium von Bedeutung sind.

Inhalt und Aufbau des Übungsbuches orientieren sich am Lehrbuch Kloock/Sieben/Schildbach/Homburg, Kosten- und Leistungsrechnung (9. Auflage 2005). Teil 1 beschäftigt sich mit den Grundlagen der Kosten- und Leistungsrechnung und verdeutlicht zentrale Begriffe. Teil 2 behandelt die primär für Dokumentations- und Kontrollaufgaben geeignete Istkosten- und Istleistungsrechnung. Teil 3 führt in die Plankosten- und Planleistungsrechnung ein.

Sämtliche Literaturhinweise beziehen sich auf dieses Lehrbuch. Es sollte neben dem Übungsbuch herangezogen werden.

Die Aufgaben weisen geringen (*), mittleren (**) und hohen (***) Schwierigkeitsgrad auf und sind entsprechend gekennzeichnet. Da innerhalb der Multiple-Choice-Aufgaben alle Schwierigkeitsgrade anzutreffen sind, finden sich hier keine Kennzeichnungen.

Dr. Cordula Ebeling hat wesentlich zur Konzeption der Aufgaben beigetragen, wofür ihr unser Dank gebührt. Weiterer Dank gilt Lena Neugebauer, Max Berens, Philipp Kruczynski und Philipp Plank für ihre Unterstützung bei der Gestaltung des Layouts. Außerdem bedanken wir uns bei den studentischen Mitarbeitern und den Tutoren des Seminars für Allgemeine BWL und Controlling an der Universität zu Köln, die ebenfalls an diesem Übungsbuch mitgewirkt haben.

Köln, im Winter 2007

Prof. Dr. Carsten Homburg

Dipl.-Kff. Ute Bonenkamp

Dipl.-Kfm. Michael Lorenz

# Inhaltsverzeichnis

Abkürzungsverzeichnis ..................................................................................... IX

Symbolverzeichnis ......................................................................................... XIII

1 Grundlagen der Kosten- und Leistungsrechnung .......................................... 1
   1.1 Kosten und Leistungen und weitere grundlegende Begriffe ................. 2
   1.2 Abgrenzungsrechnung ........................................................................... 9
   1.3 Gliederung von Kosten ......................................................................... 21
      1.3.1 Gliederung nach Kostenverhalten bei Beschäftigungsänderungen ........ 21
      1.3.2 Gliederung nach der Form der Zurechnung: Zurechnungsprinzipien .... 27

2 Istkosten- und Istleistungsrechnung ............................................................ 31
   2.1 Kostenartenrechnung .......................................................................... 31
      2.1.1 Erfassung von Arbeitskosten ................................................. 31
      2.1.2 Erfassung von Werkstoffkosten ............................................. 33
      2.1.3 Erfassung von Betriebsmittelkosten ...................................... 38
      2.1.4 Erfassung von Kapitalkosten ................................................. 47
      2.1.5 Erfassung von Wagniskosten ................................................. 53
      2.1.6 Erfassung von Steuern ........................................................... 55
   2.2 Kostenstellenrechnung ........................................................................ 55
   2.3 Kostenträgerstückrechnung ................................................................ 68
      2.3.1 Mehrstufige Divisionskalkulation .......................................... 68
      2.3.2 Äquivalenzziffernkalkulation ................................................. 72
      2.3.3 Kalkulation von Kuppelprodukten ......................................... 75
      2.3.4 Zuschlagskalkulation .............................................................. 77
      2.3.5 Maschinenstundensatzkalkulation ......................................... 81
   2.4 Leistungsrechnung ............................................................................... 85
   2.5 Erfolgsrechnung auf Basis von Kosten und Leistungen ................... 92

3 Einführung in die Plankosten- und Planleistungsrechnung ...................... 98
   3.1 Normalkostenrechnung ....................................................................... 98
   3.2 Plankosten- und Planleistungsrechnung ......................................... 104
      3.2.1 Starre Plankostenrechnung .................................................. 104
      3.2.2 Flexible Plankostenrechnung auf Vollkosten- und Teilkostenbasis ..... 109

| 4 | Lösungen | 122 |
|---|---|---|
| 4.1 | Grundlagen der Kosten- und Leistungsrechnung | 122 |
| | 4.1.1 Kosten und Leistungen und weitere grundlegende Begriffe | 124 |
| | 4.1.2 Abgrenzungsrechnung | 132 |
| | 4.1.3 Gliederung von Kosten | 142 |
| |     4.1.3.1 Gliederung nach Kostenverhalten bei Beschäftigungsänderungen | 142 |
| |     4.1.3.2 Gliederung nach der Form der Zurechnung: Zurechnungsprinzipien | 154 |
| 4.2 | Istkosten- und Istleistungsrechnung | 160 |
| | 4.2.1 Kostenartenrechnung | 160 |
| |     4.2.1.1 Erfassung von Arbeitskosten | 160 |
| |     4.2.1.2 Erfassung von Werkstoffkosten | 163 |
| |     4.2.1.3 Erfassung von Betriebsmittelkosten | 170 |
| |     4.2.1.4 Erfassung von Kapitalkosten | 182 |
| |     4.2.1.5 Erfassung von Wagniskosten | 188 |
| |     4.2.1.6 Erfassung von Steuern | 190 |
| | 4.2.2 Kostenstellenrechnung | 190 |
| | 4.2.3 Kostenträgerstückrechnung | 209 |
| |     4.2.3.1 Mehrstufige Divisionskalkulation | 209 |
| |     4.2.3.2 Äquivalenzziffernkalkulation | 213 |
| |     4.2.3.3 Kalkulation von Kuppelprodukten | 218 |
| |     4.2.3.4 Zuschlagskalkulation | 221 |
| |     4.2.3.5 Maschinensatzkalkulation | 227 |
| | 4.2.4 Leistungsrechnung | 231 |
| | 4.2.5 Erfolgsrechnung auf Basis von Kosten und Leistungen | 240 |
| 4.3 | Einführung in die Plankosten- und Planleistungsrechnung | 247 |
| | 4.3.1 Normalkostenrechnung | 247 |
| | 4.3.2 Plankosten- und Planleistungsrechnung | 254 |
| |     4.3.2.1 Starre Plankostenrechnung | 254 |
| |     4.3.2.2 Flexible Plankostenrechnung auf Vollkosten- und Teilkostenbasis | 258 |

# Abkürzungsverzeichnis

| | |
|---|---|
| AA | Andersaufwand |
| Abb. | Abbildung |
| AE | Andersertrag |
| AG | Aktiengesellschaft |
| AK | Anderskosten |
| AL | Andersleistung |
| BAB | Betriebsabrechnungsbogen |
| bzw. | beziehungsweise |
| DB | Deckungsbeitrag |
| d.h. | das heißt |
| EDV | Elektronische Datenverarbeitung |
| Ek | Eigenkapital |
| etc. | et cetera |
| f. | folgende Seite |
| ff. | fortfolgende Seiten |
| F&E | Forschung und Entwicklung |
| FE | Fertige Erzeugnisse |
| FEK | Fertigungseinzelkosten |
| FGK | Fertigungsgemeinkosten |
| FiBu | Finanzbuchhaltung |
| FIFA | Fédération Internationale de Football Association |
| FIFO | First In First Out |
| FKS | Fertigungskostenstelle |
| FL | Fertigungslohn |
| FM | Fertigungsmaterial |
| g | Gramm |
| GbR | Gesellschaft bürgerlichen Rechts |
| GE | Geldeinheiten |

| | |
|---|---|
| ggf. | gegebenenfalls |
| ggü. | gegenüber |
| GKV | Gesamtkostenverfahren |
| GmbH | Gesellschaft(en) mit beschränkter Haftung |
| GuV | Gewinn- und Verlustrechnung |
| h | hora (Stunde) |
| Hako | Hauptkostenstelle |
| Hiko | Hilfskostenstelle |
| HK | Herstellkosten |
| ibL | innerbetriebliche Leistungsverrechnung |
| i.d.R. | in der Regel |
| i.H. | in Höhe |
| k.A. | keine Angabe |
| kalk. | kalkulatorisch |
| KG | Kommanditgesellschaft (auf Aktien) |
| KGaA | Kommanditgesellschaft auf Aktien |
| kg | Kilogramm |
| KuL | Kosten- und Leistungsrechnung |
| kWh | Kilowattstunde |
| LE | Leistungseinheiten |
| LIFO | Last In First Out |
| lt. | laut |
| LuL | Lieferungen und Leistungen |
| m/m² | Meter/Quadratmeter |
| ME | Mengeneinheiten |
| MEK | Materialeinzelkosten |
| MGK | Materialgemeinkosten |
| Min. | Minuten |
| Mio. | Millionen |
| MK | Materialkosten |
| OHG | Offene Handelsgesellschaft |

| | |
|---|---|
| P | Produkt (Kalkulation von Kuppelprodukten) |
| p.a. | per annum (pro Jahr) |
| q.e.d. | quod erat demonstrandum („was zu beweisen war") |
| RE | Recheneinheit |
| RHB | Roh-, Hilfs- und Betriebsstoffe |
| S. | Seite |
| SA | Sachanlagen |
| SEK | Sondereinzelkosten |
| SK | Selbstkosten |
| t | Tonne |
| T€ | Tausend Euro |
| UFE | Unfertige Erzeugnisse |
| UKV | Umsatzkostenverfahren |
| V | Variante (Äquivalenzziffernkalkulation) |
| V&V | Verwaltung und Vertrieb |
| vgl. | vergleiche |
| WM | Weltmeisterschaft |
| ZA | Zusatzaufwand |
| ZE | Zusatzertrag |
| ZK | Zusatzkosten |
| ZL | Zusatzleistung |
| z.B. | zum Beispiel |

# Symbolverzeichnis

| | |
|---|---|
| $a$ | Abschreibungsbetrag (Zurechnungsprinzipien) |
| $a_t$ | Abschreibungsbetrag der t-ten Nutzungsperiode |
| $a_T$ | Abschreibungsbetrag der letzten Nutzungsperiode |
| $A$ | Anschaffungspreis (gegebenenfalls erweitert um primäre Anschaffungsnebenkosten) |
| ABU | Auftragsbruttoumsatz |
| $b_i$ | gesamte Bezugsgrößenmenge des i-ten Kalkulationsobjekt (Durchschnittsprinzip) |
| $B$ | kalkulatorisches Betriebsergebnis |
| $d$ | Degressionsbetrag (arithmetisch-degressives Abschreibungsverfahren) |
| DAK | durchschnittliches Abzugskapital |
| DSK | durchschnittliches sachzielnotwendiges Kapital |
| DSV | durchschnittliches sachzielnotwendiges Vermögen |
| $E_i^*$ | primäre Kosten der i-ten Produktionsstufe (mehrstufige Divisionskalkulation) |
| $EK_i$ | Endkosten der i-ten Kostenstelle (Kostenstellenausgleichsverfahren) |
| $G$ | Erfolg nach Gewinn- und Verlustrechnung |
| $GK_i$ | Gesamtkosten einer Kostenstelle |
| GK | Grundkosten |
| GL | Grundleistung |
| $i, j$ | Index für Kalkulationsobjekt, Kostenstelle bzw. Produktionsstufe |
| $k$ | Stückkosten (bezüglich aller Kostenarten oder einer Kostenart) |
| $k_f$ | fixe Stückkosten |

| | |
|---|---|
| $k, k_i, k_n$ | Stückkosten der i-ten Kostenstelle oder der n-ten Produktart; diese Stückkosten werden nicht durch zusätzliche Symbole unterschieden, da im Text das jeweilige Bezugsobjekt stets klar erkennbar ist. |
| kK | kalkulatorische Kosten |
| kL | kalkulatorische Leistungen |
| $k_v$ | variable Stückkosten |
| LM | Gesamtkosten (bzgl. einer oder aller Kostenarten einer Periode) |
| $K'$ | Grenzkosten |
| $K''$ | Steigung der Grenzkosten |
| $K_f$ | fixe Kosten |
| $K_i$ | Gesamtkosten der i-ten Kostenstelle |
| $K_v$ | Variable Kosten |
| $K'_v$ | Variable Grenzkosten |
| $KS_i$ | i-te Kostenstelle |
| LM | Liquide Mittel |
| $PK_i$ | Primäre Gemeinkosten der i-ten Kostenstelle |
| q | $1/\alpha$ (geometrisch-degressives Abschreibungsverfahren) |
| $q_i$ | Verrechnungssatz für eine Mengeneinheit der Güterart der i-ten Hilfskostenstelle (Kostenausgleichsverfahren) |
| $\bar{q}_i$ | Normalisierter Verrechnungssatz für eine Mengeneinheit der Güterart der i-ten Hilfskostenstelle |
| $q_i^{fix}$ | Verrechnungssatz für die fixen Kosten einer Mengeneinheit der Güterart der i-ten Hilfskostenstelle |
| $q_i^{var}$ | Verrechnungssatz für die variablen Kosten einer Mengeneinheit der Güterart der i-ten Hilfskostenstelle |
| R | Restwert von Betriebsmitteln am Ende der Nutzungszeit |
| $R_t$ | Buchwert von Betriebsmitteln am Ende der t-ten Nutzungsperiode mit $R_0 = A$ und $R_T = R$ |
| $SK_i$ | sekundäre Gemeinkosten der i-ten Kostenstelle |
| SV | sachzielnotwendiges Vermögen |
| t | Periodenindex |

| | |
|---|---|
| $T$ | Anzahl der gesamten Nutzungsperioden (Nutzungsdauer) |
| $w_{i-1}$ | Wertansatz für die in die i-te Produktionsstufe eingehenden unfertigen Erzeugnisse (mehrstufige Divisionskalkulation) |
| $x$ | produzierte Menge |
| $x^*$ | Ausbringungsmenge mit minimalen Stückkosten; optimale Ausbringungsmenge |
| $x^{**}$ | Ausbringungsmenge mit minimalen variablen Stückkosten |
| $\bar{\bar{x}}$ | gesamtes Nutzungspotenzial (mengenorientierte Abschreibung) |
| $\bar{x}$ | konstante Ausbringungsmenge |
| $x_i, x_n, x_t$ | Ausbringungsmenge der i-ten Kostenstelle, der n-ten Erzeugnisart oder t-ten Periode; diese Ausbringungsmengen werden nicht durch zusätzliche Symbole unterschieden, da im Text das Bezugsobjekt Periode, Art oder Kostenstelle stets eindeutig erkennbar ist. |
| $x_j$ | gesamte Güter- bzw. Leistungsmenge der j-ten Hilfskostenstelle (Kostenstellenausgleichsverfahren) |
| $x_{ji}$ | von der j-ten Hilfskostenstelle an die i-te Kostenstelle abgegebene Güter- bzw. Leistungsmenge (Kostenstellenausgleichsverfahren) |
| $z_n$ | Äquivalenzziffer einer Produktart n |
| $z_M, z_F$ | Zuschlagssatz der Materialstelle/der Fertigungsstelle |
| $\alpha$ | vorgegebener Bruchteil des aktuellen Güterverzehrs verglichen mit dem der Vorperiode (geometrisch-degressives Abschreibungsverfahren) |
| $\Delta$ | Differenzgröße, Deltagröße, Abweichung |
| $\in$ | Element |
| $\lim$ | Grenzwert |
| $\infty$ | unendlich |

# 1 Grundlagen der Kosten- und Leistungsrechnung

Die in diesem Kapitel angesprochenen Inhalte werden in dem Lehrbuch Kloock/Sieben/Schildbach/Homburg, Kosten- und Leistungsrechnung, in den Abschnitten I.A bis I.D behandelt.

## Aufgabe 1

*Die Lösung zu Aufgabe 1 finden Sie auf Seite 122 ff.*

Geben Sie an, ob folgende Aussagen richtig oder falsch sind.

| | Aussage | Richtig/Falsch |
|---|---|---|
| a) | Die Kosten- und Leistungsrechnung richtet sich ausschließlich an interne Adressaten. | R |
| b) | Eine Istkostenrechnung eignet sich insbesondere zur Planung. | F |
| c) | Das interne Rechnungswesen befasst sich mit der Beurteilung des mengen- und wertmäßigen Güterverzehrs zum Zweck der Leistungserstellung. | |
| d) | Zahlungsrechnungen reichen zur Gewinnermittlung aus. | |
| e) | Die Gewinn- und Verlustrechnung würde zur Unterstützung innerbetrieblicher Entscheidungen ausreichen, falls sie häufiger als einmal im Jahr – beispielsweise quartalsweise oder monatlich – ermittelt würde. | |
| f) | Kostenrechnungsinformationen dienen z.B. der Unterstützung von Produktionsprogrammentscheidungen. | |
| g) | Gegenstand des betrieblichen Rechnungswesens ist die Abbildung der Mengen- und Wertbewegungen sowohl im Innenbereich als auch zum Außenbereich des Unternehmens. | |
| h) | Kosten lassen sich nach der Übereinstimmung der Kosten mit dem Aufwand, nach der Veränderung der Kosten bei Beschäftigungsänderungen, nach der Zurechnung der Kosten zu Kostenträgern und nach den den Kosten zugrunde liegenden Güterverzehrsarten gliedern. | R |
| i) | Die Anwendung eines Voll- oder eines Teilkostenrechnungssystems hängt vom Rechnungszweck ab. | R |

## 1.1 Kosten und Leistungen und weitere grundlegende Begriffe

Die in diesem Kapitel angesprochenen Inhalte werden in dem Lehrbuch Kloock/Sieben/Schildbach/Homburg, Kosten- und Leistungsrechnung, im Abschnitt I.E behandelt.

### Aufgabe 2

*Die Lösung zu Aufgabe 2 finden Sie auf Seite 124 ff.*

Geben Sie an, ob folgende Aussagen richtig oder falsch sind.

| | Aussage | Richtig/Falsch |
|---|---|---|
| a) | Die Inanspruchnahme einer Dienstleistung im Rahmen der Produktion führt zu Kosten. | |
| b) | Der Kauf von Rohstoffen auf Ziel und der anschließende sofortige Verbrauch in der Produktion führen zu einer Ausgabe, zu einem Aufwand und zu Kosten. | |
| c) | Ein Verkauf von Waren im Wert von 50.000 €, wovon 20.000 € sofort angezahlt werden und der Restbetrag im nächsten Jahr überwiesen wird, führt zu einer Einnahme von 50.000 €. | |
| d) | Kosten sind definiert als bewertete, leistungsbezogene Gütererstellung einer Periode. | |
| e) | Die Barbegleichung einer Lieferantenverbindlichkeit stellt eine Auszahlung und eine Ausgabe dar. | |
| f) | Die liquiden Mittel am Ende einer Periode ergeben sich als Summe aus Cash Flow der Periode und Bestand der liquiden Mittel zu Periodenbeginn. | |
| g) | Eine Kapitalerhöhung führt zu einer Einzahlung, einer Einnahme und einem Ertrag. | |
| h) | Der Beschluss einer Dividendenzahlung und deren Ausschüttung führen nicht zu einer Ausgabe. | |
| i) | Die Differenz aus Ein- und Auszahlungen eines Unternehmens einer Periode entspricht stets dem Bestand an liquiden Mitteln am Periodenende. | |
| j) | Werden Rohstoffe in derselben Periode gekauft und verbraucht, liegen eine Ausgabe und ein Aufwand vor. | |

| | | |
|---|---|---|
| k) | Bezahlt ein Kunde eine bestehende Forderung in bar, so stellt dieser Geschäftsvorfall eine Einzahlung, eine Einnahme und einen Ertrag dar. | |
| l) | Eine Dividendenzahlung an die Anteilseigner stellt eine Einzahlung dar. | |
| m) | Eine Spende über 1.000 Euro eines Unternehmens an einen wohltätigen Verein stellt zugleich eine Auszahlung, eine Ausgabe und einen Aufwand dar. | |
| n) | Leistet ein Kunde eine Anzahlung (Vorauszahlung) für eine noch nicht erbrachte Leistung an ein Unternehmen in bar, so stellt dieser Geschäftsvorfall für das Unternehmen eine Einzahlung und eine Einnahme dar. | |
| o) | Kosten sind der bewertete, leistungsbezogene Güterverzehr einer Periode. | |
| p) | Der wertmäßige Kostenbegriff ist umfassender als der pagatorische Kostenbegriff. | |
| q) | Die wertmäßigen Kosten unterscheiden sich immer dann von den pagatorischen Kosten, wenn kein Engpass vorliegt. | |

## Aufgabe 3 (**)

*Die Lösung zu Aufgabe 3 finden Sie auf Seite 126 f.*

Ermitteln Sie für die nachfolgenden Geschäftsvorfälle die Höhe der Auszahlungen, Ausgaben, Aufwendungen und Kosten sowie Einzahlungen, Einnahmen, Erträge und Leistungen.

a) Zielkauf von 3.000 kg eines Rohstoffs zu 8 €/kg.

b) Lagerverkauf in bar von in der Vorperiode produzierten Waren in Höhe von 14.000 €. Die Herstellkosten der Vorräte betragen 12.000 €. Der kalkulatorische Wertansatz entspricht dem bilanziellen Wertansatz.

c) Überweisung von 16.700 € für Löhne und Gehälter. In Höhe von 3.300 € handelt es sich um eine Nachzahlung, für die eine Verbindlichkeit in der Bilanz erfasst wurde.

d) Rohstoffe zum Einkaufspreis von 15.000 € werden dem Lager entnommen und verbraucht.

e) Bei dem Unternehmen geht ein Wechsel über 30.000 € für eine längst verkaufte Maschine ein. Nach dem Verkauf der Maschine wurde eine Forderung in der Bilanz aktiviert.

f) Ein Unternehmenseigner überweist 70.000 € von seinem Privatvermögen auf das Firmenkonto.

g) Eine Spezialmaschine wird erstellt und in der Bilanz zu 100.000 € aktiviert. Die handelsrechtliche und kalkulatorische Bewertung stimmen überein.

h) Die Spezialmaschine aus g) wird linear restlos abgeschrieben, man rechnet mit einer Nutzungsdauer von 5 Jahren. Die kalkulatorische Abschreibung entspricht der bilanziellen Abschreibung.

i) Die von dem Unternehmen gehaltenen, Anleihen führen zu Couponeinzahlungen in Höhe von 50.000 €.

j) Das Unternehmen gewinnt einen Innovationspreis und erhält einen Scheck über 70.000 €.

k) Durch einen Einbruch werden dem Unternehmen mehrere Firmenfahrzeuge und zahlreiche Computer im Wert von insgesamt 500.000 € gestohlen.

l) Eine jährliche Diebstahlversicherung wird abgeschlossen. Die Versicherungsprämie beträgt 10.000 € und wird überwiesen.

| Fall | Einzahlung | Einnahme | Ertrag | Leistung | Auszahlung | Ausgabe | Aufwand | Kosten |
|---|---|---|---|---|---|---|---|---|
| a) | | | | | | | | |
| b) | | | | | | | | |
| c) | | | | | | | | |
| d) | | | | | | | | |
| e) | | | | | | | | |
| f) | | | | | | | | |
| g) | | | | | | | | |
| h) | | | | | | | | |
| i) | | | | | | | | |
| j) | | | | | | | | |
| k) | | | | | | | | |
| l) | | | | | | | | |

## Aufgabe 4 (*)

*Die Lösung zu Aufgabe 4 finden Sie auf Seite 128 f.*

Nehmen Sie Stellung zu folgenden Aussagen. Korrigieren Sie ggf. unzutreffende Begriffsverwendungen.

a) Wird eine Lieferantenverbindlichkeit bar beglichen, so liegt eine Ausgabe vor und keine Auszahlung.

b) Beschaffungsvorgänge sind in der Regel erfolgswirksam.

c) Wenn Rohstoffe dem Lager entnommen werden und in die Produktion einfließen, liegt eine Ausgabe vor.

d) Wenn Kauf und Verbrauch von Hilfsstoffen zusammenfallen, liegt ein Aufwand und eine Ausgabe vor.

e) Werden private Räume betrieblich genutzt, so handelt es sich um Zweckaufwand.

f) Durch kalkulatorische Zinsen auf das Eigenkapital entstehen Anderskosten.

g) Kalkulatorische Wagnisse führen zu Anderskosten.

h) Der kalkulatorische Unternehmerlohn stellt Zusatzkosten bei Kapitalgesellschaften dar.

i) Bei der Rückzahlung eines Darlehens liegen eine Ausgabe und eine Auszahlung vor.

j) Lohn- und Gehaltszahlungen stellen eine Ausgabe, aber keinen Aufwand dar.

k) Ein Aufwand ist immer auch eine Ausgabe.

l) Kalkulatorische Kosten sind immer zugleich auch Aufwand.

m) Der Barverkauf von Waren ist eine Einzahlung, eine Einnahme und zugleich auch ein Ertrag.

n) Wird auf Lager produziert, entsteht dadurch sowohl eine Einnahme, als auch ein Ertrag.

o) Bei dem Verkauf von Waren auf Ziel entsteht eine Einzahlung nicht aber eine Einnahme.

p) Die Aufnahme eines Kredits stellt eine Einzahlung, aber keine Einnahme dar.

q) Eine Kapitalerhöhung führt zu einer Einzahlung, einer Einnahme und einem Ertrag.

r) Leistungen sind die bewertete, leistungsbezogene Gütererstellung einer Periode.

## Aufgabe 5 (*)

*Die Lösung zu Aufgabe 5 finden Sie auf Seite 129.*

Geben Sie an, ob es sich um Zweckaufwand, Grundkosten, Zusatzaufwand, Andersaufwand, Anderskosten oder Zusatzkosten bzw. um Zweckertrag, Grundleistung, Zusatzertrag, Andersertrag, Andersleistung, Zusatzleistung oder nichts dergleichen handelt.

a) Erstellung einer Software zur Benutzung im Unternehmen

b) Verkauf einer Maschine zum Buchwert

c) Kalkulatorische Zinsen auf das Eigenkapital

d) Unternehmerlohn eines OHG-Gesellschafters

e) Gehalt eines Vorstandsvorsitzenden einer AG

f) Unterschiedliche Bewertung noch nicht abgesetzter Güter

g) Spekulationsgewinne aus Wertpapiergeschäften

h) Die bilanzielle und kalkulatorische Bewertung von Ressourcenverbräuchen stimmen nicht überein.

## Aufgabe 6 (**)

*Die Lösung zu Aufgabe 6 finden Sie auf Seite 130 f.*

Ermitteln Sie für die nachfolgenden Geschäftsvorfälle die Höhe der Auszahlungen, Ausgaben, Aufwendungen und Kosten sowie Einzahlungen, Einnahmen, Erträge und Leistungen.

a) Eine neue Maschine wird zum Preis von 100.000 € auf Ziel gekauft.

b) Rohstoffe werden zum Preis von 50.000 € bar gekauft, jedoch noch nicht verbraucht.

c) Ein Bankkredit in Höhe von 200.000 € wird aufgenommen.

d) Löhne und Gehälter in Höhe von 100.000 € werden überwiesen.

e) Für den Firmeninhaber wird ein kalkulatorischer Unternehmerlohn in Höhe von 40.000 € verrechnet.

f) Die Gewinnausschüttung für das Vorjahr wird auf 100.000 € festgesetzt und an die Eigner überwiesen.

g) Eine Spende in Höhe von 500 € wird an den örtlichen Sportverein überwiesen.

h) In der Vorperiode beschaffte Rohstoffe im Wert von 20.000 € werden dem Lager entnommen und in der Produktion eingesetzt. Bilanzieller und kalkulatorischer Wertansatz stimmen überein.

i) Aktivierte Produkte werden zu einem Preis von 300.000 € verkauft. Zuvor hatten sie einen bilanziellen und kalkulatorischen Wert von 250.000 €. Es erfolgt eine Anzahlung in Höhe von 100.000 €, die Überweisung des restlichen Kaufpreises erfolgt erst im nächsten Jahr.

j) Ein Mieter eines dem Unternehmen gehörenden Gebäudes überweist die Jahresmiete in Höhe von 20.000 €. Bei dem Unternehmen handelt es sich um ein Produktionsunternehmen.

k) Im Rahmen einer Kapitalerhöhung fließen dem Unternehmen 200.000 € zu.

l) Übernahme einer selbst erstellten Produktionsanlage mit dem (bilanziellen = kalkulatorischen) Wert von 20.000 € ins Anlagevermögen des Unternehmens.

m) Der Wert eines von einem Produktionsunternehmen im Umlaufvermögen gehaltenen Aktienpaketes sinkt um 10.000 €.

n) Die Zinsen für Verbindlichkeiten des Unternehmens werden überwiesen. Es handelt sich um 50.000 €.

| Fall | Ein-zahlung | Ein-nahme | Ertrag | Leistung | Aus-zahlung | Ausgabe | Aufwand | Kosten |
|---|---|---|---|---|---|---|---|---|
| a) |  |  |  |  |  | 100.000 | — | — |
| b) |  |  |  |  | 50.000 | 50.000 |  |  |
| c) | 200.000 |  |  |  |  |  |  |  |
| d) |  |  |  |  | 100.000 | 100.000 | 100.000 | 100.000 |
| e) |  |  |  |  |  |  |  | 90.000 |
| f) |  |  |  |  | 100.000 | 100.000 |  |  |
| g) |  |  |  |  | 500 | 500 | 500 |  |
| h) |  |  |  |  |  |  | 20.000 | 20.000 |
| i) | 100.000 | 300.000 | 50.000 | 50.000 |  |  |  |  |
| j) | 70.000 | 70.000 | 70.000 |  |  |  |  |  |
| k) | 700.000 | 200.000 |  |  |  |  |  |  |
| l) |  | ? | 20.000 | 20.000 |  |  |  |  |
| m) |  |  |  |  |  |  | 70.000 |  |
| n) | ? |  |  |  | 50.000 | 50.000 | 50.000 | 50.000 |

## Aufgabe 7 (*)

*Die Lösung zu Aufgabe 7 finden Sie auf Seite 131.*

Geben Sie an, ob es sich um Zusatzaufwand, Andersaufwand, Zweckaufwand, Grundkosten, Anderskosten oder Zusatzkosten bzw. um Zusatzertrag, Andersertrag, Zweckertrag, Grundleistung, Andersleistung oder Zusatzleistung handelt.

a) Kalkulatorischer Unternehmerlohn in einer Personengesellschaft

b) Abschreibung für eine Maschine, wobei die handelsrechtliche und die kalkulatorische Bewertung voneinander abweichen.

c) Produktion und Einlagerung von Gütern, wobei handelsrechtliche und kalkulatorische Bewertung übereinstimmen.

d) Erstellung einer Maschine, die für eigene betriebliche Zwecke genutzt werden soll. Die handelsrechtliche und kalkulatorische Bewertung stimmen überein.

e) Kauf von Material, das direkt in die Produktion eingeht.

f) Lotteriegewinn des Unternehmens

g) Gewerbesteuernachzahlung für die letzte Periode

h) Außergewöhnlicher Verkauf einer Maschine über ihrem Buchwert

i) Der kalkulatorische Ansatz der Wagnisse fällt höher aus als die tatsächlich eingetretenen Wagnisverluste.

## **Aufgabe 8** (*)

*Die Lösung zu Aufgabe 8 finden Sie auf Seite 132.*

Nehmen Sie Stellung zu folgenden Aussagen. Korrigieren Sie ggf. unzutreffende Begriffsverwendungen.

a) Eine Einnahme stellt eine Verringerung liquider Mittel dar.

b) Einzahlungen und Erträge einer Periode unterscheiden sich immer dann, wenn sich die Differenz aus Forderungen und Verbindlichkeiten der Periode verändert hat.

c) Die Kosten unterscheiden sich vom Aufwand ausschließlich durch die kalkulatorischen Kosten.

d) Die Kosten- und Leistungsrechnung dient nur internen Zwecken.

e) Werden von den Einzahlungen die Auszahlungen des Unternehmens einer Periode abgezogen, so erhält man die liquiden Mittel am Ende der Periode.

f) Kosten, denen kein Aufwand gegenübersteht, sind kalkulatorische Kosten.

g) Kosten werden immer mit den Preisen des Beschaffungsmarktes bewertet.

h) Leistungen minus Kosten einer Periode ergeben den Gewinn des Unternehmens.

## 1.2 Abgrenzungsrechnung

Die in diesem Kapitel angesprochenen Inhalte werden in dem Lehrbuch Kloock/Sieben/Schildbach/Homburg, Kosten- und Leistungsrechnung, im Abschnitt I.E.5 behandelt.

### **Aufgabe 9**

*Die Lösung zu Aufgabe 9 finden Sie auf Seite 132 ff.*

Geben Sie an, ob folgende Aussagen richtig oder falsch sind.

| | Aussage | Richtig/Falsch |
|---|---|---|
| a) | Als Andersaufwand werden jene Aufwendungen bezeichnet, denen keine Kosten gegenüberstehen. | |
| b) | Der Unternehmerlohn stellt für Unternehmen ohne eigene Rechtspersönlichkeit Grundkosten dar. | |
| c) | Kosten, denen kein Aufwand gegenübersteht, werden als Zusatzkosten bezeichnet. | |
| d) | Abschreibungen für eine Maschine stellen Anderskosten dar, sofern bilanzieller und kalkulatorischer Wertansatz übereinstimmen. | |
| e) | Miet- und Pachtkosten sind immer von den periodisch anfallenden Miet- und Pachtaufwendungen verschieden. | |
| f) | Der handelsrechtliche Periodenerfolg laut GuV ist in den kalkulatorischen Periodenerfolg laut Kostenrechnung überführbar. | |
| g) | Der Begriff der Andersleistung umfasst sowohl Leistungen, denen Erträge in anderer Höhe gegenüberstehen als auch Leistungen, denen keine Erträge gegenüberstehen. | |
| h) | Für Unternehmen mit eigener Rechtspersönlichkeit stellt der Unternehmerlohn Grundkosten dar. | |
| i) | Sind das bewertungsbedingte und das ansatzbedingte Abgrenzungsergebnis null, so stimmen das kalkulatorische Betriebsergebnis und das Ergebnis aus der Gewinn- und Verlustrechnung überein. | |
| j) | Die Berücksichtigung eines kalkulatorischen Unternehmerlohns für den Inhaber einer Personengesellschaft führt zu Kosten. | |
| k) | Ist das ansatzbedingte Abgrenzungsergebnis von null verschieden, so stimmen das kalkulatorische Ergebnis und das Ergebnis der Gewinn- und Verlustrechnung überein. | |

| | | |
|---|---|---|
| l) | Ein Abgrenzungsergebnis von Null bedeutet stets, dass der Erfolg nach GuV und das kalkulatorische Betriebsergebnis identisch sind. | |
| m) | Ein Abgrenzungsergebnis von Null bedeutet stets, dass jedem einzelnen Aufwand und jedem einzelnen Ertrag eine Kostenposition bzw. eine Leistung in derselben Höhe gegenübersteht. | |
| n) | Versicherte Einzelwagnisse führen zu Anderskosten. | |
| o) | Die Zusatzkosten setzen sich aus den Anderskosten und den kalkulatorischen Kosten zusammen. | |
| p) | Unterscheidet sich die Höhe der Abschreibungen in der Kostenrechnung von der Höhe in der Finanzbuchhaltung, so führt dies zwangsläufig zu einer bewertungsbedingten Abgrenzung. | |
| q) | Fallen die tatsächlich eingetretenen Wagnisverluste in anderer Höhe an als im Rahmen der kalkulatorischen Wagnisse kalkuliert, so handelt es sich um einen Zweckaufwand. | |
| r) | Die Differenz aus Zweckertrag und Grundleistung beträgt null. | |
| s) | Das Gehalt eines geschäftsführenden Gesellschafters einer GmbH stellt für das Unternehmen Zusatzkosten dar. | |

## Aufgabe 10 (**)

*Die Lösung zu Aufgabe 10 finden Sie auf Seite 135.*

In der Finanzbuchhaltung und in der Kosten- und Leistungsrechnung des Produktionsunternehmens Fleißig KG wurden folgende Positionen unterschiedlich bewertet:

| Wertansatz in | FiBu | KuL |
|---|---|---|
| Mehrbestand fertige Erzeugnisse | 75.000 € | 150.000 € |
| Abschreibungen | 120.000 € | 200.000 € |
| Zinsaufwand/-kosten | 2.500 € | 3.500 € |

Die handelsrechtlichen Abschreibungen enthalten 10.000 € für vermietete Gebäude. Mit der Vermietung eines vorübergehend nicht benötigten Lagergebäudes wurde ein Ertrag in Höhe von 25.000 € erzielt. Weiterhin wurde mangels Verfügbarkeit eines für das Unternehmen geeigneten Programms am Markt eine Software für die eigene betriebliche Nutzung entwickelt, die einen Wert von 35.000 € hat. Für den Unternehmensinhaber wurde ein kalkulatorischer Unternehmerlohn in Höhe von 40.000 € angesetzt. Alle anderen Kosten und Aufwendungen bzw. Leistungen und Erträge wurden in beiden Rechnungen mit identischen Werten angesetzt und sind in beiliegendem Lösungsbogen eingetragen.

Ermitteln Sie anhand der folgenden Ergebnistabelle das Ergebnis aus ansatzbedingter Abgrenzung, das Ergebnis aus bewertungsbedingter Abgrenzung und das Abgrenzungsergebnis.

| Ergebnistabelle | | | | | | | | |
|---|---|---|---|---|---|---|---|---|
| | Gesamtergebnis-rechnung der FiBu | | Abgrenzungsrechnung | | | | Kosten- und Leistungsrechnung | |
| | | | Ansatzbedingte Abgrenzung | | Bewertungsbedingte Abgrenzung | | | |
| Konto | Aufwand | Ertrag | ZL und ZA | ZE und ZK | AL und AA | AE und AK | Kosten | Leistungen |
| Umsatzerlöse | | 1.500.000 | | | | | | 1.500.000 |
| Mehrbestand UFE | | 35.000 | | | | | | 35.000 |
| Mehrbestand FE | | 75.000 | | | 150.000 | 75.000 | | 150.000 |
| Mieterträge | | 25.000 | | 25.000 | | | | |
| Software | | | 35.000 | | | | 35.000 | |
| Rohstoffaufwand | 320.000 | | | | | | 320.000 | |
| Abschreibungen | 120.000 | | 10.000 | | 110.000 | 200.000 | 200.000 | |
| Löhne | 250.000 | | | | | | 250.000 | |
| Gehälter | 125.000 | | | | | | 125.000 | |
| Soziale Abgaben | 125.000 | | | | | | 125.000 | |
| Zinsaufwand | 2.500 | | | | 2.500 | 3.500 | 3.500 | |
| Unternehmerlohn | | | 40.000 | | | | 40.000 | |
| | 942.500 | 1.635.000 | 45.000 | 65.000 | 262.500 | 278.500 | 1.063.500 | 1.720.000 |
| | | | Ergebnis ansatz-bedingter Abgrenzung = 20.000 | | Ergebnis bewertungs-bedingter Abgrenzung = 16.000 | | | |
| | Gewinn = 692.500 | | Abgrenzungsergebnis = 36.000 | | | | kalk. Betriebsergebnis = 656.500 | |

ZL=Zusatzleistung, ZA=Zusatzaufwand, ZE=Zusatzertrag, ZK=Zusatzkosten
AL=Andersleistung, AA=Andersaufwand, AE=Andersertrag, AK=Anderskosten

## Aufgabe 11 (***)

*Die Lösung zu Aufgabe 11 finden Sie auf Seite 136.*

Aus dem internen und externen Rechnungswesen des Produktionsunternehmens Alpha KG liegen Ihnen folgende Informationen vor: Für vermietete, nicht betriebsnotwendige Gebäude wurde ein Ertrag i.H. von 4.000 € erzielt. Außerdem wurde in der KuL ein kalkulatorischer Unternehmerlohn von 80.000 € verrechnet. Das handelsrechtliche Jahresergebnis für 2002 beträgt 554.000 €, der kostenrechnerische Betriebsgewinn beläuft sich auf 359.000 €.

a) Bestimmen Sie das Abgrenzungsergebnis.

b) Spalten Sie das Abgrenzungsergebnis in das Ergebnis aus bewertungsbedingter Abgrenzung und das Ergebnis aus ansatzbedingter Abgrenzung auf.

Zusätzlich sind Ihnen weitere Informationen bekannt: Zwischen handelsrechtlicher und kalkulatorischer Rechnung bestehen bei einzelnen Größen Unterschiede, die ausschließlich auf eine unterschiedliche Bewertung in FiBu und Kostenrechnung zurückzuführen sind und keine betriebsfremden Komponenten enthalten:

| Wertansatz in | FiBu | KuL |
|---|---|---|
| Verbrauch von Roh-, Hilfs- und Betriebsstoffen | 1.200.000 € | 1.300.000 € |
| Abschreibungen | 150.000 € | 125.000 € |

Ferner wissen Sie, dass die in der Kostenrechnung angesetzten kalkulatorischen Zinsen um 30 % höher sind als die handelsrechtlichen Zinsaufwendungen. Bei allen anderen Kosten und Aufwendungen bzw. Leistungen und Erträgen kann von identischen Wertansätzen in beiden Rechnungen ausgegangen werden.

c) Berechnen Sie unter Verwendung des Ergebnisses aus bewertungsbedingter Abgrenzung die kalkulatorischen Zinskosten und die handelsrechtlich angesetzten Zinsaufwendungen.

## Aufgabe 12 (**)

*Die Lösung zu Aufgabe 12 finden Sie auf Seite 136 f.*

a) Stellen Sie das Abgrenzungsergebnis allgemein in Abhängigkeit von folgenden Größen dar:

- GL = Grundleistung
- kL = Kalkulatorische Leistung
- GK = Grundkosten
- kK = kalkulatorische Kosten
- G = handelsrechtlicher Periodenerfolg

b) Aus der Finanzbuchhaltung des Automobilzulieferers XYZ KG gehen u.a. folgende Aufwendungen für die letzte Abrechnungsperiode hervor:

| Aufwendungen für Rohstoffe | 410.000 € |
|---|---|
| Abschreibungen auf Sachanlagen | 56.210 € |
| Zinsaufwendungen | 4.500 € |

In den Abschreibungen auf Sachanlagen sind 6.210 € für vermietete Gebäude enthalten. Der Rohstoffverbrauch wurde in der Kostenrechnung mit 436.000 € bewertet.

## 1.2 Abgrenzungsrechnung

Das durchschnittliche zu verzinsende Kapital der letzten Abrechnungsperiode belief sich auf 65.000 € und wurde mit einem kalkulatorischen Zinssatz von 8 % verzinst. Es wird ein kalkulatorischer Unternehmerlohn i.H. von 15.000 € angesetzt. Die kalkulatorischen Abschreibungen belaufen sich auf 55.000 €. Der im betrachteten Zeitraum erzielte Gewinn (laut FiBu) beträgt 290.490 €. Alle anderen Aufwendungen und Erträge sind identisch mit den jeweils korrespondierenden Kosten und Leistungen, weitere betriebsfremde Aufwendungen oder Erträge sind nicht entstanden.

Bestimmen Sie das Betriebsergebnis unter Benutzung der folgenden Ergebnistabelle und des in a) hergeleiteten Zusammenhangs.

| k.A. = keine Angabe | Gesamtergebnisrechnung der FiBu | | Abgrenzungsrechnung | | | | Kosten- und Leistungsrechnung | |
|---|---|---|---|---|---|---|---|---|
| | | | Ansatzbedingte Abgrenzung | | Bewertungsbedingte Abgrenzung | | | |
| Konto | Aufwand | Ertrag | ZL und ZA | ZE und ZK | AL und AA | AE und AK | Kosten | Leistungen |
| Umsatz | | k.A. | | | | | | k.A. |
| Bestandsveränderung UFE+FE | | k.A. | | | | | | k.A. |
| Zinserträge | | k.A. | | | | | | |
| Rohstoffaufwand | 440.000 | | | | 440.000 | 436.000 | 436.000 | |
| Hilfsstoffaufwand | k.A. | | | | | | k.A. | |
| Löhne und Gehälter | k.A. | | | | | | k.A. | |
| Soziale Abgaben | k.A. | | | | | | k.A. | |
| Abschreibungen auf SA | 56.210 | | 6.210 | | 50.000 | 55.000 | 55.000 | |
| Miet- & Pachtaufwand | k.A. | | | | | | k.A. | |
| Zinsaufwand | 4.500 | | | | 4.500 | 5.200 | 5.200 | |
| Betriebliche Steuern | k.A. | | | | | | k.A. | |
| Unternehmerlohn | | | 15.000 | | | | 15.000 | |
| | | | 6.210 | 15.000 | 464.500 | 496.200 | | |
| | | | Ergebnis ansatzbedingter Abgrenzung = 8.790 | | Ergebnis bewertungsbedingter Abgrenzung = 31.700 | | | |
| | Gewinn = 290.490 | | Abgrenzungsergebnis = 40.490 | | | | kalk. Betriebsergebnis = 250.000 | |

ZL=Zusatzleistung, ZA=Zusatzaufwand, ZE=Zusatzertrag, ZK=Zusatzkosten
AL=Andersleistung, AA=Andersaufwand, AE=Andersertrag, AK=Anderskosten

## Aufgabe 13 (**)

*Die Lösung zu Aufgabe 13 finden Sie auf Seite 138.*

In der Finanzbuchhaltung und in der Kosten- und Leistungsrechnung der Personengesellschaft „Supertoll" wurden folgende Positionen unterschiedlich bewertet:

| Wertansatz | FiBu | KuL |
|---|---|---|
| Aufwendungen/Kosten für Roh-, Hilfs- und Betriebsstoffe | 550.000 € | 600.000 € |
| Abschreibungen | 140.000 € | 180.000 € |
| Betriebliche Steuern | 40.000 € | 25.000 € |
| Zinsen | 5.500 € | 8.500 € |

Die handelsrechtlichen Abschreibungen enthalten 25.000 € für vermietete Gebäude. Mit der Vermietung eines vorübergehend nicht benötigten Lagergebäudes wurde ein Ertrag in Höhe von 35.000 € erzielt. Ebenfalls im Zusammenhang mit den vermieteten Gebäuden stehen Grundsteuern in Höhe von 15.000 €, die in der Position „Betriebliche Steuern" enthalten sind.

Weiterhin wurde eine Software für die eigene betriebliche Nutzung entwickelt, die einen Wert von 110.000 € hat. Für den Unternehmensinhaber wurde ein kalkulatorischer Unternehmerlohn i.H. von 45.000 € angesetzt. Alle anderen Kosten und Aufwendungen bzw. Leistungen und Erträge wurden in beiden Rechnungen mit identischen Werten angesetzt und sind in dem beiliegenden Lösungsbogen eingetragen.

Vervollständigen Sie die angegebene Ergebnistabelle. Ermitteln Sie insbesondere das Ergebnis aus ansatzbedingter Abgrenzung, das Ergebnis aus bewertungsbedingter Abgrenzung und das Abgrenzungsergebnis.

## 1.2 Abgrenzungsrechnung

### Ergebnistabelle

| Konto | Gesamtergebnisrechnung der FiBu | | Abgrenzungsrechnung | | | | Kosten- und Leistungsrechnung | |
|---|---|---|---|---|---|---|---|---|
| | | | Ansatzbedingte Abgrenzung | | Bewertungsbedingte Abgrenzung | | | |
| | Aufwand | Ertrag | ZL und ZA | ZE und ZK | AL und AA | AE und AK | Kosten | Leistungen |
| Umsatzerlöse | | 1.800.000 | | | | | | 1.800.000 |
| Bestandsveränderung FE | | 50.000 | | | | | | 50.000 |
| Mieterträge | | 35.000 | 35.000 | | | | | |
| Software | | | 110.000 | | | | | 110.000 |
| RHB Aufwand | 550.000 | | | | 550.000 | 600.000 | 600.000 | |
| Abschreibungen | 140.000 | | 25.000 | | 115.000 | 180.000 | 180.000 | |
| Löhne | 320.000 | | | | | | 320.000 | |
| Gehälter | 100.000 | | | | | | 100.000 | |
| Soziale Abgaben | 130.000 | | | | | | 130.000 | |
| Zinsaufwand | 5.500 | | | | 5.500 | 8.500 | 8.500 | |
| Steuern | 40.000 | | 15.000 | | | | 25.000 | |
| Unternehmerlohn | | | 45.000 | | | | 45.000 | |
| | 1.285.500 | 1.885.000 | 150.000 | 80.000 | 670.000 | 788.000 | 1.408.500 | 1.960.000 |
| | | | Ergebnis ansatzbedingter Abgrenzung = -70.000 | | Ergebnis bewertungsbedingter Abgrenzung = 118.000 | | | |
| | Gewinn = 599.500 | | Abgenzungsergebnis = 48.000 | | | | kalk. Betriebsergebnis = 551.500 | |

ZL=Zusatzleistung, ZA=Zusatzaufwand, ZE=Zusatzertrag, ZK=Zusatzkosten
AL=Andersleistung, AA=Andersaufwand, AE=Andersertrag, AK=Anderskosten

## Aufgabe 14 (**)

*Die Lösung zu Aufgabe 14 finden Sie auf Seite 139 f.*

Aus der Finanzbuchhaltung des Produktionsunternehmens XY KG gehen folgende Aufwendungen und Erträge für das dritte Quartal 2006 hervor:

| | |
|---|---|
| Umsatzerlöse für eigene Erzeugnisse | 2.500.000 € |
| Mieterträge aus Vermietung einer Lagerhalle | 60.000 € |
| Zinserträge aus dem Halten einer Anleihe | 80.000 € |
| Mehrbestand an fertigen Erzeugnissen | 200.000 € |
| Aufwendungen für Rohstoffe | 100.000 € |
| Aufwendungen für Hilfsstoffe | 55.000 € |
| Aufwendungen für fremdbezogene Fertigteile | 70.000 € |
| Löhne | 240.000 € |
| Gehälter | 180.000 € |
| Betriebliche Steuern | 80.000 € |
| Abschreibungen auf Sachanlagen | 320.000 € |

In der internen Kosten- und Leistungsrechnung ist der Wert des Mehrbestands an fertigen Erzeugnissen mit 240.000 € beziffert. Als kalkulatorischer Unternehmerlohn werden 58.000 € veranschlagt. Die Abschreibungen auf Sachanlagen enthalten 35.000 € für die vermietete Lagerhalle. Die kalkulatorischen Abschreibungen betragen 375.000 €. In den betrieblichen Steuern sind 8.000 € Grundsteuer für die vermietete Lagerhalle enthalten. Die Rohstoffkosten sind in der KuL mit 90.000 € angesetzt worden. Als kalkulatorische Zinsen auf das Eigenkapital sind 56.000 € berechnet worden. In der Gewinn- und Verlustrechnung sind keine Zinsaufwendungen zu berücksichtigen, da das Unternehmen vollständig eigenfinanziert ist.

a) Betrachten Sie zunächst lediglich die Abschreibungen: Wie hoch ist der Betrag des Zusatzaufwands? Gibt es auch Zusatzkosten? Wie hoch sind die Beträge, die einen Andersaufwand bzw. Anderskosten darstellen?

b) Übertragen Sie die Daten in die beigefügte Ergebnistabelle.

c) Führen Sie die ansatzbedingte Abgrenzung durch.

d) Führen Sie die bewertungsbedingte Abgrenzung durch.

e) Ermitteln Sie das Ergebnis der GuV, das Abgrenzungsergebnis und das kalkulatorische Betriebsergebnis.

Tragen Sie Ihre Lösung in folgende Tabelle ein.

## 1.2 Abgrenzungsrechnung

| | Ergebnistabelle | | | | | | | |
|---|---|---|---|---|---|---|---|---|
| | Gesamtergebnis-rechnung der FiBu | | Abgrenzungsrechnung | | | | Kosten- und Leistungsrechnung | |
| | | | Ansatzbedingte Abgrenzung | | Bewertungsbedingte Abgrenzung | | | |
| Konto | Aufwand | Ertrag | ZL und ZA | ZE und ZK | AL und AA | AE und AK | Kosten | Leistungen |
| Umsatzerlöse | | 2.500.000 | | | | | | 2.500.000 |
| Mieterträge | | 60.000 | 60.000 | | | | | |
| Zinserträge | | 80.000 | 80.000 | | | | | |
| Bestandsveränderung FE | | 200.000 | | 240.000 | 200.000 | | | 260.000 |
| Rohstoffaufwand | 100.000 | | | | 100.000 | 90.000 | 90.000 | |
| Hilfsstoffaufwand | 55.000 | | | | | | 55.000 | |
| Aufwand für Fertigteile | 70.000 | | | | | | 70.000 | |
| Löhne | 240.000 | | | | | | 240.000 | |
| Gehälter | 180.000 | | | | | | 180.000 | |
| Betriebliche Steuern | 80.000 | | 8.000 | | | | 72.000 | |
| Abschreibungen | 320.000 | | 35.000 | | 285.000 | 370.000 | 370.000 | |
| Unternehmerlohn | | | 58.000 | | | | 58.000 | |
| Kalk. Ek Zinsen | | | 56.000 | | | | 56.000 | |
| | 1.045.000 | 2.840.000 | 43.000 | 254.000 | 625.000 | 665.000 | | |
| | | | Ergebnis ansatz-bedingter Abgrenzung = 211.000 | | Ergebnis bewertungs-bedingter Abgrenzung = 60.000 | | | |
| | Gewinn = 1.795.000 | | Abgenzungsergebnis = 251.000 | | | | kalk. Betriebsergebnis = 1.544.000 | |

ZL=Zusatzleistung, ZA=Zusatzaufwand, ZE=Zusatzertrag, ZK=Zusatzkosten
AL=Andersleistung, AA=Andersaufwand, AE=Andersertrag, AK=Anderskosten

## Aufgabe 15 (**)

*Die Lösung zu Aufgabe 15 finden Sie auf Seite 140 f.*

Aus der Finanzbuchhaltung der Schrauben KG gehen folgende Aufwendungen und Erträge für das dritte Quartal 2006 hervor:

| Umsatzerlöse | 2.875.000 € |
| --- | --- |
| Mehrbestand an unfertigen Erzeugnissen | 250.000 € |
| Mehrbestand an fertigen Erzeugnissen | 25.000 € |
| Mieterträge | 36.000 € |
| Außerordentliche Erträge aus dem Abgang von Vermögensgegenständen | 5.000 € |
| Zinserträge | 2.000 € |
| Aufwendungen für Rohstoffe | 1.200.000 € |
| Aufwendungen für Hilfsstoffe | 245.000 € |
| Löhne | 300.000 € |
| Gehälter | 200.000 € |
| Soziale Abgaben | 110.000 € |
| Abschreibungen auf Sachanlagen | 325.000 € |
| Aufwendungen für Mieten und Pachten | 75.000 € |
| Außerordentliche Verluste aus dem Abgang von Vermögensgegenständen | 19.000 € |
| Zinsaufwendungen | 2.000 € |
| Betriebliche Steuern | 26.000 € |

Weiterhin verfügen Sie über folgende Informationen:

- Bei der Schrauben KG handelt es sich um ein Produktionsunternehmen.
- In den betrieblichen Steuern sind 5.000 € Grundsteuer für das vermietete Gebäude und 5.000 € für Steuernachzahlungen für zurückliegende Perioden enthalten.
- Die Abschreibungen auf Sachanlagen enthalten 20.000 € für vermietete Gebäude.
- In der Kostenrechnung wird insgesamt mit 355.000 € Abschreibungen kalkuliert.

Ferner ist bekannt, dass der Rohstoffverbrauch in der Kostenrechnung mit 1.360.000 € bewertet wurde und dass die kalkulatorischen Zinskosten des betrachteten Zeitraumes 5.000 € betragen haben. Es wird ein kalkulatorischer Unternehmerlohn in Höhe von 60.000 € angesetzt.

a) Die Angaben aus der Finanzbuchhaltung wurden bereits in beiliegender Ergebnistabelle eingetragen. Ergänzen Sie die Kosten und Leistungen. Berücksichtigen Sie die Abweichungen zwischen Kosten und Aufwand und Leistungen und Erträgen und füllen Sie hierbei die Spalten zur ansatz- und bewertungsbedingten Abgrenzung aus.

b) Ermitteln Sie den Erfolg nach GuV, das Abgrenzungsergebnis und das kalkulatorische Betriebsergebnis.

c) Stellen Sie die in Aufgabenteil b) gefundenen Ergebnisse in Relation zueinander dar.

# 1 Grundlagen der Kosten- und Leistungsrechnung

| | Ergebnistabelle | | | | | | | |
|---|---|---|---|---|---|---|---|---|
| | Gesamtergebnis-rechnung der FiBu | | Abgrenzungsrechnung | | | | Kosten- und Leistungsrechnung | |
| | | | Ansatzbedingte Abgrenzung | | Bewertungsbedingte Abgrenzung | | | |
| Konto | Aufwand | Ertrag | ZL und ZA | ZE und ZK | AL und AA | AE und AK | Kosten | Leistungen |
| Umsatz | | 2.875.000 | | | | | | 2.875.000 |
| Bestandsveränderung UFE | | 250.000 | | | | | | 250.000 |
| Bestandsveränderung FE | | 25.000 | | | | | | 25.000 |
| Mieterträge | | 36.000 | 36.000 | | | | | |
| Erträge Abgang von Vermögensgegenständen | | 5.000 | 5.000 | | | | | |
| Zinserträge | | 2.000 | 2.000 | | | | | |
| Rohstoffaufwand | 1.200.000 | | | | 1.200.000 | 1.360.000 | 1.360.000 | |
| Hilfsstoffaufwand | 245.000 | | | | | | 245.000 | |
| Löhne | 300.000 | | | | | | 300.000 | |
| Gehälter | 200.000 | | | | | | 200.000 | |
| Soziale Abgaben | 110.000 | | | | | | 110.000 | |
| Abschreibungen auf SA | 325.000 | | 20.000 | | 305.000 | 365.000 | 365.000 | |
| Miet-& Pachtaufwand | 75.000 | | | | | | 75.000 | |
| Verluste Abgang von Vermögensgegenständen | 19.000 | | 19.000 | | | | | |
| Zinsaufwand | 2.000 | | | | 2.000 | 5.000 | 5.000 | |
| Betriebliche Steuern | 26.000 | | 10.000 | | | | 16.000 | |
| Unternehmerlohn | | | | 60.000 | | | 60.000 | |
| | | | 49.000 | 103.000 | 1.507.000 | 1.720.000 | | |
| | | | Ergebnis ansatz-bedingter Abgrenzung = 54.000 | | Ergebnis bewertungs-bedingter Abgrenzung = 213.000 | | | |
| | Gewinn = 691.000 | | Abgrenzungsergebnis = 267.000 | | | | kalk. Betriebsergebnis = 424.000 | |

ZL=Zusatzleistung, ZA=Zusatzaufwand, ZE=Zusatzertrag, ZK=Zusatzkosten
AL=Andersleistung, AA=Andersaufwand, AE=Andersertrag, AK=Anderskosten

## 1.3 Gliederung von Kosten

### 1.3.1 Gliederung nach Kostenverhalten bei Beschäftigungsänderungen

Die in diesem Kapitel angesprochenen Inhalte werden in dem Lehrbuch Kloock/Sieben/Schildbach/Homburg, Kosten- und Leistungsrechnung, im Abschnitt I.F.1 behandelt.

### Aufgabe 16

*Die Lösung zu Aufgabe 16 finden Sie auf Seite 142 ff.*

Geben Sie an, ob folgende Aussagen richtig oder falsch sind.

| | Aussage | Richtig/Falsch |
|---|---|---|
| a) | Bei progressivem Kostenverlauf mit Fixkosten nähern sich mit zunehmender Produktionsmenge die durchschnittlichen Stückkosten von oben kommend den variablen Stückkosten an. | |
| b) | Bei degressiven Kostenverläufen sind die Grenzkosten immer niedriger als die variablen Kosten. | |
| c) | Fixe Kosten fallen unabhängig von der Ausbringungsmenge an. | |
| d) | Bei degressiven Kostenverläufen sind die Grenzkosten immer niedriger als die durchschnittlichen variablen Kosten. | |
| e) | Gilt $K''(x) < 0$ für die variablen Kosten der Kostenfunktion $K(x) = K_v(x) + K_f(x)$, so liegt ein progressiver Kostenverlauf vor. | |
| f) | Ein degressiver Verlauf der Gesamtkosten kann z.B. auf die Existenz von Skaleneffekten zurückgeführt werden. | |
| g) | Bei progressiven Kostenverläufen sind die Grenzkosten immer niedriger als die durchschnittlichen variablen Kosten. | |
| h) | Bei degressivem Kostenverlauf und positiven Fixkosten $K_f$ nähern sich mit zunehmender Produktionsmenge die Stückkosten von oben kommend den variablen Stückkosten an. | |
| i) | Ein s-förmiger Kostenverlauf mit anfangs progressivem Verlauf spiegelt einen Wechsel von Lerneffekten zu negativen Effekten einer hohen Auslastung wider. | |

| | | |
|---|---|---|
| j) | Bei s-förmigen Kostenfunktionen mit zunächst degressivem und anschließend progressivem Kostenverlauf ist die Ausbringungsmenge mit minimalen variablen Stückkosten stets kleiner als die Ausbringungsmenge mit minimalen Durchschnittskosten, sofern $K_f \neq 0$. | R |
| k) | Aufgrund der Berücksichtigung von Fixkosten stellen sowohl die Stückkosten als auch die Grenzkosten eine langfristige Beurteilungsgröße dar. | F |
| l) | Liegt ein linearer Kostenverlauf vor, dann nähern sich die variablen Stückkosten von oben kommend den Durchschnittskosten an, falls $K_f > 0$ gilt. | F |
| m) | Die fixen Stückkosten nähern sich unabhängig vom vorliegenden Verlauf der Gesamtkosten mit zunehmender Produktionsmenge asymptotisch dem Wert null an, falls $K_f \neq 0$. | R |
| n) | Liegen proportionale Kosten vor, so sind die Grenzkosten und die Stückkosten identisch. | R |
| o) | Die Durchschnittskosten stellen eine kurzfristige Beurteilungsgröße dar, weil sie keine Fixkosten enthalten. | F |
| p) | Liegen lineare Kosten vor, so sind die Grenzkosten und die Durchschnittskosten pro Stück stets identisch. | F |
| q) | Sofern näherungsweise ein proportionaler Zusammenhang zwischen Gemeinkosten und einer Bezugsgröße besteht, ist eine Zurechnung von Gemeinkosten bei kurzfristigen Entscheidungen stets sinnvoll. | |
| r) | Sprungfixe Kosten sind von der Beschäftigung unabhängig. | F |
| s) | Durch Multiplikation des Grads der Nichtauslastung mit den anfallenden Fixkosten erhält man die Leerkosten. | R |

## Aufgabe 17 (**)

*Die Lösung zu Aufgabe 17 finden Sie auf Seite 145.*

In der nachfolgenden Abbildung ist der Verlauf verschiedener Kostenfunktionen dargestellt, der sich bei progressiv verlaufenden Gesamtkosten ergibt.

a) Geben Sie für jede der dargestellten Kostenfunktionen an, um welche Kostengröße es sich hierbei handelt. Begründen Sie jeweils kurz Ihre Antwort.

b) Erläutern Sie jeweils kurz, warum den dargestellten Kostenfunktionen weder eine lineare Gesamtkostenfunktion noch eine degressive Gesamtkostenfunktion zugrunde liegen kann.

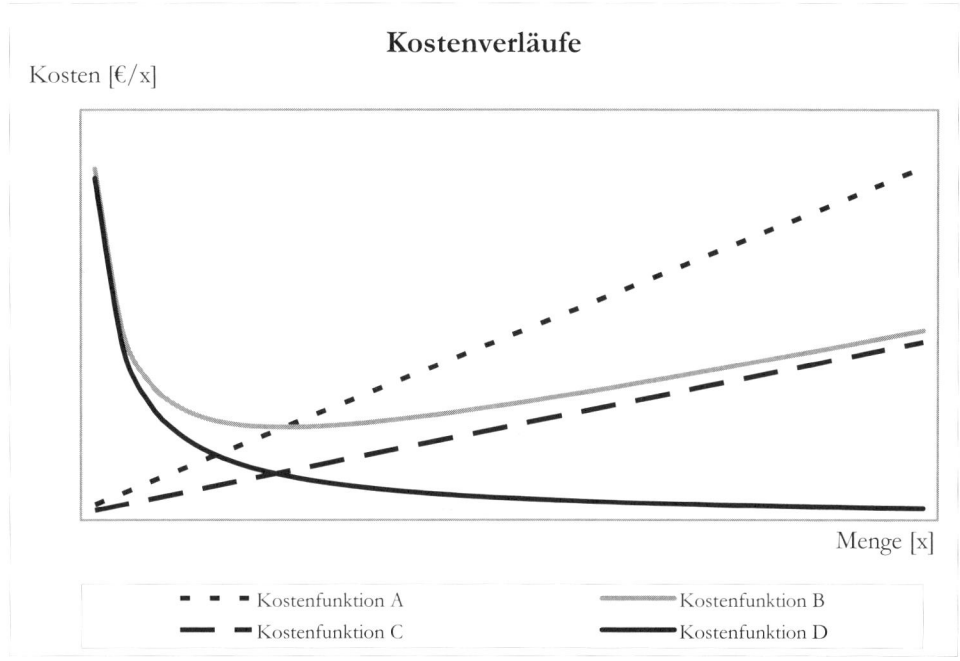

## Aufgabe 18 (**)

*Die Lösung zu Aufgabe 18 finden Sie auf Seite 146 f.*

Die Produktionskosten der ABC AG lassen sich durch eine s-förmige Gesamtkostenfunktion mit zunächst degressivem und anschließend progressivem Verlauf abbilden.

a) Zeigen Sie grafisch, dass die Produktionsmenge mit minimalen variablen Stückkosten (x**) geringer ist als die Produktionsmenge mit minimalen Durchschnittskosten (x*).

b) Die Gesamtkostenfunktion $K(x) = 10 \cdot x^3 - 60 \cdot x^2 + 120 \cdot x + 1.000$ gibt die Produktionskosten in Mio. € an. Die Variable x bezeichnet die Produktionsmenge in Tausend. Berechnen Sie die Ausbringungsmenge x** mit minimalen variablen Stückkosten.

## Aufgabe 19 (**)

*Die Lösung zu Aufgabe 19 finden Sie auf Seite 147 f.*

Für das Unternehmen Solar AG wurde folgende Gesamtkostenfunktion ermittelt:

$K(x) = 20 \cdot x^2 + 35 \cdot x + 3.000$

a) Ermitteln Sie Kostenfunktionen der Stückkosten k(x), der variablen Stückkosten $k_v(x)$ sowie der Grenzkosten $K'(x)$ für das Unternehmen Solar AG.

b) Handelt es sich bei der angegebenen Kostenfunktion um lineare, degressive oder progressive Gesamtkosten? Begründen Sie Ihre Antwort formal.

Der neue Controller der Solar AG Herr Schlau ist der Meinung, dass ein s-förmiger Kostenverlauf mit zunächst degressivem und anschließend progressivem Kostenverlauf eher den anfallenden Kosten der Solar AG gerecht wird und er schlägt daher folgende s-förmige Kostenfunktion vor:

$K(x) = 15 \cdot x^3 - 1.500 \cdot x^2 + 100 \cdot x$

c) Geben Sie an, auf welcher Vermutung über die Kostenentwicklung (Szenario 1 oder Szenario 2) die Meinung von Herrn Schlau basieren könnte.

Szenario 1:
Bei kleineren Produktionsmengen kann die Solar AG von Lerneffekten profitieren, ab einer bestimmten Produktionsmenge kommt es jedoch zu einer Überlastung, die zu einem überproportionalen Ressourcenverbrauch führt.

Szenario 2:
Bei kleinen Produktionsmengen werden überproportional viele Ressourcen benötigt und erst ab einer bestimmten Produktionsmenge treten Lerneffekte auf, die zu einem durchschnittlich geringeren Ressourcenverbrauch führen.

d) Berechnen Sie auf Basis der vorgeschlagenen s-förmigen Kostenfunktion die Ausbringungsmenge x*, bei der die Stückkosten minimal werden.

## Aufgabe 20 (*)

*Die Lösung zu Aufgabe 20 finden Sie auf Seite 148.*

Eine Analyse der Kostenentwicklung in Abhängigkeit von der Produktionsmenge x hat ergeben, dass die Gesamtkosten der Fertigungsabteilung der ABC AG durch die Funktion $K(x) = 7.000 + 200\sqrt{x} - x$ abgebildet werden können.

Ermitteln Sie die variablen Stückkosten und die Grenzkosten für $\overline{x} = 400$. Handelt es sich an der betrachteten Stelle um progressive oder degressive Kosten? Begründen Sie Ihre Meinung.

## Aufgabe 21 (**)

*Die Lösung zu Aufgabe 21 finden Sie auf Seite 149 f.*

Die Analyse der Kostenentwicklung in Abhängigkeit von der Produktionsmenge hat ergeben, dass sich die Gesamtkosten der Fertigungsabteilung der ABC AG durch die Funktion $K(x) = 1.200 + e^x \cdot x$ abbilden lassen.

a) Stellen Sie die Funktion grafisch dar.

b) Bestimmen Sie

   b1) die Fixkosten.

   b2) die variablen Kosten.

   b3) die Stückkosten.

   b4) die variablen Stückkosten.

   b5) die fixen Stückkosten.

   b6) die Grenzkosten.

c) Stellen Sie die in den Teilaufgaben b3) bis b6) ermittelten Funktionen für $x \in [1,6]$ gemeinsam in einer Grafik dar.

d) Analysieren Sie die in c) entwickelten Kostenverläufe. Untersuchen Sie hierzu, wie sich die Stückkosten und die fixen Stückkosten bei sehr großen Produktionsmengen entwickeln und welche Beziehung zwischen den Grenzkosten und den variablen Stückkosten besteht.

## Aufgabe 22 (**)

*Die Lösung zu Aufgabe 22 finden Sie auf Seite 150 f.*

In der folgenden Abbildung ist der Verlauf der Stückkosten, der variablen Stückkosten und der Grenzkosten dargestellt, welcher sich bei degressiv verlaufenden Gesamtkosten mit positiven Fixkosten ergibt.

a) Geben Sie für jede der dargestellten Kostenfunktionen A bis C an, um welche Kostengröße es sich hierbei jeweils handelt. Begründen Sie Ihre Antwort jeweils kurz.

b) Warum kann bei den dargestellten Kostenfunktionen weder eine lineare noch eine progressive Gesamtkostenfunktion zugrunde liegen?

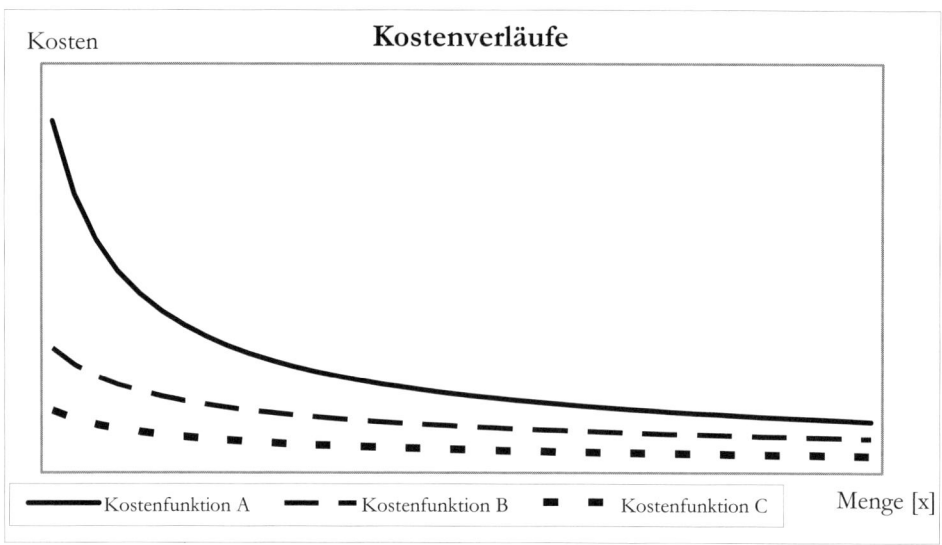

## Aufgabe 23 (**)

*Die Lösung zu Aufgabe 23 finden Sie auf Seite 151 ff.*

Es liegt folgende Kostenfunktion vor: $K(x) = 500 + 80 \cdot \sqrt{x} - 3 \cdot x$.

a) Stellen Sie die Funktion grafisch im Intervall [0; 100] dar. Handelt es sich um eine progressive oder um eine degressive Kostenfunktion?

b) Bestimmen Sie folgenden Funktionen:

  b1) Fixkosten

  b2) variable Kosten

  b3) Stückkosten

  b4) variable Stückkosten

  b5) fixe Stückkosten

  b6) Grenzkosten

c) Stellen Sie die in den Teilaufgaben b3) bis b6) ermittelten Funktionen für das Intervall [0; 30] gemeinsam in einer Grafik dar.

d) Analysieren Sie die in c) entwickelten Kostenverläufe, indem Sie die folgenden Fragen beantworten:

  d1) Wie entwickeln sich die fixen Stückkosten und die Stückkosten bei sehr großen Produktionsmengen?

  d2) Welche Eigenschaften weisen die Grenzkosten bei degressiven Gesamtkosten auf? Zeigen Sie, dass dies auch hier gilt.

  d3) Welche Beziehung besteht zwischen den Grenzkosten und den variablen Stückkosten?

## Aufgabe 24 (*)

*Die Lösung zu Aufgabe 24 finden Sie auf Seite 153 f.*

Die Produktionskosten der Handy AG lassen sich durch folgende s-förmige Gesamtkostenfunktion mit zunächst degressivem und anschließend progressivem Verlauf abbilden.

$$K(x) = 20 \cdot x^3 - 60 \cdot x^2 + 140 \cdot x + 2.000$$

a) Berechnen Sie die Produktionsmenge mit minimalen variablen Stückkosten $x^{**}$.

b) Die Ausbringungsmenge mit minimalen variablen Stückkosten liegt stets im progressiven Bereich der s-förmigen Gesamtkostenfunktion. Zeigen Sie, dass dies auch bei der hier gegebenen Kostenfunktion der Fall ist.

### 1.3.2 Gliederung nach der Form der Zurechnung: Zurechnungsprinzipien

Die in diesem Kapitel angesprochenen Inhalte werden in dem Lehrbuch Kloock/Sieben/Schildbach/Homburg, Kosten- und Leistungsrechnung, im Abschnitt I.F.2 behandelt.

## Aufgabe 25

*Die Lösung zu Aufgabe 25 finden Sie auf Seite 154 f.*

Geben Sie an, ob folgende Aussagen richtig oder falsch sind.

| | Aussage | Richtig/Falsch |
|---|---|---|
| a) | Zeitabhängige Abschreibungen für eine Maschine, die nur von einem Produkt genutzt wird, können nach dem Verursachungsprinzip zugerechnet werden. | R |
| b) | Beim Kostentragfähigkeitsprinzip werden die Einzelkosten mit Schlüsseln, die von den Absatzpreisen abhängen, auf Kalkulationsobjekte zugerechnet. | F |

| | | |
|---|---|---|
| c) | Das Beanspruchungsprinzip besagt, dass sich der Umfang der Einwirkung des Güterverzehrs auf das Kalkulationsobjekt in der Kostenrechnung widerspiegeln soll. | R |
| d) | Der Unterschied zwischen echten und unechten Gemeinkosten besteht darin, dass bei den echten Gemeinkosten lediglich aus Wirtschaftlichkeitsgründen auf eine exakte Zurechnung der Kosten verzichtet wird, während bei unechten Gemeinkosten eine exakte Zurechnung grundsätzlich unmöglich ist. | F |
| e) | Eine beanspruchungsgerechte Zurechnung von Gemeinkosten ist stets verursachungsgerecht. | R |
| f) | Eine dem Durchschnittsprinzip entsprechende Schlüsselgröße kann gleichzeitig auch beanspruchungsgerecht sein. | R |
| g) | Unechte Kostenstellengemeinkosten lassen sich den Kostenstellen prinzipiell direkt zurechnen. | R |
| h) | Das Verursachungsprinzip stellt einen Spezialfall des Beanspruchungsprinzips dar. | R |
| i) | Die auf dem Verursachungsprinzip basierende Definition von Einzel- und Gemeinkosten sollte nur in kurzfristigen Entscheidungsrechnungen verwendet werden. | R |
| j) | Bei Zurechnung über das Tragfähigkeitsprinzip erfolgt eine Proportionalisierung über Schlüssel, die von den Beschaffungspreisen abhängen. | F |

## Aufgabe 26 (*)

*Die Lösung zu Aufgabe 26 finden Sie auf Seite 155 f.*

Die DEF KG fertigt drei Produkte auf derselben Maschine. Für diese Maschine sind zeitabhängige Abschreibungen in Höhe von 27.200 € angefallen. Diese Kosten werden den einzelnen Produkten mithilfe einer Schlüsselgröße zugerechnet. Als Schlüsselgrößen kommen die Maschinenlaufzeit und das Gewicht infrage. Alle weiteren Daten können der folgenden Tabelle entnommen werden.

| Produkt | Produktionsmenge [ME] | Maschinenlaufzeit [h/ME] | Gewicht [kg/ME] |
|---|---|---|---|
| 1 | 600 | 0,2 | 3,5 |
| 2 | 50 | 1,0 | 2,0 |
| 3 | 300 | 0,5 | 4,0 |

a) Welchem Zurechnungsprinzip entspricht eine Zurechnung anhand der Maschinenlaufzeit und welches Zurechnungsprinzip käme bei Verwendung des Gewichts zum Einsatz? Begründen Sie kurz Ihre Antwort.

b) Ermitteln Sie die Gemeinkosten je Stück, die den einzelnen Produkten bei Verwendung des Gewichts zugerechnet werden.

## Aufgabe 27 (*)

*Die Lösung zu Aufgabe 27 finden Sie auf Seite 156.*

Die GHI AG fertigt auf ihrer Produktionsanlage die drei Produkte „Alpha", „Beta" und „Gamma". Die hierfür angefallenen Kostenträgergemeinkosten in Höhe von 525.000 € werden den einzelnen Produkten unter Verwendung der Bearbeitungszeit je Einheit auf der Produktionsanlage als Schlüsselgröße zugerechnet. Die für die Zurechnung relevanten Daten können der folgenden Tabelle entnommen werden:

| Produkt | Produktionsmenge [ME] | Bearbeitungszeit [Min/ME] |
|---|---|---|
| Alpha | 27.750 | 4 |
| Beta | 25.000 | 5 |
| Gamma | 15.200 | 7,5 |

a) Ermitteln Sie die einer Einheit des Produktes „Gamma" zuzurechnenden Kosten.

b) Auf welchem Zurechnungsprinzip basiert die verwendete Schlüsselgröße?

## Aufgabe 28 (**)

*Die Lösung zu Aufgabe 28 finden Sie auf Seite 156 ff.*

Gegeben sind folgende Daten über die Produkte eines Unternehmens:

| Produktart | Produktionsmenge [Stück] | Deckungsbeitrag [€/Stück] | Bearbeitungszeit [min/Stück] | Gewicht [kg/Stück] |
|---|---|---|---|---|
| 1 | 2.000 | 125 | 6 | 30 |
| 2 | 4.000 | 150 | 8 | 10 |
| 3 | 2.500 | 80 | 12 | 15 |
| 4 | 1.500 | 100 | 3 | 5 |

Für die 4 Produkte sind insgesamt Kostenträgergemeinkosten in Höhe von 600.000 € angefallen.

a) Welche verschiedenen Schlüsselgrößen könnte man zur Aufteilung der Gemeinkosten auf die einzelnen Kostenträger wählen? Welchen Zurechnungsprinzipien würde das jeweils entsprechen, wenn der Werteverzehr von der Bearbeitungszeit abhängt?

b) Welche Schlüsselgröße müssten Sie wählen, um nach dem Verursachungsprinzip zu schlüsseln?

c) Welcher Anteil der Gemeinkosten wird den einzelnen Produkten nach den unterschiedlichen Zurechnungsprinzipien zugerechnet? In welcher Höhe werden jeweils Kosten zugerechnet?

## Aufgabe 29 (**)

*Die Lösung zu Aufgabe 29 finden Sie auf Seite 158 f.*

a) Erläutern Sie die Zurechnungsprinzipien Verursachungsprinzip, Durchschnittsprinzip, Beanspruchungsprinzip und Kostentragfähigkeitsprinzip. Gehen Sie hierbei auch auf die Unterscheidung von Einzel- und Gemeinkosten ein.

Gegeben sind folgende Daten über die Produkte eines Unternehmens:

| Produktart | Produktions- menge [ME] | Stückerlöse [€/ME] | Variable Stück- kosten [€/ME] | Bearbeitungszeit pro Stück [min/ME] |
|---|---|---|---|---|
| 1 | 1.500 | 50 | 40 | 4 |
| 2 | 2.500 | 145 | 125 | 2 |
| 3 | 3.000 | 30 | 25 | 5 |

Für die 3 Produktarten wird mit Kostenträgergemeinkosten von insgesamt 52.000 € gerechnet.

b) Wie hoch sind die den einzelnen Produkten zurechenbaren Gemeinkosten pro Mengeneinheit, wenn diese nach dem Beanspruchungsprinzip zugerechnet werden, wobei die Beanspruchung von der Bearbeitungszeit der Produkte abhängt?

c) Wie hoch sind die den einzelnen Produkten zurechenbaren Gemeinkosten pro Mengeneinheit, wenn diese nach dem Kostentragfähigkeitsprinzip mit dem Deckungsbeitrag als Schlüsselgröße zugerechnet werden?

# 2 Istkosten- und Istleistungsrechnung

## 2.1 Kostenartenrechnung

### 2.1.1 Erfassung von Arbeitskosten

Die in diesem Kapitel angesprochenen Inhalte werden in dem Lehrbuch Kloock/Sieben/Schildbach/Homburg, Kosten- und Leistungsrechnung, im Abschnitt II.B.2 behandelt.

**Aufgabe 30** (**)

*Die Lösung zu Aufgabe 30 finden Sie auf Seite 160 f.*

Ein kleines Unternehmen beschäftigt 11 Arbeitnehmer, davon 6 Angestellte und 5 Arbeiter. Die Angestellten werden nach Zeitlohn bezahlt, 3 von ihnen erhalten 20,00 € pro Stunde und 3 erhalten 15,00 € pro Stunde (jeweils brutto).

Die Entlohnung der Arbeiter setzt sich aus einem Fixlohn als tariflicher Mindestlohn von 5,00 € pro Stunde (brutto) und einem Geldakkord von 3 € pro produziertem Produkt als variabler Vergütungsanteil zusammen. Dabei benötigt ein Arbeiter im Schnitt 25 Minuten für ein Stück.

Die vertragliche monatliche Arbeitszeit beträgt für alle Arbeitnehmer 160 Stunden. Das Unternehmen hat zusätzlich zum Gehalt der Arbeitnehmer jeweils 32 % des Bruttolohns als Arbeitgeberanteil an den Sozialabgaben zu entrichten. Außerdem zahlt es insgesamt 1.200 € als Weihnachts- und Urlaubsgeld pro Jahr an jeden Arbeitnehmer.

a) Berechnen Sie den Geldfaktor pro Stunde für den variablen Vergütungsanteil der Arbeiter.
b) Berechnen Sie die Arbeitskosten für Zeitlöhne, die Arbeitskosten für Akkordlöhne und die gesamten Arbeitskosten für eine Periode von 6 Monaten. Gehen Sie dabei von der vereinfachenden Annahme aus, dass für Weihnachts- und Urlaubsgeld keine Sozialabgaben zu entrichten sind.

## Aufgabe 31 (**)

*Die Lösung zu Aufgabe 31 finden Sie auf Seite 161.*

Die Geschäftsführerin der Rellisch GmbH, Daphne Steffens, erhält ein Jahresgehalt in Höhe von 100.000 €. Prof. Dr. Florian Rellisch ist Gesellschafter dieser GmbH, arbeitet zur Zeit noch als Professor und steht kurz vor seiner Pensionierung. Er überlegt, die GmbH nach seiner Pensionierung in eine KG umzuwandeln, Frau Steffens zu entlassen und selbst die Geschäftsführung zu übernehmen.

(Gehen Sie davon aus, dass die Umwandlung in eine KG nicht zu Kosten führt.)

a) In welcher Höhe würden Sie den kalkulatorischen Unternehmerlohn für Prof. Rellisch im Falle einer Umwandlung ansetzen? Begründen Sie Ihre Wahl. Welche Bedingung sollte dafür erfüllt sein?

b) Um welche Kosten/Aufwendungen (Zusatzaufwand, Andersaufwand, Zweckaufwand, Grundkosten, Anderskosten, Zusatzkosten) handelt es sich bei dem Gehalt von Frau Steffens, worum würde es sich beim Unternehmerlohn für Herrn Rellisch handeln?

## Aufgabe 32 (*)

*Die Lösung zu Aufgabe 32 finden Sie auf Seite 162.*

In einer Schreinerei werden 4 € pro montiertem Stuhl bezahlt.

a) Wie nennt man dieses Vergütungssystem?

b) Wie hoch ist der Zeitakkord eines Arbeiters, der 3 Stühle in einer Stunde fertigt?

c) Wie hoch ist der Arbeitslohn eines Arbeiters für eine Woche, in der er durchschnittlich 2,7 Stühle pro Stunde fertigt und insgesamt 35 Stunden arbeitet? Welche Faktoren müssen darüber hinaus bei der Ermittlung der Arbeitskosten berücksichtigt werden?

d) Bei welchen der folgenden Arbeitskräfte bietet sich eine Bezahlung mittels Akkordlohn an, bei welchen eher nicht?

Pförtner, Fliesenleger, Dreher, Schleifer

## 2.1.2 Erfassung von Werkstoffkosten

Die in diesem Kapitel angesprochenen Inhalte werden in dem Lehrbuch Kloock/Sieben/Schildbach/Homburg, Kosten- und Leistungsrechnung, im Abschnitt II.B.3 behandelt.

## **Aufgabe 33**

*Die Lösung zu Aufgabe 33 finden Sie auf Seite 163 f.*

Geben Sie an, ob folgende Aussagen richtig oder falsch sind.

| Aussage | | Richtig/Falsch |
|---|---|---|
| a) | Ein Nachteil der Rückrechnung ist, dass Diebstahl und Schwund von Lagerbeständen nicht erfasst werden. | R |
| b) | Bei der Befundrechnung ist eine Inventur erforderlich. | R |
| c) | Für nicht abgesetzte absatzbestimmte Güter ist eine Bestandsrechnung erforderlich. | R |
| d) | Die Ermittlung des Materialverbrauchs mittels der Befundrechnung kann z.B. deshalb zu einem anderen Ergebnis als die Materialverbrauchsermittlung anhand der Skontrationsrechnung führen, weil in der Skontrationsrechnung kein Schwund berücksichtigt wird. | R |
| e) | Die Rückrechnung und die Befundrechnung führen zu unterschiedlichen Materialverbräuchen, wenn ein Teil der bereits dem Lager entnommenen Rohstoffe noch nicht in die Produktion eingegangen ist. | R |
| f) | Das periodenbezogene LIFO-Verfahren und das permanente LIFO-Verfahren führen stets zu verschiedenen Ergebnissen. | F |
| g) | Das Verfahren der Rückrechnung eignet sich nicht zur Erfassung der Bestandsveränderungen von Leistungen. | R |
| h) | Für noch nicht abgesetzte Güter, welche nicht in der Periode ihrer Herstellung verzehrt werden, ist eine Bestandsrechnung erforderlich. | R |
| i) | Im Rahmen der Skontrationsrechnung wird neben der Erfassung aller Lagerzugänge auch eine periodische Inventur durchgeführt. | F |
| j) | Für noch nicht abgesetzte, mit Kosten oder künftigen Einnahmen bewertete absatzbestimmte Güter ist eine Bestandsrechnung erforderlich. | R |

## Aufgabe 34 (***)

*Die Lösung zu Aufgabe 34 finden Sie auf Seite 164 f.*

Für den in der Fertigung benötigten Rohstoff A wird ein Lager unterhalten. Die Zu- und Abgänge im Juli 2004 sind in nachstehender Tabelle angegeben:

| Datum | Zugang [ME] | Abgang [ME] | Preis [€/ME] |
|---|---|---|---|
| 5. Juli 2004 | 1.600 | | 35,00 |
| 7. Juli 2004 | | X | |
| 10. Juli 2004 | 500 | | Y |
| 15. Juli 2004 | | 650 | |
| 22. Juli 2004 | 400 | | 40,00 |
| 23. Juli 2004 | | 300 | |

Darüber hinaus sind Ihnen folgende Informationen bekannt:

- Zu Monatsbeginn lag keine Einheit von Rohstoff A auf Lager.
- Der gewogene Durchschnittspreis betrug im Juli 36,40 €/ME.
- Der Materialverbrauch entspricht der Menge der erfassten Entnahmen.
- Die Berechnung der Materialkosten nach dem permanenten LIFO-Verfahren führt zu Materialkosten, die um 250 € höher sind als die sich bei Anwendung des FIFO-Verfahrens ergebenden Materialkosten.

Gehen Sie weiterhin davon aus, dass der Endbestand am 31. Juli 2004 weniger als 400 ME beträgt.

a) Ermitteln Sie den Preis Y je ME von Rohstoff A, der am 10. Juli 2004 bezahlt werden musste.

b) Berechnen Sie, welche Menge X am 7. Juli 2004 dem Lager entnommen wurde.

## Aufgabe 35 (**)

*Die Lösung zu Aufgabe 35 finden Sie auf Seite 165 f.*

Für den in der Fertigung benötigten Rohstoff A wird ein Lager unterhalten. Die Zu- und Abgänge im Geschäftsjahr 2006 sind in nachstehender Tabelle angegeben.

| Datum | Zugang [ME] | Abgang [ME] | Preis [€/ME] |
| --- | --- | --- | --- |
| 20. Januar 2006 | 2.000 | | 23,00 |
| 10. März 2006 | | 1.100 | |
| 03. April 2006 | 1.000 | | X |
| 14. Juli 2006 | | 1.400 | |
| 28. August 2006 | 200 | | 21,00 |
| 29. September 2006 | | 500 | |

Darüber hinaus sind Ihnen folgende Informationen bekannt:

- Zu Jahresbeginn (01.01.2006) lagen 200 Einheiten von Rohstoff A auf Lager. Das Lager für Rohstoff A wurde am 01.01.2006 mit insgesamt 4.000 € bewertet.
- Der gewogene Durchschnittspreis für das Geschäftsjahr 2006 betrug 22,00 €/ME.
- Der Materialverbrauch entspricht der Menge der erfassten Abgänge.

a) Ermitteln Sie mit den obigen Angaben den Preis X je ME von Rohstoff A, der am 3. April 2006 gezahlt wurde.

b) Berechnen Sie die Materialkosten für den Materialverbrauch des Geschäftsjahres 2006 nach der periodenbezogenen LIFO-Methode (Last In First Out).

c) Berechnen Sie die Materialkosten für den Materialverbrauch des Geschäftsjahres 2006 nach der FIFO-Methode (First In First Out).

## Aufgabe 36 (*)

*Die Lösung zu Aufgabe 36 finden Sie auf Seite 166.*

Die Teiff GmbH stellt hochwertige Eisbären und Seehunde aus Plüsch her. Für jeden Eisbären (Seehund) werden 1,2 m² (0,7m²) Plüsch verbraucht. Im Januar wurden 1.150 Eisbären und 500 Seehunde hergestellt. Die Zugänge des Plüschstoffes können folgender Auflistung entnommen werden:

| Datum | Menge [m²] | Preis [€/m²] |
|---|---|---|
| 02.01.03 | 600 | 10,70 |
| 12.01.03 | 350 | 8,70 |
| 21.01.03 | 850 | 11,10 |

Zu Monatsbeginn befand sich kein Plüschstoff im Lager.

Ermitteln Sie den Plüschverbrauch des Monats Januar mit der Rückrechnung und bestimmen Sie die Materialkosten für den Plüsch anhand des gewogenen Durchschnittspreises.

## **Aufgabe 37** (**)

*Die Lösung zu Aufgabe 37 finden Sie auf Seite 166 ff.*

Die Schoki GmbH ist wohl eines der berühmtesten Schokoladenunternehmen der Welt. Aufgrund des nur auf wenige Monate begrenzten Verkaufs von Osterhasen, werden diese auf Lager produziert. Besonders im Monat Februar kommt es im Lager des Rohstoffes Kakao zu zahlreichen Lagerzugängen und Abgängen, welche in der nachfolgenden Tabelle dargestellt sind:

| 1. Februar 2006 | Anfangsbestand | 30 [t] | 1300 [€/t] |
|---|---|---|---|
| 28. Februar 2006 | Endbestand | 50 [t] | |

| Datum | Lagerentnahmen lt. Entnahmeschein [t] | Lagerzugänge [t] | Preis je Tonne [€/t] |
|---|---|---|---|
| 3. Februar 2006 | | 90 | 1280 |
| 9. Februar 2006 | 70 | | |
| 14. Februar 2006 | | 130 | 1400 |
| 20. Februar 2006 | 140 | | |
| 24. Februar 2006 | | 110 | 1200 |
| 27. Februar 2006 | 100 | | |

In diesem Jahr hatte das Unternehmen unter anderem drei Qualitätsklassen von Osterhasen im Sortiment. Der Standard-Osterhase mit einem Gewicht von 50 g besteht zu 20 g aus Kakao und wurde im Februar drei Millionen Mal hergestellt.

Der Premium-Osterhase mit einem Gewicht von 150 g besteht zu 70 g aus Kakao und die Produktionsmenge im Februar betrug zwei Millionen. Der Deluxe-Osterhase mit einem Gewicht von 600 g besteht zu 300 g aus Kakao. Von dieser Variante wurden im Februar 500.000 Stück hergestellt.

a) Welche Methoden der mengenmäßigen Verbrauchserfassung können aufgrund der angegebenen Daten angewandt werden und welche Verbräuche werden jeweils ermittelt?

b) Ermitteln Sie die Materialkosten des Monats Februar für den mit der Skontrationsrechnung ermittelten Verbrauch

b1) nach der periodenbezogenen LIFO-Methode.

b2) nach der permanenten LIFO-Methode.

b3) mit dem gewogenen Durchschnittspreis des Monats Februar.

b4) nach der FIFO-Methode.

c) Warum wird keine Unterscheidung zwischen der permanenten und der periodenbezogenen FIFO-Methode vorgenommen?

## Aufgabe 38 (**)

*Die Lösung zu Aufgabe 38 finden Sie auf Seite 168 ff.*

Die Diamant AG ist ein großer internationaler Schmuckhersteller und hat sich auf die Fertigung hochwertiger Ringe spezialisiert. Um auch bei starken Nachfrageschwankungen schnell liefern zu können, wird für Feingold ein Lager unterhalten. Die Lagerzugänge und -abgänge des Monats Oktober können folgender Tabelle entnommen werden:

| Datum | Lagerentnahmen lt. Entnahmeschein [g] | Lagerzugänge [g] | Preis je g [€] |
| --- | --- | --- | --- |
| 2. Okt. 2006 | | 600 | 11,00 |
| 8. Okt. 2006 | 500 | | |
| 12. Okt. 2006 | | 250 | 12,50 |
| 15. Okt. 2006 | 300 | | |
| 22. Okt. 2006 | | 750 | 11,50 |
| 29. Okt. 2006 | 700 | | |

Der Lageranfangsbestand am 1. Oktober beträgt 0 g.

Im Oktober wurden 50 Ringe à 7,5 g/Ring, 72 Ringe à 9 g/Ring und 35 Ringe à 10,2 g/Ring hergestellt.

a) Welche Methoden der mengenmäßigen Verbrauchsermittlung können aufgrund der angegebenen Daten angewandt werden und welche Verbräuche werden anhand dieser Methoden ermittelt? Nennen Sie Gründe, die für die unterschiedlichen Ergebnisse ursächlich sein könnten.

b) Berechnen Sie jeweils die Materialkosten für den mit der Skontrationsrechnung ermittelten Verbrauch

b1) nach der periodenbezogenen LIFO-Methode.

b2) nach der permanenten LIFO-Methode.

b3) nach der FIFO-Methode.

b4) mit dem gewogenen Durchschnittspreis des Monats Oktober.

### 2.1.3 Erfassung von Betriebsmittelkosten

Die in diesem Kapitel angesprochenen Inhalte werden in dem Lehrbuch Kloock/Sieben/Schildbach/Homburg, Kosten- und Leistungsrechnung, im Abschnitt II.B.4 behandelt.

## Aufgabe 39

*Die Lösung zu Aufgabe 39 finden Sie auf Seite 170 ff.*

Geben Sie an, ob folgende Aussagen richtig oder falsch sind.

| Aussage | | Richtig/Falsch |
|---|---|---|
| a) | Das arithmetisch-degressive Abschreibungsverfahren entspricht bei Verwendung eines sehr geringen Degressionsbetrages (d→0) näherungsweise dem linearen Abschreibungsverfahren. | R |
| b) | Abschreibungsverfahren spiegeln Hypothesen über den Verlauf der Nutzungspotenzialzunahme wider. | F |
| c) | Das Buchwertverfahren ist insofern ein Spezialfall des geometrisch-degressiven Abschreibungsverfahrens, als dass bei diesem Verfahren stets $\alpha = \sqrt[T]{\frac{R}{A}}$ gilt. | R |
| d) | Der Begriff der Abschreibungsbasis bezeichnet die Differenz aus Anschaffungspreis und Restwert am Ende der Nutzungsdauer. | R |
| e) | Bei den geometrisch-degressiven Abschreibungsverfahren ist die Beziehung $\frac{a_{t+1}}{a_t} = \frac{R_{t+1}}{R_t}$ für t = 1, ..., T-1 erfüllt. | F |

| | | |
|---|---|---|
| f) | Die Restwerte $R_t$ nehmen bei der Buchwertabschreibung im Zeitablauf linear ab. | |
| g) | Das digitale Abschreibungsverfahren stellt insofern einen Sonderfall des arithmetisch-degressiven Abschreibungsverfahrens dar, als dass die Abschreibungsbeträge $a_t$ von Periode zu Periode um den Betrag $a_T$ sinken. | |
| h) | Der Unterschied zwischen arithmetisch-degressiven Abschreibungsverfahren und geometrisch-degressiven Abschreibungsverfahren besteht darin, dass beim geometrisch-degressiven Abschreibungsverfahren die Abschreibungsbeträge von Periode zu Periode um einen konstanten Betrag sinken, während beim arithmetisch-degressiven Abschreibungsverfahren der Quotient aus zwei unmittelbar aufeinander folgenden Abschreibungsbeträgen konstant bleibt. | |
| i) | Das Nutzungspotenzial einer Maschine kann durch die Ausbringungsmenge, durch die Nutzungsdauer oder durch eine Kombination aus Ausbringungsmenge und Nutzungsdauer abgebildet werden. | |
| j) | Das Buchwertverfahren stellt insofern einen Sonderfall des geometrisch-degressiven Abschreibungsverfahrens dar, weil nicht nur der Quotient der Abschreibungsbeträge zweier aufeinander folgenden Perioden, sondern auch der Quotient der Restwerte zweier aufeinander folgenden Perioden konstant ist. | |
| k) | Das digitale Abschreibungsverfahren ist dadurch gekennzeichnet, dass der Abschreibungsbetrag der letzten Periode mit dem Restwert am Ende der Nutzungsdauer übereinstimmt. | |
| l) | Das Buchwertabschreibungsverfahren stellt einen Sonderfall des arithmetisch-degressiven Abschreibungsverfahrens dar. | |

## Aufgabe 40 (**)

*Die Lösung zu Aufgabe 40 finden Sie auf Seite 172 f.*

Ermitteln Sie auf Basis der angegebenen Daten die jeweilige Abschreibung $a_t$ der aktuellen Periode t.

a) lineares Abschreibungsverfahren:

Die geschätzte Nutzungsdauer des Anlageguts beträgt 4 Jahre. Der Anschaffungswert beträgt 150.000 €. Am Ende der Nutzungsdauer ist ein Restwert von 30.000 € zu erwarten.

b) mengenorientiertes Abschreibungsverfahren:

Die Abschreibung der Vorperiode (t-1) betrug 40.000 €. Die Produktionsmenge der aktuellen Periode (t) ist um 20 % höher als die Produktionsmenge der Vorperiode (t-1).

c) geometrisch-degressives Abschreibungsverfahren:

Die Abschreibung der Vorperiode (t-1) betrug 67.500 €. Die Abschreibung der Vor-Vorperiode (t-2) betrug 75.000 €.

d) digitales Abschreibungsverfahren:

Die Abschreibung der Vorperiode (t-1) betrug 80.000 €. Die Abschreibung der Vor-Vorperiode (t-2) betrug 100.000 €.

e) Nach wie vielen weiteren Perioden ist das in Aufgabenteil d) betrachtete Anlagegut auf Null abgeschrieben?

## Aufgabe 41 (**)

*Die Lösung zu Aufgabe 41 finden Sie auf Seite 173.*

Der Kostenrechner der Kleinfeld GmbH Herr Müller hat die Kosten des Jahres 2006 zusammengetragen. Leider hat er es versäumt, seine Daten zu sichern und bei einem Computerabsturz sind einige Informationen verloren gegangen.

Zunächst möchte er die Abschreibung im Jahr 2006 für eine Maschine rekonstruieren. Für diese Maschine liegen folgende Informationen vor:

| | |
|---|---|
| Anschaffungsdatum: | 01.01.2005 |
| Anschaffungspreis: | 200.000 € |
| Nutzung bis: | 31.12.2009 |
| Abschreibung für das Jahr 2009: | 10.000 € |
| Abschreibungsverfahren: | digitale Abschreibung |

Helfen Sie Herrn Müller, die fehlenden Informationen wieder zu beschaffen.

a) Welche Nutzungsdauer wird für die Maschine angenommen?

b) Welche Abschreibung ergibt sich für das Jahr 2006?

c) Welcher Restwert ergibt sich nach Abschreibung im Jahr 2009 zum 31.12.2009?

## Aufgabe 42 (**)

*Die Lösung zu Aufgabe 42 finden Sie auf Seite 174.*

a) Die folgende Grafik zeigt den Verlauf der Abschreibungsbeträge über die Nutzungsdauer des zugrunde liegenden Anlagegutes X bei Anwendung eines bestimmten Abschreibungsverfahrens.

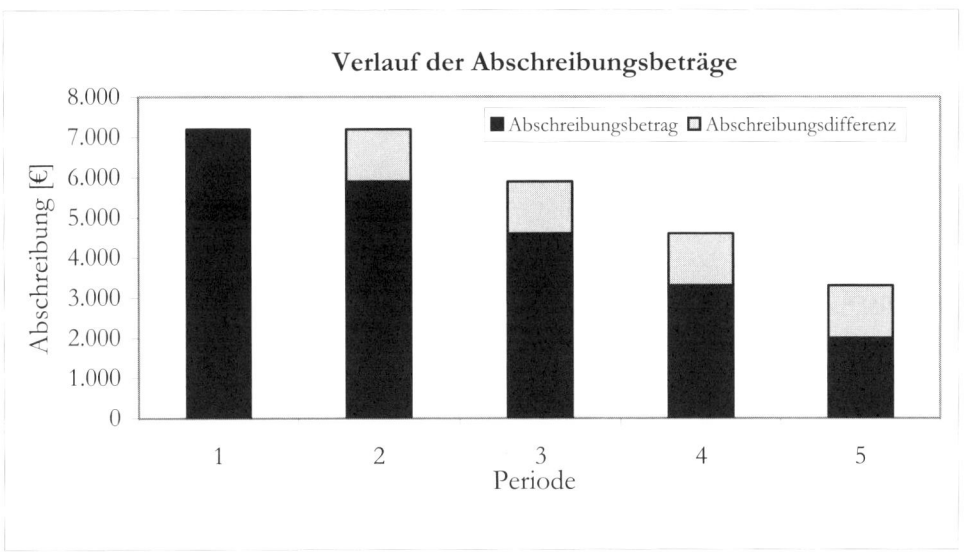

Des Weiteren ist bekannt, dass die Abschreibung der vierten Periode $a_4 = 3.300$ € beträgt, die der fünften Periode $a_5 = 2.000$ €. Am Ende der dritten Periode hat das betrachtete Anlagegut einen Restwert von $R_3 = 9.300$ €.

a1) Nach welchem Verfahren wird das betrachtete Anlagegut abgeschrieben?

a2) Berechnen Sie den Restwert $R_5$ des Anlagegutes am Ende der Nutzungsdauer.

a3) Berechnen Sie den Anschaffungswert A des Anlagegutes.

b) Folgende Grafik gibt den Verlauf der Restwerte über die Nutzungsdauer des Anlagegutes Y bei Anwendung eines bestimmten Abschreibungsverfahrens an:

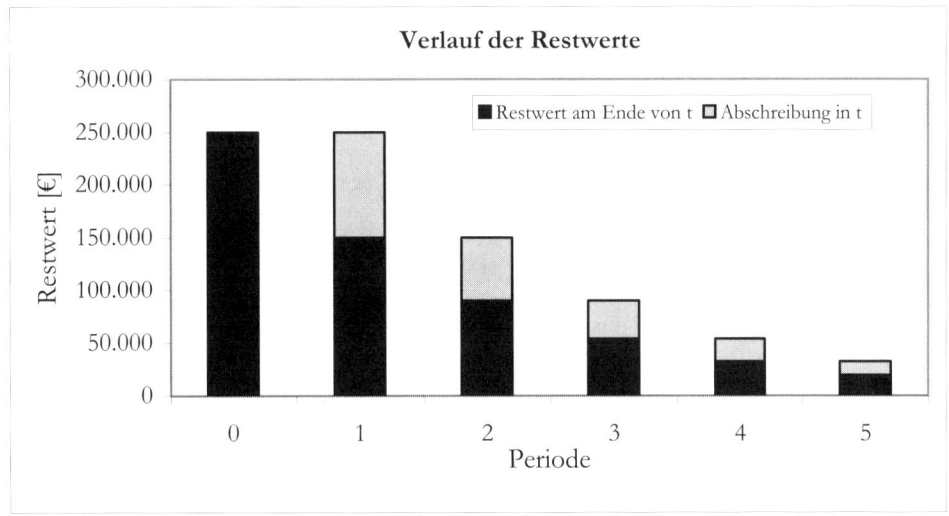

Weiterhin ist bekannt, dass die Abschreibung in der dritten Periode $a_3$ = 36.000 € und die der fünften Periode $a_5$ = 12.960 € beträgt. Der Restwert am Ende der Nutzungsdauer beläuft sich auf $R_5$ = 19.440 €.

b1) Zu welcher Gruppe von Abschreibungsverfahren gehört das in obiger Grafik angewandte Verfahren?

b2) Berechnen Sie den Betrag $a_4$, der in der vierten Periode abgeschrieben wird.

## Aufgabe 43 (***)

*Die Lösung zu Aufgabe 43 finden Sie auf Seite 175.*

Die Eis AG, ein international führender Hersteller von Speiseeis, kauft Maschine zu einem Anschaffungspreis von 230.000 €. Am Ende der fünfjährigen Nutzungsdauer hat die Maschine voraussichtlich einen Restwert von 20.000 €. Aus der Vergangenheit ist bekannt, dass der Nutzungspotenzialverzehr sowohl vom Zeitablauf als auch von der produzierten Menge abhängt. Deshalb soll ein Anteil von 60 % der Abschreibungsbasis zeitabhängig nach dem digitalen Abschreibungsverfahren abgeschrieben werden, die Abschreibung des verbleibenden Anteils der Abschreibungsbasis soll mengenorientiert erfolgen. Die Produktionsmengen der einzelnen Perioden können der folgenden Tabelle entnommen werden:

| Periode | t = 1 | t = 2 | t = 3 | t = 4 | t = 5 |
|---|---|---|---|---|---|
| Produktionsmenge [ME] | 4.750 | 3.250 | 4.000 | 4.250 | 3.750 |

Berechnen Sie den sich aus der digitalen und der mengenabhängigen Abschreibung insgesamt ergebenden Abschreibungsbetrag für t = 2.

## Aufgabe 44 (***)

*Die Lösung zu Aufgabe 44 finden Sie auf Seite 176.*

Die Mind KG hat zum 01.01.2005 eine Maschine im Wert von 240.000 € angeschafft, die in den nächsten 4 Jahren zur Produktion der Pralinensorte „Trioretto" eingesetzt wird. Die Maschine wird nach dem Buchwertverfahren abgeschrieben und besitzt am Ende des zweiten Nutzungsjahres noch einen Restwert von $R_2$ = 60.000 €.

a) Ermitteln Sie den Betrag $a_4$, der in der vierten Periode abgeschrieben wird.

b) Zeigen Sie allgemein, dass bei Anwendung des Buchwertverfahrens $q = \sqrt[T]{\dfrac{A}{R}}$ gilt.

## Aufgabe 45 (**)

*Die Lösung zu Aufgabe 45 finden Sie auf Seite 176 f.*

Die ABC AG schreibt ihre Maschine zeitabhängig ab. Die folgende Abbildung zeigt den Verlauf der Abschreibungsbeträge bei Anwendung eines bestimmten degressiven Abschreibungsverfahrens.

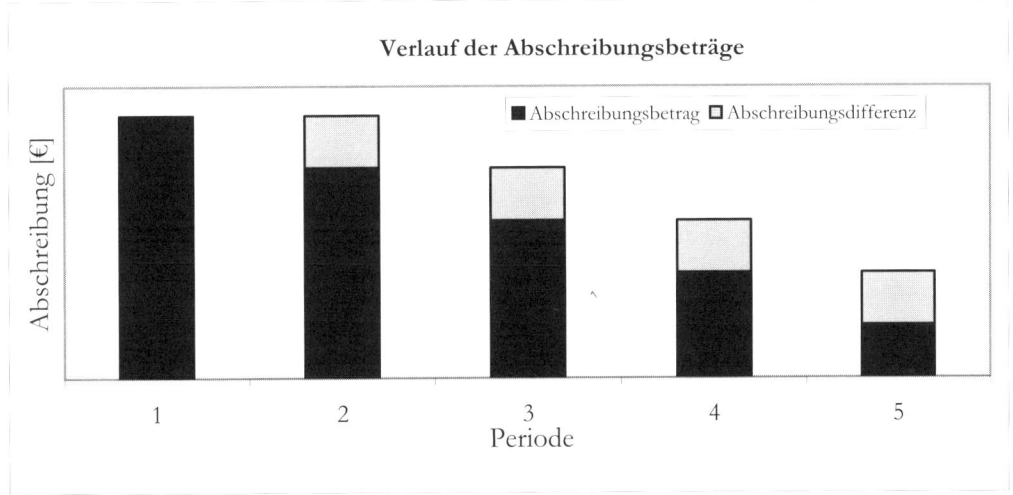

In der dritten Nutzungsperiode werden 13.500 € (=$a_3$) abgeschrieben. Der Restwert am Ende der Nutzungsdauer von T = 5 beträgt 12.500 € (=R).

a)  Woran erkennt man, dass die ABC AG das digitale Abschreibungsverfahren einsetzt?

b)  Bestimmen Sie den Degressionsbetrag d.

c)  Bestimmen Sie den Anschaffungspreis A.

## Aufgabe 46 (**)

*Die Lösung zu Aufgabe 46 finden Sie auf Seite 177.*

Am 01.01.2000 wurde eine Maschine zur Herstellung von Stofftieren angeschafft und in Betrieb genommen. Der Anschaffungswert betrug 250.000 €. Nach einer Nutzungsdauer von 5 Jahren hat die Maschine einen Restwert von 2.560 €. Die Abschreibung erfolgt nach dem Buchwertverfahren.

Ermitteln Sie die Abschreibung für das Jahr 2002.

## Aufgabe 47 (**)

*Die Lösung zu Aufgabe 47 finden Sie auf Seite 177 f.*

In der folgenden Grafik sind die Abschreibungsbeträge für die von der Fellelo AG in t = 0 angeschaffte Maschine dargestellt. Es ist Ihnen bekannt, dass der Restwert der Maschine nach T = 5 Jahren 8.100 € beträgt. In der vierten Periode werden $a_4$ = 7.000 € abgeschrieben.

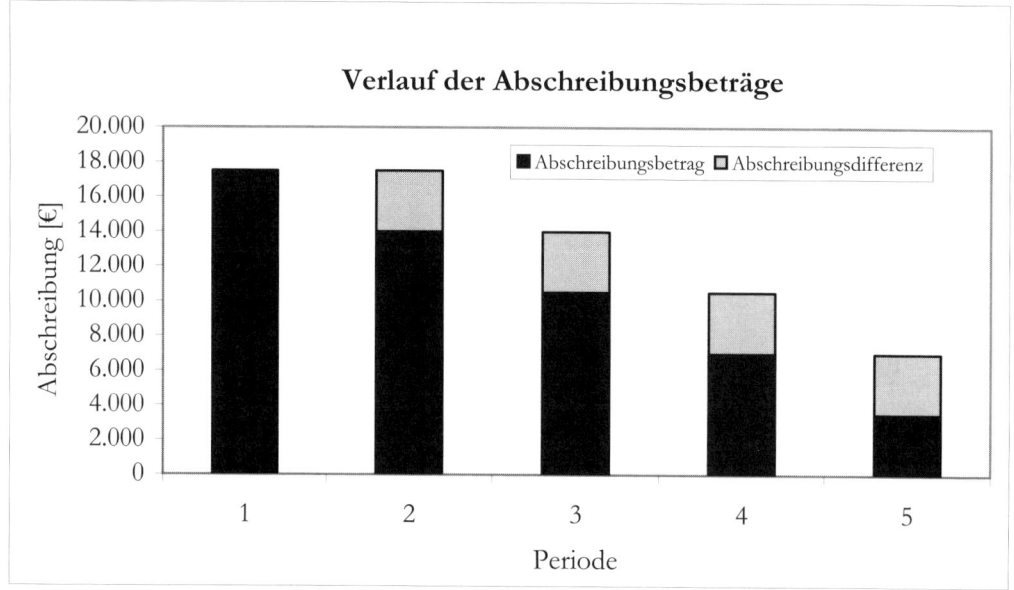

a1) Welches Abschreibungsverfahren wurde den Berechnungen der Fellelo AG zugrunde gelegt und woran ist dies zu erkennen?

a2) Berechnen Sie den Abschreibungsbetrag für die 3. Periode.

a3) Berechnen Sie den Anschaffungspreis A.

In der nächsten Grafik sehen Sie die Abschreibungsbeträge für die von der Wir-lieben-Schokolade KG in t =0 angeschaffte große Schokoladenproduktionsmaschine. Folgende Werte sind Ihnen bekannt: $a_1$ = 49.000 €, $a_3$ = 24.010 €, R = 4.128 €.

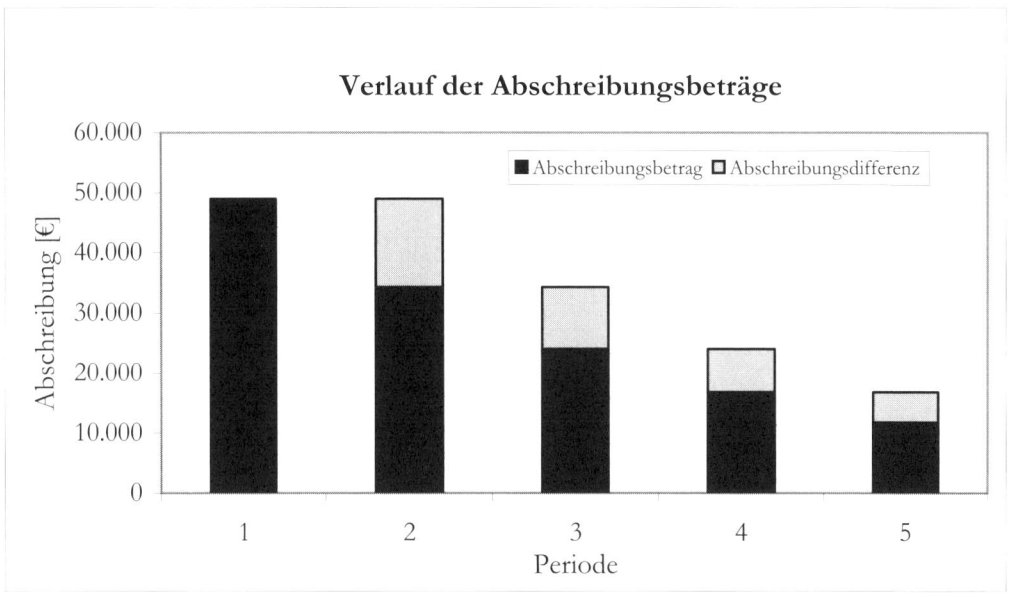

b1) Zu welcher Gruppe von Abschreibungsverfahren gehört das in der Grafik angewandte Verfahren und woran ist dies zu erkennen?

b2) Berechnen Sie den Abschreibungsbetrag für die 4. Periode.

b3) Berechnen Sie den Anschaffungspreis A.

## Aufgabe 48 (*)

*Die Lösung zu Aufgabe 48 finden Sie auf Seite 178 f.*

Ermitteln Sie auf Basis der angegebenen Daten die jeweilige Abschreibung $a_t$ der aktuellen Periode t.

a) lineares Abschreibungsverfahren:
   Die geschätzte Nutzungsdauer des Anlageguts beträgt 6 Jahre. Der Anschaffungswert beträgt 400.000 €. Am Ende der Nutzungsdauer ist ein Restwert von 40.000 € zu erwarten.

b) mengenorientiertes Abschreibungsverfahren:
   Die Abschreibung der Vorperiode (t-1) betrug 36.000 €. Die Produktionsmenge der aktuellen Periode (t) ist um 10 % niedriger als die Produktionsmenge der Vorperiode (t-1).

c) geometrisch-degressives Abschreibungsverfahren:
Die Abschreibung der Vorperiode (t-1) betrug 85.000 €. Die Abschreibung der Vor-Vorperiode (t-2) betrug 100.000 €.

d) digitales Abschreibungsverfahren:
Die Abschreibung der Vorperiode (t-1) betrug 40.000 €. Die Abschreibung der Vor-Vorperiode (t-2) betrug 50.000 €.

e) Nach wie vielen weiteren Perioden ist das in Aufgabenteil d) betrachtete Anlagegut auf Null abgeschrieben?

## Aufgabe 49 (**)

*Die Lösung zu Aufgabe 49 finden Sie auf Seite 179 ff.*

Eine Maschine wird zu Anfang eines Jahres angeschafft. Sie hat einen Anschaffungspreis von 220.000 € und soll über eine Nutzungsdauer von 4 Jahren genutzt werden. Der Restwert nach 4 Jahren wird auf 20.000 € geschätzt. Ermitteln Sie die jährlichen Abschreibungsbeträge nach dem

a) linearen Zeitabschreibungsverfahren.

b) mengenorientierten Abschreibungsverfahren. Dabei werden folgende Produktionsmengen $x_t$ (in Stück) für die Perioden t = 1, 2, 3, 4 unterstellt: $x_1 = 200.000$, $x_2 = 300.000$, $x_3 = 400.000$ und $x_4 = 100.000$.

c) arithmetisch-degressiven Abschreibungsverfahren mit einem Abschreibungsbetrag in Periode 2 von $a_2 - 55.000$ € und einem Abschreibungsbetrag in Periode 4 von $a_4 = 35.000$ €.

d) digitalen Abschreibungsverfahren, wobei der Abschreibungsbetrag der dritten Periode $a_3 = 40.000$ € beträgt.

e) geometrisch-degressiven Abschreibungsverfahren, bei dem die Abschreibungen von Periode zu Periode jeweils um 30 % sinken und der Abschreibungsbetrag der letzten Periode $a_4 = 27.082,51$ € beträgt.

f) Buchwertverfahren, wobei der Restwert nach der ersten Periode $R_1 = 120.802,11$ € beträgt.

## 2.1.4 Erfassung von Kapitalkosten

Die in diesem Kapitel angesprochenen Inhalte werden in dem Lehrbuch Kloock/Sieben/Schildbach/Homburg, Kosten- und Leistungsrechnung, im Abschnitt II.B.6 behandelt.

## Aufgabe 50

*Die Lösung zu Aufgabe 50 finden Sie auf Seite 182.*

Geben Sie an, ob folgende Aussagen richtig oder falsch sind.

| | Aussage | Richtig/Falsch |
|---|---|---|
| a) | Vermietete oder verpachtete Anlagen sind im Allgemeinen nicht im betriebsnotwendigen Vermögen eines Produktionsunternehmens enthalten. | R |
| b) | Das durchschnittliche betriebsnotwendige Kapital muss um erhaltene Anzahlungen und Verbindlichkeiten ggü. Lieferanten verringert werden, weil die für dieses Kapital anfallenden Zinskosten bereits in der Preiskalkulation berücksichtigt worden sind. | R |
| c) | Der aktivierte derivative Geschäftswert erhöht das sachzielnotwendige Vermögen und somit die kalkulatorischen Kapitalkosten des Unternehmens. | F |
| d) | Die kalkulatorischen Zinskosten ergeben sich durch Multiplikation des durchschnittlichen sachzielnotwendigen Vermögens mit dem kalkulatorischen Zinsfuß. | |

## Aufgabe 51 (**)

*Die Lösung zu Aufgabe 51 finden Sie auf Seite 182 f.*

Anhand der Bilanzen zum 31.12.2001 und zum 31.12.2002 wurden für die Nass&Lustig KG, einem Hersteller von Luftmatratzen und Sandspielzeug, folgende durchschnittliche Werte der Aktiva und Passiva des Unternehmens ermittelt:

| Aktiva [€] | | Passiva [€] | |
|---|---|---|---|
| Maschinen | 150.000 | Eigenkapital | 145.000 |
| Wertpapiere | 80.000 | Verbindlichkeiten ggü. | |
| Roh-, Hilfs- und Betriebsstoffe | 100.000 | Kreditinstituten | 160.000 |
| Forderungen aus | | Verbindlichkeiten aus | |
| Lieferung und Leistung | 30.000 | Lieferung und Leistung | 50.000 |
| Kasse | 17.000 | Erhaltene Anzahlungen | 22.000 |
| | 377.000 | | 377.000 |

Darüber hinaus liegen Ihnen folgende Informationen vor:

- Der bilanzielle Wertansatz der Maschinen stimmt nicht mit dem kalkulatorischen Wertansatz überein. In der Kostenrechnung wird ein Anschaffungspreis i.H. von 375.000 € für die zum 01.01.2000 beschafften Maschinen angesetzt. Weiterhin geht man im internen Rechnungswesen davon aus, dass der Restwert der Maschinen am Ende der sechsjährigen Nutzungsdauer 15.000 € beträgt. Die Abschreibung erfolgt linear.
- Bei den Wertpapieren handelt es sich um eine Beteiligung an einem wichtigen Zulieferer, die der Nass&Lustig KG einen größeren Einfluss auf das Zulieferunternehmen ermöglichen und so eine langfristige Zusammenarbeit mit diesem absichern soll.
- Der Kapitalkostensatz beträgt 9 % p.a.

Bestimmen Sie das durchschnittlich zu verzinsende Kapital und die kalkulatorischen Zinsen für das Jahr 2002.

## Aufgabe 52 (**)

*Die Lösung zu Aufgabe 52 finden Sie auf Seite 183 f.*

In der Kleinfeld GmbH wurden für das Jahr 2006 Kapitalkosten berechnet. Für diese Berechnung liegen Herrn Müller folgende Informationen vor:

| | |
|---|---|
| durchschnittliches nicht sachzielnotwendiges Vermögen: | 100.000 € |
| durchschnittliches sachzielnotwendiges Vermögen: | 900.000 € |
| Abzugskapital 1.1.2006: | 90.000 € |
| durchschnittlich zu verzinsendes Kapital: | 800.000 € |
| Kapitalkosten: | 35.000 € |

Die angegebenen Durchschnittswerte ergeben sich als Durchschnitt aus den Werten zum 01.01.2006 und zum 31.12.2006.

a) Wie hoch ist das durchschnittliche Abzugskapital?

   Welcher Wert ergibt sich für das Abzugskapital zum 31.12.2006?

b) Welcher Kapitalkostensatz (Zinssatz) liegt der Kapitalkostenberechnung zugrunde?

## Aufgabe 53 (***)

*Die Lösung zu Aufgabe 53 finden Sie auf Seite 184 f.*

Der folgenden Tabelle können Sie die Bilanzen der „Weg mit dem Bauch AG", einem Kölner Sportartikelhersteller, zum 31.12.2004 und zum 31.12.2005 entnehmen.

| Aktiva in T€ | | | Passiva in T€ | | |
|---|---|---|---|---|---|
| | 2004 | 2005 | | 2004 | 2005 |
| Anlagevermögen | | | Eigenkapital | | |
| Geschäftswert | 40 | 30 | Grundkapital | 100 | 110 |
| Grundstücke | 80 | 80 | Kapitalrücklage | 300 | 320 |
| Maschinen | 450 | 400 | Gewinnrücklage | 45 | 55 |
| Umlaufvermögen | | | Fremdkapital | | |
| Wertpapiere | 25 | 75 | Verbindlichkeiten ggü. Kreditinstituten | 180 | 200 |
| Roh-, Hilfs- und Betriebsstoffe | 94 | 122 | Verbindlichkeiten aus LuL | 85 | 83 |
| Forderungen aus LuL | 45 | 75 | Erhaltene Anzahlungen | 40 | 32 |
| Kasse | 16 | 18 | | | |
| Bilanzsumme | 750 | 800 | Bilanzsumme | 750 | 800 |

Darüber hinaus liegen Ihnen folgende Informationen vor:

- In der Position Grundstücke sind in beiden Geschäftsjahren ungenutzte Grundstücke i.H. von 30.000 € enthalten.

- Der bilanzielle Wertansatz der Maschinen stimmt nicht mit dem kalkulatorischen Wertansatz überein. In der Kostenrechnung wird ein Anschaffungspreis in Höhe von 500.000 € für die zum 01.01.2004 beschafften Maschinen angesetzt. Weiterhin geht man im internen Rechnungswesen davon aus, dass der Restwert der Maschinen am Ende der sechsjährigen Nutzungsdauer 80.000 € beträgt. Die Abschreibung erfolgt linear.
- Bei den Wertpapieren handelt es sich um ein Aktienportefeuille, welches aus Spekulationsmotiven gehalten wird.
- Der Kapitalkostensatz beträgt 10 % p.a.

a) Ermitteln Sie das durchschnittliche sachzielnotwendige Vermögen (DSV) des Unternehmens.

b) Wie hoch ist das durchschnittliche Abzugskapital (DAK)?

c) Bestimmen Sie das durchschnittlich zu verzinsende Kapital (DSK) und die kalkulatorischen Zinsen für das Jahr 2005.

## Aufgabe 54 (**)

*Die Lösung zu Aufgabe 54 finden Sie auf Seite 185.*

Ermitteln Sie die kalkulatorischen Zinsen auf Basis folgender Durchschnittswerte:

Anlagevermögen:
- Maschinen: 5.000.000 €
- Unbebaute Grundstücke (nicht zur Lagerung benutzt): 500.000 €

Umlaufvermögen:
- Wertpapiere zu Spekulationszwecken 1.000.000 €
- Beteiligung an einem Zulieferer 1.000.000 €
- Roh-, Hilfs- und Betriebstoffe: 2.000.000 €

Sonstiges:
- Kundenanzahlungen: 500.000 €
- Kalkulatorischer Zinssatz von 10 %

## Aufgabe 55 (**)

*Die Lösung zu Aufgabe 55 finden Sie auf Seite 186 f.*

Anhand der Bilanzen zum 31.12.2004 und zum 31.12.2005 wurden für die Brauerei Feucht&Fröhlich KG folgende durchschnittliche Werte der Aktiva und Passiva des Unternehmens ermittelt:

| Aktiva [€] | | Passiva [€] | |
|---|---|---|---|
| Derivativer Geschäftswert | 50.000 | Eigenkapital | 285.000 |
| Maschinen | 180.000 | Verbindlichkeiten ggü. Banken | 230.000 |
| Grundstücke | 150.000 | Verbindlichkeiten aus LuL | 80.000 |
| Wertpapiere | 80.000 | Erhaltene Anzahlungen | 55.000 |
| Roh-, Hilfs- und Betriebsstoffe | 120.000 | | |
| Forderungen aus LuL | 50.000 | | |
| Kasse | 20.000 | | |
| | 650.000 | | 650.000 |

Darüber hinaus liegen Ihnen folgende Informationen vor:

- Der bilanzielle Wertansatz der Maschinen stimmt nicht mit dem kalkulatorischen Wertansatz überein. In der Kostenrechnung wird ein Anschaffungspreis in Höhe von 375.000 € für die zum 01.01.2003 beschafften Maschinen angesetzt. Weiterhin geht man im internen Rechnungswesen davon aus, dass der Restwert der Maschinen am Ende der sechsjährigen Nutzungsdauer 15.000 € beträgt. Die Abschreibung erfolgt linear.

- In der Bilanzposition Grundstücke sind ungenutzte Grundstücke mit einem durchschnittlichen Wert von 80.000 € enthalten.

- Bei den Wertpapieren handelt es sich um eine Beteiligung an einem wichtigen Zulieferer, die der Feucht&Fröhlich KG einen größeren Einfluss auf das Zulieferunternehmen ermöglicht und so eine langfristige Zusammenarbeit mit diesem sichern soll.

- Der gewichtete Kapitalkostensatz beträgt 9 % p.a.

Bestimmen Sie das durchschnittlich zu verzinsende Kapital und die kalkulatorischen Zinsen für das Jahr 2005 anhand des nachfolgenden Schemas.

| Bilanzpositionen | Wert |
|---|---|
| 1. Derivativer Geschäftswert | |
| 2. Maschinen | |
| 3. Grundstücke | |
| 4. Wertpapiere | |
| 5. Roh-, Hilfs- und Betriebsstoffe | |
| 6. Forderungen aus LuL | |
| 7. Kasse | |
| A. Durchschnittlich sachzielnotwendiges Vermögen (DSV) | |
| 8. | |
| 9. | |
| B. Durchschnittliches Abzugskapital (DAK) | |
| C. Durchschnittlich zu verzinsendes Kapital (DSK) (=A-B) | |
| D. Kalkulatorische Zinskosten (C x Zinssatz) | |

## 2.1.5 Erfassung von Wagniskosten

Die in diesem Kapitel angesprochenen Inhalte werden in dem Lehrbuch Kloock/Sieben/Schildbach/Homburg, Kosten- und Leistungsrechnung, im Abschnitt II.B.1 behandelt.

### Aufgabe 56

*Die Lösung zu Aufgabe 56 finden Sie auf Seite 188 f.*

Geben Sie an, ob folgende Aussagen richtig oder falsch sind.

| Aussage | | Richtig/Falsch |
|---|---|---|
| a) | Mit Hilfe von Wagniskosten wird das allgemeine Unternehmerwagnis periodengerecht berücksichtigt. | |
| b) | Versicherte Einzelwagnisse führen zu Grundkosten. | R |
| c) | Versicherte Einzelwagnisse führen zu kalkulatorischen Kosten. | F |
| d) | Eine Fehleinschätzung der Nutzungsdauer stellt ein Beständewagnis dar. | |

### Aufgabe 57 (**)

*Die Lösung zu Aufgabe 57 finden Sie auf Seite 188 f.*

Unternehmen A produziert unter anderem monatlich im Durchschnitt 100.000 Digitalkameras. Dazu verwendet es im Wesentlichen den Hilfsstoff B, der fremdbezogen werden muss. Einige dieser Hilfsstoffe weisen Mängel auf (eine Reklamation ist nicht möglich) die erst während der Produktion auffallen.

Hier eine Übersicht der Mängel des Hilfsstoffes B über die letzten 5 Produktionsjahre (Wert in Mio. €):

| 2001 | 2002 | 2003 | 2004 | 2005 |
|---|---|---|---|---|
| 6 | 3 | 2 | 5 | 4 |

Davon unabhängig fielen bei den bereits verkauften Kameras folgende Garantieleistungen (in Mio. €) an:

| 2001 | 2002 | 2003 | 2004 | 2005 |
|---|---|---|---|---|
| 1 | 3 | 0,5 | 2,5 | 3 |

a) Was sind Wagniskosten und wie lassen sie sich untergliedern? Nennen Sie einige Wagnisarten mit Beispielen.

b) Wie hoch wären die Wagniskosten des Unternehmens A in 2006 insgesamt, wenn eine Produktionsmenge von 2 Mio. Stück prognostiziert wird?

## Aufgabe 58 (*)

*Die Lösung zu Aufgabe 58 finden Sie auf Seite 189.*

Herr Müller berechnet die Wagniskosten der Kleinfeld GmbH für Garantieleistungen auf Basis der Garantieleistungen der letzten 5 Jahre. In diesen 5 Jahren wurden insgesamt 8.000.000 Produkte hergestellt und für diese fielen insgesamt 40.000.000 € an Garantieleistungen an.

In welcher Höhe sind bei einer Produktionsmenge von 1.000.000 Stück Wagniskosten für das Jahr 2006 anzusetzen?

## Aufgabe 59 (*)

*Die Lösung zu Aufgabe 59 finden Sie auf Seite 189.*

Die Garantieleistungen der Teiff AG der letzten 4 Jahre und die Produktionszahlen dieses Zeitraums können folgender Tabelle entnommen werden.

| Jahr | 1999 | 2000 | 2001 | 2002 |
|---|---|---|---|---|
| Garantieleistung [€] | 19.700 | 19.300 | 20.800 | 20.200 |
| Produktionsmenge [Stück] | 24.670 | 24.110 | 26.000 | 25.220 |

Für das Jahr 2003 ist eine Produktionsmenge von 24.750 Stofftieren geplant.

Ermitteln Sie die voraussichtlich in diesem Jahr anfallenden Wagniskosten. Um welche Wagnisart handelt es sich?

## 2.1.6 Erfassung von Steuern

Die in diesem Kapitel angesprochenen Inhalte werden in dem Lehrbuch Kloock/Sieben/Schildbach/Homburg, Kosten- und Leistungsrechnung, im Abschnitt II.B.7 behandelt.

### Aufgabe 60

*Die Lösung zu Aufgabe 60 finden Sie auf Seite 190.*

Geben Sie an, ob folgende Aussagen richtig oder falsch sind.

| | Aussage | Richtig/Falsch |
|---|---|---|
| a) | Die Umsatzsteuer kann in einem Unternehmen als durchlaufender Posten behandelt werden. | |
| b) | Die Umsatzsteuer wird als durchlaufender Posten nicht in der Kostenrechnung berücksichtigt. | |

## 2.2 Kostenstellenrechnung

Die in diesem Kapitel angesprochenen Inhalte werden in dem Lehrbuch Kloock/Sieben/Schildbach/Homburg, Kosten- und Leistungsrechnung, im Abschnitt II.C behandelt.

### Aufgabe 61

*Die Lösung zu Aufgabe 61 finden Sie auf Seite 190 ff.*

Geben Sie an, ob folgende Aussagen richtig oder falsch sind.

| | Aussage | Richtig/Falsch |
|---|---|---|
| a) | Die Summe der Endkosten aller Kostenstellen entspricht in der Istkostenrechnung der Summe der primären Gemeinkosten aller Kostenstellen. | |
| b) | Das Gleichungsverfahren ist bei jeder Kostenstellenstruktur anwendbar. | |
| c) | Einzelkosten werden im Rahmen der Sekundärkostenrechnung auf die Kostenträger verrechnet. | |
| d) | Die Summe der Endkosten aller Kostenstellen entspricht der Summe der sekundären Kosten aller Kostenstellen. | |

| | |
|---|---|
| e) | Für aktivierbare innerbetriebliche Leistungen ist keine innerbetriebliche Leistungsrechnung erforderlich. |
| f) | Um die innerbetriebliche Inanspruchnahme von Verwaltungs- und Vertriebsprozessen nicht modellieren zu müssen, werden Verwaltungs- und Vertriebsstellen i.d.R. als Hauptkostenstellen behandelt. |
| g) | Das Stufenleiterverfahren führt nur dann zu exakten Ergebnissen, wenn zwischen verschiedenen Hilfskostenstellen wechselseitige Leistungsbeziehungen bestehen. |
| h) | Hilfskostenstellen sind mittelbar an der Leistungserstellung beteiligt. |
| i) | Die Gesamtkosten einer Hilfskostenstelle ergeben sich als Differenz aus primären und sekundären Kosten. |
| j) | Der Vorteil der approximativen Verfahren der Kostenstellenrechnung gegenüber dem exakten Verfahren besteht darin, dass weniger Informationen beschafft werden müssen, weil die zwischen den Kostenstellen bestehenden Leistungsverflechtungen nur näherungsweise zu ermitteln sind. |
| k) | Die Materialstelle kann im Rahmen der innerbetrieblichen Leistungsverrechnung zur Vereinfachung wie eine Hauptkostenstelle behandelt werden. |
| l) | Der Verbrauch von unternehmensextern bezogenen Gütern führt zu sekundären Kosten. |
| m) | Bei der Bildung von Kostenstellen sollte darauf geachtet werden, dass die Kosten der einzelnen Kostenstellen jeweils möglichst von einer wesentlichen Bezugsgröße wie z.B. Fertigungsstunden einer Maschine abhängen. |
| n) | Der aus heutiger Sicht zentrale Vorteil vereinfachter Verfahren der innerbetrieblichen Leistungsverrechnung besteht in ihrem geringeren Berechnungsaufwand. |
| o) | Liegen Leistungsbeziehungen zwischen Hilfskostenstellen vor, so führen Anbau- und Gleichungsverfahren höchstens zufällig zu identischen Ergebnissen. |
| p) | Das Stufenleiterverfahren und das Anbauverfahren führen immer dann zu identischen Ergebnissen, wenn keine Leistungsbeziehungen zwischen Hilfskostenstellen vorliegen. |
| q) | Werden selbst erstellte Güter zu Herstellkosten bilanziert, können die durch ihren Verzehr hervorgerufenen Kosten wie primäre Kosten behandelt werden. |

| | | |
|---|---|---|
| r) | Das Stufenleiterverfahren und das Anbauverfahren führen immer dann zu identischen Ergebnissen, wenn weder Eigenverbrauch noch wechselseitige Leistungsbeziehungen zwischen den Hilfskostenstellen vorliegen. | |
| s) | Materialstellen werden häufig als Hilfskostenstellen angesehen, obwohl sie eigentlich Hauptkostenstellen darstellen. | |
| t) | Das zentrale Problem der Sekundärkostenrechnung besteht in der Berücksichtigung von Leistungsbeziehungen zwischen Hilfskostenstellen. | |
| u) | Die Endkosten von Hilfskostenstellen betragen unabhängig vom eingesetzten Rechnungssystem stets Null. | |
| v) | Hauptkostenstellen sind unmittelbar an der Fertigung absatzbestimmter Güter beteiligt. | |
| w) | In der Istkostenrechnung ist die Summe der primären Kosten aller Kostenstellen stets identisch mit der Summe der Endkosten aller Kostenstellen. | |
| x) | Bei der Istkostenrechnung entspricht die Summe der primären Kosten der Hilfskostenstellen der Summe der sekundären Kosten der Hauptkostenstellen. | |
| y) | Das Stufenleiterverfahren führt im Rahmen der innerbetrieblichen Leistungsverrechnung stets zu exakten Ergebnissen. | |
| z) | Der Verbrauch von Gütern, die nicht aus eigener Leistungserstellung stammen, führt zu sekundären Kosten. | |
| aa) | Die Bewertung primärer Güterverbräuche mit Preisen des Beschaffungsmarktes führt zu einer Doppelerfassung von Kosten. | |

## Aufgabe 62 (**)

*Die Lösung zu Aufgabe 62 finden Sie auf Seite 194 f.*

Ein Unternehmen ist in vier Kostenstellen gegliedert. Die zwischen den einzelnen Kostenstellen bestehenden Leistungsverflechtungen sind in der folgenden Verflechtungsmatrix dargestellt:

|  |  | Leistende Kostenstelle | | | |
|---|---|---|---|---|---|
|  |  | KS 1 | KS 2 | KS 3 | KS 4 |
| Empfangende Kostenstelle | KS 1 | 0 | 5 | 4 | 0 |
|  | KS 2 | 0 | 0 | 6 | 0 |
|  | KS 3 | 0 | 0 | 0 | 0 |
|  | KS 4 | 0 | 5 | 0 | 0 |

Alle Angaben in geeigneten Leistungseinheiten [LE]

Die primären Gemeinkosten der Kostenstelle betragen 14.000 € für KS 1, 10.000 € für KS 2, 6.000 € für KS 3 und 12.000 € für KS 4.

a) Bilden Sie die Leistungsverflechtungen mithilfe eines Gozintographen ab.

b) Nennen Sie alle Verfahren der Kostenstellenrechnung, die für die vorliegende Struktur zu exakten Verrechnungspreisen führen.

c) Führen Sie die Sekundärkostenrechnung unter Verwendung des gegebenen Betriebsabrechnungsbogens durch. Wie hoch sind die Endkosten der einzelnen Kostenstellen?

d) Wie verändern sich die Endkosten der Hauptkostenstellen, wenn Kostenstelle 2 einen Eigenverbrauch von 2 zusätzlichen Leistungseinheiten hat (Gesamtleistung KS 2 jetzt also 12 LE!)? Gehen Sie von unveränderten primären Kosten aus. Begründen Sie kurz Ihre Antwort.

|  | KS 3 | KS 2 | KS 1 | KS 4 |
|---|---|---|---|---|
| Primäre GK | 6.000 | 10.000 | 14.000 | 12.000 |
| KS 3 Entlastung (-) Belastung (+) | -6.000 | +3.600 | 2.400 | / |
| KS 2 Entlastung (-) Belastung (+) |  | -13.600 | 6.800 | 6.800 |
| Endkosten | 0 | -13.600 | 23.200 | 18.800 |

## Aufgabe 63 (**)

*Die Lösung zu Aufgabe 63 finden Sie auf Seite 197 f.*

Ein Unternehmen ist in vier Kostenstellen gegliedert. Die zwischen den einzelnen Kostenstellen bestehenden Leistungsverflechtungen sind in der folgenden Tabelle dargestellt:

|  |  | Leistende Kostenstelle | | | |
| --- | --- | --- | --- | --- | --- |
|  |  | KS 1 | KS 2 | KS 3 | KS 4 |
| Empfangende Kostenstelle | KS 1 | 0 | 0 | 8.000 | 0 |
|  | KS 2 | 10.000 | 0 | 0 | 7.000 |
|  | KS 3 | 5.000 | 0 | 0 | 3.000 |
|  | KS 4 | 0 | 0 | 0 | 5.000 |

Alle Angaben in geeigneten Leistungseinheiten [LE]

Die primären Gemeinkosten betragen 9.500 € für KS 1, 17.000 € für KS 2, 11.000 € für KS 3 und 15.000 € für KS 4.

a) Bilden Sie die in obiger Tabelle angegebenen Leistungsverflechtungen mithilfe eines Gozintographen ab. Welche Verfahren der Kostenstellenrechnung führen für die vorliegende Struktur zu exakten Verrechnungspreisen? Begründen Sie kurz Ihre Antwort.

b) Bestimmen Sie die Verrechnungspreise unter Verwendung des Gleichungsverfahrens. Gehen Sie für Ihre Rechnung davon aus, dass der Verrechnungspreis für die von KS 1 erbrachten Leistungen $q_1 = 2{,}5$ €/LE beträgt.

## Aufgabe 64 (***)

*Die Lösung zu Aufgabe 64 finden Sie auf Seite 198.*

Die Keindl KG ist in drei Hilfskostenstellen (KS 1, KS 2, KS 3) und eine Hauptkostenstelle (KS 4) gegliedert und setzt das Controllingmodul der Software SAP/R 3 ein. Leider ist es einem Computervirus gelungen, für die Kostenstellenrechnung benötigte Daten zu vernichten, so dass ein Teil dieser Daten rekonstruiert werden muss.

a) Die Summe der Endkosten aller Kostenstellen betrug 24.000 €, von denen 8.000 € als primäre Gemeinkosten auf die KS 4 entfallen. Weiterhin ist Ihnen bekannt, dass die primären Gemeinkosten der KS 1 nur halb so hoch sind wie die primären Gemeinkosten der KS 3. Die primären Gemeinkosten der KS 2 betragen das 29-fache der primären Gemeinkosten der KS 1.

Ermitteln Sie die primären Gemeinkosten der KS 1.

b) Zusätzlich zu obigen Informationen sei Ihnen bekannt, dass die Hauptkostenstelle, KS 4, jeweils 25 % der Leistung der Kostenstellen 1 und 2 sowie 1.000 Einheiten der Leistung von KS 3 in Anspruch genommen hat. Die Gesamtkosten der KS 2 beliefen sich auf 28.000 €. Der Verrechnungspreis je Einheit der Leistung von KS 3 betrug 5 €.

Ermitteln Sie die Gesamtkosten der KS 1.

## Aufgabe 65 (**)

*Die Lösung zu Aufgabe 65 finden Sie auf Seite 199 f.*

Ein Unternehmen ist in vier Kostenstellen gegliedert. Die zwischen den einzelnen Kostenstellen bestehenden Leistungsverflechtungen sind in der folgenden Verflechtungsmatrix dargestellt (alle Angaben in geeigneten Leistungseinheiten [LE]):

|  |  | Leistende Kostenstelle | | | |
|---|---|---|---|---|---|
|  |  | KS 1 | KS 2 | KS 3 | KS 4 |
| Empfangende Kostenstelle | KS 1 | 0 | 8 | 0 | 0 |
|  | KS 2 | 5 | 2 | 0 | 0 |
|  | KS 3 | 5 | 0 | 0 | 0 |
|  | KS 4 | 0 | 4 | 0 | 0 |

Die primären Gemeinkosten der Kostenstellen betragen 16.000 € für KS 1, 24.000 € für KS 2, 10.000 € für KS 3 und 18.000 € für KS 4.

a) Bilden Sie die Leistungsverflechtungen mit Hilfe eines Gozintographen ab!
b) Nennen Sie alle Verfahren der Kostenstellenrechnung, die für die vorliegende Struktur zu exakten Verrechnungspreisen führen!
c) Führen Sie die innerbetriebliche Leistungsverrechnung unter Verwendung eines Verfahrens durch, das für die vorliegenden Leistungsbeziehungen zu exakten Ergebnissen führt. Ermitteln Sie dabei die Verrechnungspreise, die Gesamtkosten und die Endkosten der einzelnen Kostenstellen. Tragen Sie die Lösungen in den angegebenen Betriebsabrechnungsbogen (BAB) ein.

| BAB | KS 1 | KS 2 | KS 3 | KS 4 |
|---|---|---|---|---|
| ∑ Primäre Kosten | 16.000 € | 24.000 € | 10.000 € | 18.000 € |
| Umlage KS 1 | -48.000 | 24.000 | 24.000 |  |
| Umlage KS 2 | 32.000 | -56.000 |  | 16.000 |
| Endkosten | 0 | 0 | 34.000 | 34.000 |
| Gesamtkosten | 48.000 | 56.000 | 34.000 | 34.000 |

## Aufgabe 66 (**)

*Die Lösung zu Aufgabe 66 finden Sie auf Seite 200 f.*

Unternehmen A besteht aus einem Servicebereich (Kostenstelle 1-3) und einem Fertigungsbereich (Kostenstelle 4-5). Zwischen diesen Kostenstellen bestehen folgende Beziehungen (alle Angaben in geeigneten Leistungseinheiten [LE]):

|  |  | Leistende Kostenstelle | | | | |
|---|---|---|---|---|---|---|
|  |  | KS 1 | KS 2 | KS 3 | KS 4 | KS 5 |
| Empfangende Kostenstelle | KS 1 | 0 | 0 | 0 | 0 | 0 |
|  | KS 2 | 1 | 0 | 1 | 0 | 0 |
|  | KS 3 | 2 | 2 | 1 | 0 | 0 |
|  | KS 4 | 3 | 4 | 0 | 0 | 0 |
|  | KS 5 | 4 | 4 | 0 | 0 | 0 |

Folgende Kostenpositionen ergeben sich für die fünf Kostenstellen:

|  |  | Kalkulatorische Abschreibungen | Sonstige primäre Gemeinkosten |
|---|---|---|---|
| Kostenstelle | KS 1 | 100 € | 400 € |
|  | KS 2 | 200 € | 200 € |
|  | KS 3 | 300 € | 200 € |
|  | KS 4 | 200 € | 100 € |
|  | KS 5 | 200 € | 50 € |

a) Bilden Sie die Leistungsverflechtungen mit Hilfe eines Gozintographen ab.

b) Wie nennt man die dargestellte Struktur?

c) Welches Verfahren der Kostenstellenrechnung bietet sich zur Lösung des Problems an? Ermitteln Sie die Verrechnungspreise für Leistungen der Hilfskostenstellen, die Endkosten und die Gesamtkosten jeder Kostenstelle.

## Aufgabe 67 (*)

*Die Lösung zu Aufgabe 67 finden Sie auf Seite 202.*

Unternehmen B gliedert sich jeweils in zwei Hilfs- und zwei Hauptkostenstellen. Zwischen den Kostenstellen bestehen folgende Beziehungen:

|  |  | Leistende Kostenstelle | | | |
|---|---|---|---|---|---|
|  |  | KS 1 | KS 2 | KS 3 | KS 4 |
| Empfangende Kostenstelle | KS 1 | 0 | 0 | 0 | 0 |
|  | KS 2 | 0,5 | 0 | 0 | 0 |
|  | KS 3 | 0,2 | 0,5 | 0 | 0 |
|  | KS 4 | 0,3 | 0,5 | 0 | 0 |

Alle Angaben in geeigneten Leistungseinheiten [LE]

a) Bilden Sie die Leistungsverflechtungen mit Hilfe eines Gozintographen ab.

b) Wie nennt man die dargestellte Struktur?

c) Welches Verfahren der Kostenstellenrechnung bietet sich zur Lösung des Problems an? Ermitteln Sie mit anhand der Sekundärkostenrechnung die Endkosten und die Gesamtkosten. Benutzen Sie dabei folgenden Betriebsabrechnungsbogen:

| BAB | KS 1 | KS 2 | KS 3 | KS 4 |
|---|---|---|---|---|
| ∑ Primäre Kosten | 6.000 € | 5.000 € | 20.000 € | 40.000 € |
| Umlage Hiko 1 | -6000 | 3000 | 1200 | 1800 |
| Umlage Hiko 2 |  | -8000 | 4000 | 4000 |
| Endkosten | 0 | 0 | 25100 | 45800 |
| Gesamtkosten | 6000 | 8000 | 25100 | 45800 |

## Aufgabe 68 (**)

*Die Lösung zu Aufgabe 68 finden Sie auf Seite 203 f.*

Unternehmen C gliedert sich jeweils in zwei Hilfs- und zwei Hauptkostenstellen. Zwischen den Kostenstellen bestehen folgende Leistungsverflechtungen:

|  |  | Leistende Kostenstelle | | | |
|---|---|---|---|---|---|
|  |  | KS 1 Kraftwerk | KS 2 Wasserwerk | KS 3 Montage | KS 4 Lackiererei |
|  | ∑ Primäre Kosten | 6.925 € | 600 € | 20.000 € | 40.000 € |
| Empfangende Kostenstelle | KS 1 Kraftwerk | 100 | 50 | 0 | 0 |
|  | KS 2 Wasserwerk | 200 | 100 | 0 | 0 |
|  | KS 3 Montage | 400 | 300 | 0 | 0 |
|  | KS 4 Lackiererei | 300 | 50 | 0 | 0 |

Alle Angaben in geeigneten Leistungseinheiten [LE]

a) Bilden Sie die Leistungsverflechtungen mit Hilfe eines Gozintographen ab.
b) Wie nennt man die dargestellte Struktur?
c) Welches Verfahren der Kostenstellenrechnung bietet sich zur Lösung des Problems an? Ermitteln Sie mit diesem Verfahren die Verrechnungssätze und geben Sie die Endkosten an. Benutzen Sie anschließend folgenden Betriebsabrechnungsbogen für die Sekundärkostenrechnung:

| BAB | KS 1 Kraftwerk | KS 2 Wasserwerk | KS 3 Montage | KS 4 Lackiererei |
|---|---|---|---|---|
| ∑ Primäre Kosten | 6.925 € | 600 € | 20.000 € | 40.000 € |
| Umlage KS 1 Kraftwerk | +800 / -8.000 | 1600 | 3200 | 2400 |
| Umlage KS 2 Wasserwerk | 275 | 550 / -7.700 | 1650 | 275 |
| Endkosten | 0 | 0 | 24850 | 42675 |
| Gesamtkosten | 8000 | 7.700 | 24.850 | 42675 |

## Aufgabe 69 (***)

*Die Lösung zu Aufgabe 69 finden Sie auf Seite 204 f.*

Ein Unternehmen ist in 3 Kostenstellen gegliedert. KS 1 (Kraftwerk) und KS 2 (Werkstatt) sind Hilfskostenstellen, KS 3 (Fertigung) ist eine Hauptkostenstelle. Zwischen diesen Kostenstellen bestehen Lieferbeziehungen.

Aus der Kostenstellenrechnung sind folgende Daten bekannt:

| | |
|---|---|
| primäre Kosten der Kostenstelle KS 1: | 10.000 € |
| primäre Kosten der Kostenstelle KS 2: | 40.000 € |
| Endkosten der Kostenstelle KS 3: | 140.000 € |
| Verrechnungspreis der KS 2: | 1.000 €/Reparatur |

Darüber hinaus sind folgende Lieferbeziehungen bekannt:

| | | Empfangende Kostenstelle [LE] | | | Summe der geleisteten ME der jeweiligen KS |
|---|---|---|---|---|---|
| | | KS 1 | KS 2 | KS 3 | |
| Leistende Kostenstelle [LE] | KS 1 | $x_{11}$=? | $x_{12}$=? | 400 | 1.000 Einheiten Strom |
| | KS 2 | 10 | 0 | 40 | 50 Reparaturen |
| | KS 3 | 0 | 0 | 0 | |

a) Wie hoch sind die primären Kosten der KS 3 ($PK_3$) und wie hoch sind die sekundären Kosten der KS 3 ($SK_3$)?

b) Wie hoch sind die Gesamtkosten ($GK_2$) und die sekundären Kosten ($SK_2$) von KS 2?

c) Wie hoch sind die Gesamtkosten ($GK_1$), die Endkosten ($EK_1$) und der Verrechnungspreis pro geleisteter ME ($q_1$) der KS 1, das heißt pro gelieferter Einheit Strom? Wie viele Mengeneinheiten ($x_{11}$) der KS 1 werden von der Stelle selbst verbraucht? Welche Menge ($x_{12}$) liefert KS 1 an KS 2, das heißt wie viele Einheiten Strom liefert das Kraftwerk an die Werkstatt?

d) Führen Sie die innerbetriebliche Leistungsrechnung durch und füllen Sie den Betriebsabrechnungsbogen vollständig aus.

|  | HiKo KS 1 | HiKo KS 2 | HaKo KS 3 |
|---|---|---|---|
| Primäre Gemeinkosten (PK) | 10.000 € | 40.000 € | 90.000 |
| Umlage KS 1 | 5.000<br>−25.000 | 10.000 | 10.000 |
| Umlage KS 2 | 10.000 | −50.000 | 40.000 |
| Endkosten | 0 | 0 | 140.000 € |
| Gesamtkosten (GK) | 25.000 | 50.000 | 140.000 |

## Aufgabe 70 (**)

*Die Lösung zu Aufgabe 70 finden Sie auf Seite 206 ff.*

Die drei Unternehmen X, Y und Z sind in je vier Kostenstellen gegliedert. Bei allen Unternehmen fallen jeweils die folgenden primären Kosten an:

$PK_1$ = 120.000 €

$PK_2$ = 100.000 €

$PK_3$ =  30.000 €

$PK_4$ =  40.000 €

a) Unternehmen X

Aufgrund der Leistungsverflechtungen zwischen den Kostenstellen des Unternehmen X ergibt sich folgender Gozintograph (alle Angaben in geeigneten Leistungseinheiten [LE]):

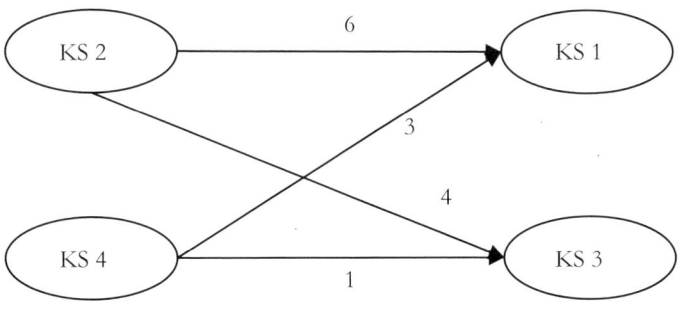

a1) Wie nennt man die dargestellte Struktur? Wie nennt man die einzelnen Kostenstellen?

a2) Welches Verfahren der Kostenstellenrechnung bietet sich zur Lösung des Problems an? Ermitteln Sie mit diesem Verfahren die Verrechnungspreise für die Leistungen der Hilfskostenstellen.

b) Unternehmen Y

In der folgenden Tabelle sind die Leistungsbeziehungen zwischen den Kostenstellen abgebildet:

|  |  | Leistende Kostenstelle ||||
|---|---|---|---|---|---|
|  |  | KS 1 | KS 2 | KS 3 | KS 4 |
| Empfangende Kostenstelle | KS 1 | 0 | 6 | 1 | 3 |
|  | KS 2 | 0 | 0 | 0 | 4 |
|  | KS 3 | 0 | 4 | 0 | 1 |
|  | KS 4 | 0 | 0 | 0 | 0 |

Alle Angaben in geeigneten Leistungseinheiten [LE]

b1) Bilden Sie die Leistungsverflechtungen mit Hilfe eines Gozintographen ab.

b2) Wie nennt man die dargestellte Struktur? Wie nennt man die einzelnen Kostenstellen?

b3) Welches Verfahren der Kostenstellenrechnung bietet sich zur Durchführung der Sekundärkostenrechnung an? Ermitteln Sie mit diesem Verfahren die Verrechnungspreise für die Leistungen der Hilfskostenstellen.

c) Unternehmen Z

Aufgrund der Leistungsverflechtungen zwischen den Kostenstellen des Unternehmens Z ergibt sich folgender Gozintograph (alle Angaben in geeigneten Leistungseinheiten [LE]):

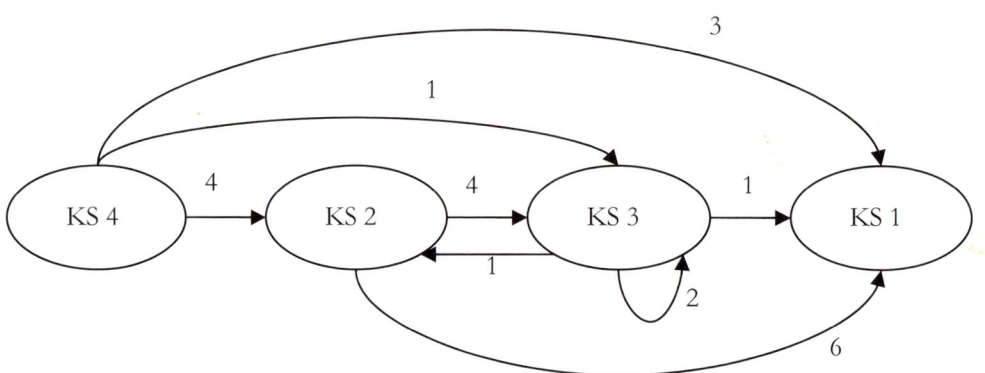

c1) Wie nennt man die dargestellte Struktur? Wie nennt man die einzelnen Kostenstellen?

c2) Welches Verfahren der Kostenstellenrechnung bietet sich zur Durchführung der Sekundärkostenrechnung an? Führen Sie die Sekundärkostenrechnung für Unternehmen Z durch. Ermitteln Sie hierzu zunächst die Verrechnungspreise der Hilfskostenstellen und füllen Sie dann den folgenden Betriebsabrechnungsbogen aus.

|  | Kostenstellen | | | |
|---|---|---|---|---|
|  | HiKo | | HaKo | |
|  | KS 4 | KS 2 | KS 3 | KS 1 |
| PK (Summe) | 40.000 € | 100.000 € | 30.000 € | 120.000 € |
| ibL | | | | |
| KS 4 | | | | |
| KS 2 | | | | |
| KS 3 | | | | |
| Endkosten | | | | |
| Gesamtkosten | | | | |

## 2.3 Kostenträgerstückrechnung

### 2.3.1 Mehrstufige Divisionskalkulation

Die in diesem Kapitel angesprochenen Inhalte werden in dem Lehrbuch Kloock/Sieben/Schildbach/Homburg, Kosten- und Leistungsrechnung, im Abschnitt II.D.3.a behandelt.

### Aufgabe 71

*Die Lösung zu Aufgabe 71 finden Sie auf Seite 209.*

Geben Sie an, ob folgende Aussagen richtig oder falsch sind.

| | Aussage | Richtig/Falsch |
|---|---|---|
| a) | Eine Anwendungsvoraussetzung der einstufigen Divisionskalkulation ist, dass Absatz- und Produktionsmengen von Fertigerzeugnissen identisch sein müssen. | |
| b) | Zu den Anwendungsvoraussetzungen der einstufigen Divisionskalkulation gehört, dass der Lagerbestand unfertiger Erzeugnisse konstant bleibt. | |

### Aufgabe 72 (\*\*\*)

*Die Lösung zu Aufgabe 72 finden Sie auf Seite 209 f.*

Die Wusel KG fertigt hochwertige Plüsch-Nilpferde in einem mehrstufigen Produktionsprozess. In der ersten Produktionsstufe wird der Plüschstoff zugeschnitten. In der zweiten Fertigungsstufe werden dann jeweils 20 der in der Vorstufe zugeschnittenen Einzelteile zu einem Nilpferd zusammengenäht. In der letzten Fertigungsstufe werden die in der zweiten Stufe genähten Nilpferde schließlich mit Spezialwatte gefüllt. Die folgende Tabelle enthält alle relevanten Daten:

| Stufe i | Anzahl auf Stufe i gefertigter (Zwischen)Produkte $x_i$ [Stück] | Allein der Stufe i zurechenbare Kosten $E_i^*$ [€] |
|---|---|---|
| 1 (Zuschnitt) | 32.000 | 38.400 |
| 2 (Nähen) | 1.250 | 16.500 |
| 3 (Füllen) | 1.250 | 10.000 |

a) Ermitteln Sie die Herstellkosten je Nilpferd unter Verwendung der mehrstufigen Divisionskalkulation.

b) Die Wusel KG zieht in Erwägung, in Zukunft ein noch hochwertigeres Nilpferdmodell zu fertigen. Dieses neue Modell wird aus 25 Einzelteilen zusammengenäht. Zusätzlich führt die Modelländerung zu einer Veränderung der allein Stufe 1 zurechenbaren Kosten $E_1^*$. Berechnen Sie, wie groß $E_1^*$ maximal sein darf, wenn die Herstellkosten je Nilpferd nach der Modelländerung maximal 48,20 € betragen sollen. Gehen Sie für Ihre Rechnung davon aus, dass alle anderen Daten konstant bleiben.

## Aufgabe 73 (***)

*Die Lösung zu Aufgabe 73 finden Sie auf Seite 210.*

Ein Unternehmen fertigt ein einziges Produkt in mehrstufiger Fertigung. Auf jeder Stufe wird pro Einheit des auf dieser Stufe erzeugten Zwischenproduktes eine Einheit des Zwischenproduktes der Vorstufe benötigt. Das Unternehmen kauft grundsätzlich keine Zwischenprodukte zu. Für die ersten beiden Produktionsstufen liegen Ihnen folgende Daten vor:

- Der Wertansatz nach der mehrstufigen Divisionskalkulation pro Stück nach der 1. Produktionsstufe beträgt 5 €. Der entsprechende Wertansatz nach der 2. Produktionsstufe beträgt 20 €.
- Von den Kosten des Unternehmens lassen sich 48.000 € allein der Stufe 2 zuordnen.
- Auf der Stufe 1 wurden 4.200 ME produziert.

a) Bestimmen Sie die Kosten, die alleine der Stufe 1 zugerechnet worden sind.
b) Bestimmen Sie die mengen- und wertmäßige Veränderung der zwischengelagerten Erzeugnisse der Stufe 1.

## Aufgabe 74 (**)

*Die Lösung zu Aufgabe 74 finden Sie auf Seite 211.*

Die Naschi & Sohn KG produziert in einem dreistufigen Produktionsprozess exquisite Kuchen. In der ersten Produktionsstufe wird der Kuchenteig hergestellt. In der zweiten Stufe werden jeweils 600 g Kuchenteig in eine Backform gefüllt und gebacken. In der dritten Produktionsstufe werden die in der zweiten Stufe gebackenen Kuchen mit Schokoladenglasur überzogen. Die folgende Tabelle enthält die relevanten Daten:

| Stufe i | Anzahl auf Stufe i gefertigter (Zwischen-) Produkte $x_i$ | Allein der Stufe i zurechenbare Kosten $E_i^*$ |
|---|---|---|
| 1 (Teig herstellen) | 6.000 [kg] | 9.000 [€] |
| 2 (Umfüllen und Backen) | 2.800 [Kuchen] | 5.600 [€] |
| 3 (Überziehen) | 3.200 [Kuchen] | 4.800 [€] |

Darüber hinaus ist Ihnen bekannt, dass 500 Kuchen, die am Vortag zwar bereits gebacken, aber noch nicht mit Schokoladenglasur überzogen wurden, gelagert werden. Jeder dieser Kuchen hat einen Wert von 2,80 €. (Anmerkung zu der Stufe 3: Verbrauchsfolge First In First Out (FIFO))

a) Ermitteln Sie die Herstellkosten je Kuchen unter Verwendung der mehrstufigen Divisionskalkulation.

b) Wie viele Kuchen befinden sich nach der 2. Erzeugnisstufe auf Lager? Wie wird der Lagerbestand bewertet?

## Aufgabe 75 (**)

*Die Lösung zu Aufgabe 75 finden Sie auf Seite 211 f.*

Im Chateau Weißschild wird der edle Rotwein „Mouton de Weißschild" in einem mehrstufigen Produktionsprozess hergestellt. Für das abgelaufene Jahr liegen die folgenden Informationen vor:

| 1. Stufe: Keltern | |
|---|---|
| gekelterte (aus den Früchten ausgepresste) Menge | 15.000 Liter |
| Kosten für das Keltern | 210.000 € |
| **2. Stufe: Lagern** | |
| eingelagerte Menge | 14.250 Liter, da bei der Lagerung ein regelmäßiger Schwund von 5 % auftritt. |
| Lagerkosten | 50.000 € |
| **3. Stufe: Abfüllen** | |
| abgefüllte Menge | 14.250 Liter aus dem eigenen Lager zuzüglich 1.000 Liter fremdbezogener Wein, der zu 20 €/Liter gekauft und sofort abgefüllt wird. |
| Kosten der Abfüllung | 200.000 € |
| **4. Stufe: Vertrieb** | |
| Absatzmenge | 10.000 Liter |
| Kosten für den Vertrieb | 20.000 € |

Die im abgelaufenen Jahr nicht abgesetzte Menge wird im nächsten Jahr verkauft.

a) Berechnen Sie die Kosten pro Liter der angegebenen Produktionsstufen. Welche gesamten Stückkosten entstehen für Produktion und Vertrieb einer Weinflasche (0,75 Liter pro Flasche) „Mouton de Weißschild" auf Basis der mehrstufigen Divisionskalkulation.

b) Wie hoch sind die Herstellkosten einer abgefüllten aber nicht abgesetzten Weinflasche?

c) Ermitteln Sie die mengen- und wertmäßige Veränderung des Bestandes der fertigen Erzeugnisse.

## Aufgabe 76 (**)

*Die Lösung zu Aufgabe 76 finden Sie auf Seite 213.*

Die Kick AG produziert Fahnen mit den Nationalfarben der teilnehmenden Länder für die Fußballweltmeisterschaft. Diese werden in drei Stufen gefertigt.

Auf der ersten Stufe wird der Stoff für die Stoffbahnen hergestellt. Insgesamt sind dies 10.000 m² Stoff, die Kosten der Herstellung betragen 8.000 €.

Auf der zweiten Stufe werden die Stoffe nun mit den Nationalfarben eingefärbt. Hierfür muss Farbe für die 10.000 m² Stoff vom Zulieferer für 1 € pro Liter Farbe gekauft werden. Pro m² Stoff wird ein halber Liter Farbe benötigt. Zusätzlich entstehen auf dieser Produktionsstufe Kosten in Höhe von 5.037,50 € für die Einfärbung der Stoffe. Auf dieser Stufe kommt es regelmäßig zu Schwund, so dass am Ende nur noch 9.250 m² Stoff zur weiteren Bearbeitung zur Verfügung stehen.

Auf der dritten und letzten Stufe werden die Stoffe zugeschnitten. Die Kick AG produziert nur Fahnen mit einer Größe von 1 m². Das Zuschneiden kostet insgesamt 2.497,50 €. Beim Zuschneiden gibt es keinen Stoffverlust, so dass insgesamt 9.250 Fahnen von jeweils 1 m² gefertigt werden.

Ermitteln Sie für die Fahnenproduktion die Stückkosten $k_1$, $k_2$, und $k_3$ auf den jeweiligen Fertigungsstufen 1-3. Geben Sie Ihren Rechenweg ausführlich an, so dass auch die Wertansätze der jeweils vorangegangenen Stufen ersichtlich werden.

## 2.3.2 Äquivalenzziffernkalkulation

Die in diesem Kapitel angesprochenen Inhalte werden in dem Lehrbuch Kloock/Sieben/Schildbach/Homburg, Kosten- und Leistungsrechnung, im Abschnitt II.D.3.b behandelt.

### Aufgabe 77 (*)

*Die Lösung zu Aufgabe 77 finden Sie auf Seite 213.*

Hoppenrath & Riese stellt Sahnetorten in Sortenfertigung her. Im letzten Monat sind in der Produktion primäre Kosten für Material und Fertigung i.H. von 160.500 € angefallen. Nachfolgende Tabelle enthält alle weiteren relevanten Daten:

| Variante | Produktionsmenge [Stück] | Äquivalenzziffer |
| --- | --- | --- |
| Schokotorte (V1) | 20.000 | 1,25 |
| Vanilletorte (V2) | 17.500 | 0,8 |
| Mokkatorte (V3) | 14.500 | 1 |

Ermitteln Sie die Herstellkosten je Stück der einzelnen Varianten unter Verwendung der Äquivalenzziffernkalkulation.

### Aufgabe 78 (**)

*Die Lösung zu Aufgabe 78 finden Sie auf Seite 214.*

Ein Unternehmen produziert 2 Produkte in Sortenfertigung. Dabei werden bei der Kalkulation Äquivalenzziffern zugrunde gelegt. Folgende Daten sind bekannt:

- Produkt 1 hat die Äquivalenzziffer 1, Produkt 2 die Äquivalenzziffer 1,5.
- Die Ausbringungsmenge von Produkt 2 ist 20 % höher als die von Produkt 1.
- Die Gesamtkosten betragen 42.000 €.
- Für Produkt 1 sind nach der Divisionskalkulation mittels Äquivalenzziffern Selbstkosten je Stück in Höhe von 15 € ermittelt worden.

a) Ermitteln Sie die Produktionsmengen für die Produkte 1 und 2, die der Kalkulation zugrunde liegen.

b) Wie hoch sind die Selbstkosten je Stück für Produktart 2?

## Aufgabe 79 (*)

*Die Lösung zu Aufgabe 79 finden Sie auf Seite 215 f.*

Die Kick AG stellt 9.250 Fahnen und 10.000 Trikots für die Fußballweltmeisterschaft her. Die Herstellung eines Trikots verursacht um 65 % höhere Kosten als die Herstellung einer Fahne. Für die Fahnen und die Trikots fallen insgesamt 57.165 € Kosten an. Die Fahnen stellen das Einheitsprodukt dar.

a) Wie hoch ist die Äquivalenzziffer für die Trikots?

b) Kalkulieren Sie unter Anwendung der Äquivalenzziffernmethode die Kosten pro Stück jeweils für eine Fahne und ein Trikot.

## Aufgabe 80 (**)

*Die Lösung zu Aufgabe 80 finden Sie auf Seite 215.*

Die Klimbim GmbH stellt die beiden Produkte Gamma und Delta in Sortenfertigung her und kalkuliert die Kosten beider Produkte mit Hilfe von Äquivalenzziffern. Ihnen sind aus der vergangenen Periode folgende Informationen bekannt:

- Gamma hat die Äquivalenzziffer 1, Delta hat die Äquivalenzziffer 1,9.
- Die Selbstkosten eines Delta betrugen 11,40 €.
- Von Gamma wurden 80 Stück produziert.
- Es wurden dreimal so viele Deltas wie Gammas produziert.

Wie hoch sind die Gesamtkosten der letzten Periode?

## Aufgabe 81 (***)

*Die Lösung zu Aufgabe 81 finden Sie auf Seite 216 f.*

Die Handy AG produziert die vier Handys Call 1, Call 2, Call 3 und Call 4 in Sortenfertigung. Diese einzelnen Handys sind produktionstechnisch verwandt und weisen auch unter Kostengesichtspunkten Ähnlichkeiten auf.

Bei der Produktion sind primäre Kosten für Material und Fertigung i.H. von 23.183 € angefallen. Die Produktionsmengen betragen von Call 1 (Call 2, Call 3, Call 4) 1.000 (950, 1.300, 1.400) Stück. Bezüglich der Kostenrelationen ist bekannt, dass die Herstellung von Call 2 20 % mehr kostet als die von Call 1, während Call 3 in der Produktion 25 % mehr kostet als Call 4. Die Herstellung von Call 4 schließlich kostet 10 % mehr als die von Call 2.

a) Berechnen Sie die Herstellkosten je Stück für die einzelnen Varianten. Wählen Sie die Variante Call 1 als Einheitsprodukt.

b) Welche Äquivalenzziffer müsste Call 3 ceteris paribus aufweisen, damit dieser Variante Herstellkosten pro Stück in Höhe von 3,69 € zugerechnet würden?

## Aufgabe 82 (**)

*Die Lösung zu Aufgabe 82 finden Sie auf Seite 217.*

Die Lollipop GmbH stellt Lutscher in drei Variationen her. Die Kosten der Lutscher werden mit Hilfe der Äquivalenzziffernmethode kalkuliert. Die insgesamt anfallenden Kosten für die Lutscher betragen 7.575 €. Weiterhin sind folgende Informationen bekannt:

|         | Äquivalenzziffer | Anzahl der hergestellten Produkte [Stück] | Rechnungs-einheiten | Kosten je Produkteinheit [€] |
|---------|------------------|-------------------------------------------|---------------------|------------------------------|
| Sorte 1 | 1                | 600                                       | 600                 | 5                            |
| Sorte 2 | 0,8              | 300                                       | 240                 | 4                            |
| Sorte 3 | 1,5              | 450                                       | 675                 | 7,5                          |
| Summe   |                  | 1.350                                     | 1515                |                              |

a) Welches der Produkte stellt das Einheitsprodukt dar? Begründen Sie kurz Ihre Meinung.

b) Die Stückkosten von Sorte 3 sind um 87,5 % größer als jene von Sorte 2. Welche Äquivalenzziffer ergibt sich für Sorte 2?

c) Berechnen Sie die Kosten je Produkteinheit für alle drei Lutschersorten. Füllen Sie hierzu alle nicht grau schattierten Felder der oben angegebenen Tabelle aus und geben Sie Ihren Rechenweg an.

d) Welche Produktionsmenge von Sorte 1 ruft ceteris paribus die gleichen Kosten hervor, wie die Produktion von 450 Lutschern der Sorte 3?

## 2.3.3 Kalkulation von Kuppelprodukten

Die in diesem Kapitel angesprochenen Inhalte werden in dem Lehrbuch Kloock/Sieben/Schildbach/Homburg, Kosten- und Leistungsrechnung, im Abschnitt II.D.3.c behandelt.

## Aufgabe 83

*Die Lösung zu Aufgabe 83 finden Sie auf Seite 218 f.*

Geben Sie an, ob folgende Aussagen richtig oder falsch sind.

| | Aussage | Richtig/Falsch |
|---|---|---|
| a) | Die Zuschlagskalkulation ist für die Kalkulation von Kuppelprodukten geeignet. | |
| b) | Die Grundidee der zur Kalkulation von Kuppelprodukten eingesetzten Marktwertrechnung besteht darin, den einzelnen Kostenträgern Gemeinkosten auf Basis einer Schlüsselgröße zuzurechnen, die von den Absatzpreisen abhängt. | |
| c) | Marktwert- und Restwertrechnung als Verfahren zur Kalkulation von Kuppelprodukten unterscheiden sich dahingehend, dass zur Anwendung der Marktwertrechnung eine Einteilung der Kuppelprodukte in Haupt- und Neben- oder Abfallprodukte erforderlich ist, zur Restwertrechnung jedoch nicht. | |
| d) | Die Anwendung der Marktwertrechnung setzt eine Einteilung der Kuppelprodukte in Hauptprodukte einerseits und Neben- oder Abfallprodukte andererseits voraus. | |
| e) | Einzelnen Kuppelprodukten können die Kosten des Produktionsprozesses grundsätzlich nicht verursachungs- oder beanspruchsgerecht zugerechnet werden. | |
| f) | Die Marktwertrechnung basiert auf dem Grundgedanken des Kostentragfähigkeitsprinzips. | |
| g) | Die Marktwertrechnung stellt eine Möglichkeit der Kalkulation von Kuppelprodukten dar. | |

## Aufgabe 84 (*)

*Die Lösung zu Aufgabe 84 finden Sie auf Seite 219 f.*

Im Produktionsprozess der GHI GmbH entstehen zwangsläufig drei Produkte gleichzeitig. Dabei wird Produktart 3 als Hauptprodukt angesehen. Die Gesamtkosten des Produktionsprozesses belaufen sich auf 765.000 €. Der Marktwert von Kuppelproduktart 1 (2; 3) beträgt 100.000 € (150.000 €; 650.000 €).

a) Berechnen Sie die Kosten der einzelnen Kuppelproduktarten unter Verwendung der Marktwertrechnung.

b) Berechnen Sie die Kosten der einzelnen Kuppelproduktarten unter Verwendung der Restwertrechnung.

c) Nennen Sie zwei Unterschiede zwischen dem Verfahren der Marktwertrechnung und dem Verfahren der Restwertrechnung.

## Aufgabe 85 (***)

*Die Lösung zu Aufgabe 85 finden Sie auf Seite 220 f.*

Die kleine Hausbrauerei Matschpatsch braut in Kuppelproduktion aus Rohgerstensaft vier verschiedene Biersorten. Insgesamt fallen für die Bierproduktion Kosten in Höhe von 664 € an. Die Produktionsmengen und die Absatzpreise für die verschiedenen Biersorten sind folgender Tabelle zu entnehmen:

| Sorte | Produzierte Menge (Liter) | Preis (€/Liter) |
|---|---|---|
| Altbier | 200 | 0,50 |
| Weizenbier | 300 | 0,70 |
| Starkbier | 100 | 0,8 |
| Kölsch | 400 | 1,1 |

a) Wie hoch ist der Gewinn pro Liter bei den verschiedenen Biersorten nach der Marktwertrechnung?

b) Nehmen Sie nun an, dass die 200 Liter Altbier nicht mehr direkt verkauft werden. Sie werden stattdessen mit 100 Liter Cola vermischt und dann als 300 Liter Altbierbowle verkauft. Die 100 Liter Cola kauft Matschpatsch beim Getränkegroßhandel „Durstlöscher" für 70 Cent/Liter. Der Absatzpreis pro Liter Altbierbowle beträgt 90 Cent. Wie hoch ist der Gewinn pro Liter bei den verschiedenen Biersorten nach der Restwertrechnung, wobei Kölsch als Hauptprodukt angesehen werden soll?

## 2.3.4 Zuschlagskalkulation

Die in diesem Kapitel angesprochenen Inhalte werden in dem Lehrbuch Kloock/Sieben/Schildbach/Homburg, Kosten- und Leistungsrechnung, in den Abschnitten II.D.4.a und II.D.4.b behandelt.

## Aufgabe 86

*Die Lösung zu Aufgabe 86 finden Sie auf Seite 221 f.*

Geben Sie an, ob folgende Aussagen richtig oder falsch sind.

| | Aussage | Richtig/Falsch |
|---|---|---|
| a) | Bei der summarischen Zuschlagskalkulation werden die Einzelkosten unter Verwendung einer einzigen Zuschlagsbasis auf die Kostenträger geschlüsselt. | |
| b) | Bei der summarischen Zuschlagskalkulation werden die Gemeinkosten unter Verwendung einer einzigen Zuschlagsbasis auf die Kostenträger geschlüsselt. | |
| c) | Die Zuschlagskalkulation ist vor allem für Serien- oder Einzelfertigung geeignet. | |
| d) | In der Zuschlagskalkulation werden Kostenträgereinzelkosten über Schlüsselgrößen zugerechnet. | |
| e) | Der wesentliche Unterschied zwischen der summarischen und der elektiven Zuschlagskalkulation besteht darin, dass bei der summarischen Zuschlagskalkulation für jede Hauptkostenstelle ein Zuschlagssatz verwendet wird, während bei der elektiven Zuschlagskalkulation lediglich ein einziger Zuschlagssatz zum Einsatz kommt. | |
| f) | Bei der elektiven Zuschlagskalkulation werden die Gemeinkosten auf Basis einer einzigen Zuschlagsgrundlage zugerechnet. | |
| g) | Die Verwaltungs- und Vertriebsgemeinkosten werden im Rahmen der elektiven Zuschlagskalkulation typischerweise auf Basis der Herstellkosten zugeschlagen. | |
| h) | Die elektive Zuschlagskalkulation wird bevorzugt in der Massenfertigung zur Kalkulation eingesetzt. | |

## Aufgabe 87 (***)

*Die Lösung zu Aufgabe 87 finden Sie auf Seite 222.*

In einem Unternehmen sind im letzten Monat Materialeinzelkosten i.H. von 275.385 € angefallen, die Fertigungseinzelkosten beliefen sich auf 495.350 €. Die Materialgemeinkosten betrugen 30 % der Materialeinzelkosten. Die Fertigungsgemeinkosten summierten sich auf 624.141 €. Der Chef-Kostenrechner hat auf Basis der Daten des letzten Monats den Zuschlagssatz für Verwaltung und Vertrieb mit 10 % berechnet.

Ein vorliegender Auftrag führt zu Materialeinzelkosten i.H. von 210 € und zu Fertigungseinzelkosten i.H. von 450 €. Es kann davon ausgegangen werden, dass Sondereinzelkosten weder in der Fertigung noch im Vertrieb anfallen.

a) Ermitteln Sie unter Verwendung der elektiven Zuschlagskalkulation die Selbstkosten des Auftrags auf Basis der Daten des letzten Monats.

b) Um welchen Betrag verändern sich die Selbstkosten des Auftrags, wenn entgegen obiger Annahme Sondereinzelkosten der Fertigung i.H. von 50 € anfallen und alle anderen Daten unverändert bleiben?

## Aufgabe 88 (***)

*Die Lösung zu Aufgabe 88 finden Sie auf Seite 223 f.*

Ein Unternehmen fertigt mehrere Produktarten. Für die Produktart A sind folgende Daten bekannt:

- Die Herstellkosten pro Stück betragen 265,50 €.

- Sondereinzelkosten der Fertigung fallen nicht an.

- Die Materialeinzelkosten pro Stück sind im Vergleich zu den Fertigungseinzelkosten pro Stück um 50 % höher.

- Die Materialgemeinkosten werden auf Basis der Materialeinzelkosten zugeschlagen. Der Zuschlagssatz beträgt 10 %.

- Die Fertigungsgemeinkosten werden auf Basis der Fertigungseinzelkosten zugeschlagen. Der Zuschlagssatz beträgt 30 %.

Bestimmen Sie die Materialkosten und die Fertigungskosten für 1 Einheit des Produktes A.

## Aufgabe 89 (*)

*Die Lösung zu Aufgabe 89 finden Sie auf Seite 224.*

In der Hilka KG, die Pralinen zu besonderen Anlässen anfertigt, sind in der letzten Periode Materialeinzelkosten i.H. von 275.000 € angefallen. Die Fertigungseinzelkosten betrugen 225.000 €. Die gesamten Gemeinkosten betrugen 125.000 €. Der Hilka KG liegt eine Anfrage für einen Auftrag vor, der mit Materialeinzelkosten i.H. von 200 € und Fertigungseinzelkosten i.H. von 100 € verbunden ist.

Ermitteln Sie die Selbstkosten des Auftrags unter Verwendung der summarischen Zuschlagskalkulation.

## Aufgabe 90 (**)

*Die Lösung zu Aufgabe 90 finden Sie auf Seite 224 f.*

Die Goal GmbH, ein Konkurrent der Kick AG, verwendet zur Kalkulation ihrer Produkte die summarische Zuschlagskalkulation. Als Zuschlagsgrundlage dient die Summe aus Fertigungslohn und Fertigungsmaterial. Es ist bekannt, dass für das Fertigungsmaterial 50 % mehr Kosten als für den Fertigungslohn anfallen. Die Gemeinkosten betragen 10.000 € und es wird ein Zuschlagssatz von 10 % angewandt.

a) Welche Selbstkosten hat ein Produkt, dem Gemeinkosten in Höhe von 0,50 € zugeschlagen werden?

b) Wie hoch sind die Kosten für den Fertigungslohn und wie hoch sind die Kosten für das Fertigungsmaterial?

## Aufgabe 91 (**)

*Die Lösung zu Aufgabe 91 finden Sie auf Seite 225 f.*

Ein Unternehmen stellt die beiden Absatzprodukte A und B her. Aus der vergangenen Periode sind die folgenden Informationen bekannt:

|  | Produkt A | Produkt B |
| --- | --- | --- |
| Produktionsmenge der Periode | 5.000 ME | 2.000 ME |
| Materialeinzelkosten je Stück | 20 €/ME | 30 €/ME |
| Fertigungseinzelkosten je Stück | 40 €/ME | 50 €/ME |

Die gesamten primären Gemeinkosten in Höhe von 200.000 € wurden in der Kostenstellenrechnung den Endkostenstellen wie folgt zugewiesen:

| Endkostenstelle | Materiallager | Fertigungsstelle | Verwaltung | Vertrieb |
|---|---|---|---|---|
| Endkosten | 65.000 € | 90.000 € | 20.000 € | 25.000 € |

Berechnen Sie die Selbstkosten der Absatzprodukte A und B nach der elektiven Zuschlagskalkulation. Dabei dienen die Materialeinzelkosten als Zuschlagsgrundlage für die Materialgemeinkosten und die Fertigungseinzelkosten als Zuschlagsgrundlage für die Fertigungsgemeinkosten. Zuschlagsgrundlage für die Verwaltungs- und Vertriebsgemeinkosten sind jeweils die Herstellkosten.

## Aufgabe 92 (**)

*Die Lösung zu Aufgabe 92 finden Sie auf Seite 226 f.*

Für ein Unternehmen liegt folgender Auszug aus dem BAB des letzten Monats vor:

| | Fertigungshauptstelle 1 | Fertigungshauptstelle 2 | Materialstelle | Verwaltung und Vertrieb |
|---|---|---|---|---|
| Einzellöhne | 450.000 € | 700.000 € | - | - |
| Einzelmaterial | - | - | 225.000 € | - |
| Primäre Gemeinkosten | ... | ... | ... | ... |
| innerbetriebliche Leistungsverrechnung | ... | ... | ... | ... |
| Endkosten | 337.500 € | 350.000 € | 270.000 € | 18.660 € |
| Zuschlagsbasis | 450.000 | 700.000 | 225.000 | 2.332.500 |
| Zuschlagssatz | 75 % | 50.000 | 120 % | 0,08 |

Des Weiteren bestehen Sondereinzelkosten des Vertriebs in Höhe von 200.000 €.

a) Berechnen Sie die Zuschlagssätze nach der elektiven Zuschlagskalkulation und vervollständigen Sie den vorliegenden BAB.

b) Beim folgenden Auftrag handelt es sich – im Vergleich zu anderen Aufträgen – um ein sehr zerbrechliches Gut, das besonders verpackt werden muss. Hierfür fallen zusätzlich Kosten (Sondereinzelkosten des Vertriebs) in Höhe von 20 € an.

Ermitteln Sie die Selbstkosten für ein Produkt mit folgenden Daten:

| Fertigungseinzelkosten Kostenstelle 1 | 300 € |
|---|---|
| Fertigungseinzelkosten Kostenstelle 2 | 750 € |
| Materialeinzelkosten | 400 € |

## 2.3.5 Maschinenstundensatzkalkulation

Die in diesem Kapitel angesprochenen Inhalte werden in dem Lehrbuch Kloock/Sieben/Schildbach/Homburg, Kosten- und Leistungsrechnung, im Abschnitt II.D.4.c behandelt.

### Aufgabe 93

*Die Lösung zu Aufgabe 93 finden Sie auf Seite 227.*

Geben Sie an, ob folgende Aussagen richtig oder falsch sind.

| | Aussage | Richtig/Falsch |
|---|---|---|
| a) | Zur Durchführung einer Maschinenstundensatzkalkulation wird i.d.R. zwischen maschinenzeitabhängigen und maschinenzeitunabhängigen Gemeinkosten unterschieden. | |
| b) | In der Maschinenstundensatzkalkulation werden sowohl wertmäßige als auch mengenmäßige Schlüsselgrößen zur Überwälzung der Kostenträgergemeinkosten auf die Kostenträger eingesetzt. | |

### Aufgabe 94 (**)

*Die Lösung zu Aufgabe 94 finden Sie auf Seite 228.*

Ihnen liegen folgende Daten aus dem Fertigungsbereich vor:

| | Fertigungsstelle 1 | | Fertigungsstelle 2 | |
|---|---|---|---|---|
| | Maschinengruppe A | Maschinengruppe B | Maschinengruppe C | Maschinengruppe D |
| Maschinenstundensatz | 15 [€/h] | 10 [€/h] | 50 [€/h] | 30 [€/h] |
| Fertigungsgemeinkostensatz | 25 % | | 10 % | |

Der Materialgemeinkostensatz beträgt 5 %, der Verwaltungs- und Vertriebsgemeinkostensatz beläuft sich auf 10 %.

Sie erhalten eine Anfrage für einen Auftrag, der auf Maschinengruppe A (B; C; D) 3 Stunden (2 Stunden; 2,5 Stunden; 1 Stunde) bearbeitet wird. Weiterhin führt der Auftrag zu Materialeinzelkosten i.H. von 200 €, zu Fertigungseinzelkosten in Fertigungsstelle 1 i.H. von 100 € und zu Fertigungseinzelkosten in Fertigungsstelle 2 i.H. von 150 €. Sondereinzelkosten fallen nicht an.

Berechnen Sie die Materialkosten, die Fertigungskosten, die Herstellkosten und die Selbstkosten des Auftrags unter Verwendung der Maschinenstundensatzkalkulation.

## Aufgabe 95 (***)

*Die Lösung zu Aufgabe 95 finden Sie auf Seite 229 f.*

Die Heckenbauer & Boeneß AG produziert zwei Arten von Fußbällen. Den originalen FIFA WM Ball 2006 und eine kleine Nachbildung dieses Balles in Handballgröße. Der Produktionsablauf sieht wie folgt aus:

1. Dem Materiallager wird ein Stück Leder entnommen. (Ein großes Stück im Wert von 6 € für einen Originalball und ein kleines Stück im Wert von 4 € für eine Nachbildung.)

2. In Fertigungskostenstelle 1 werden auf den Maschinen A und B zunächst Sechsecke aus den Lederstücken gestanzt. Danach unterzieht der in FKS 1 beschäftigte Lehrling Latthäus die Lederstücke einer Qualitätskontrolle. Herr Latthäus wird nach Geldakkord mit 50 Cent pro Originalball und 25 Cent pro Nachbildung bezahlt.

3. In Fertigungskostenstelle 2 werden auf den Maschinen C und D die Sechsecke zusammengenäht. Danach verpackt der in FKS 2 beschäftigte Werkstudent Glinsmann jeden Ball in einen Karton. Herr Glinsmann wird ebenfalls nach Geldakkord bezahlt. Er erhält 30 Cent pro Originalball und 20 Cent pro Nachbildung.

Folgende Personalkosten fallen in den Unternehmensbereichen im Jahr an:

| Unternehmensbereich | Personalkosten pro Jahr (€) |
|---|---|
| FKS 1 | 100.000 |
| FKS 2 | 90.000 |
| Materiallager | 80.000 |
| Verwaltung | 70.000 |
| Vertrieb | 60.000 |

Die Maschinenlaufzeiten und Abschreibungsbeträge der verschiedenen Maschinen pro Jahr sind folgender Tabelle zu entnehmen:

| Maschine | Laufzeit pro Jahr (Min.) | Abschreibung pro Jahr (€) |
|---|---|---|
| A | 100.000 | 12.000 |
| B | 150.000 | 15.000 |
| C | 200.000 | 17.000 |
| D | 300.000 | 19.000 |

Zur Heckenbauer & Boeneß AG gehört auch ein Kraftwerk, welches den für die Maschinen benötigten Strom erzeugt. Da das Kraftwerk voll automatisiert läuft, fallen für seinen Betrieb jährlich lediglich Abschreibungen i. H. v. 200.000 € an.

Das Kraftwerk produziert insgesamt 100.000 Kilowattstunden Strom im Jahr, die sich wie folgt auf die einzelnen Maschinen verteilen:

Maschine A verbraucht 25.000 kWh.

Maschine B verbraucht 30.000 kWh.

Maschine C verbraucht 35.000 kWh.

Maschine D verbraucht 10.000 kWh.

Die Heckenbauer & Boeneß AG produziert 50.000 Originalbälle und 100.000 Nachbildungen pro Jahr. Ein Originalball beansprucht Maschine A für 2 Min. und Maschine C für 4 Min. Eine Nachbildung beansprucht Maschine B für 1,5 Min. und Maschine D für 3 Min.

Berechnen Sie unter Zuhilfenahme des beigefügten Formulars die Selbstkosten eines Originalballs und einer Nachbildung.

## 2 Istkosten- und Istleistungsrechnung

| | Kraft-werk | FKS 1 | | FKS 2 | | Material | Ver-waltung | Vertrieb |
|---|---|---|---|---|---|---|---|---|
| | | A | B | C | D | | | |
| Primäre Kosten | | | | | | | | |
| Abschreibungen | 200.000 | 12.000 | 15.000 | 17.000 | 19.000 | | | |
| Personalkosten | | 100.000 | | 90.000 | | 80.000 | 70.000 | 60.000 |
| Sekundäre Kosten | | | | | | | | |
| Innerbetriebliche Leistungsverrechnung | -200 000 | | | | | | | |
| Endkosten | | | | | | | | |
| Maschinenzeitabhängig | | | | | | | | |
| Maschinenzeit-unabhängig | | 100.000 | | 90.000 | | 80.000 | 70.000 | 60.000 |
| Zuschlagsbasis | | | | | | | | |
| Maschinenminuten | | 100.000 | 150.000 | 200.000 | 300.000 | | | |
| Stelleneinzelkosten | | 50 000 | | 35.000 | | 700 000 | | |
| Herstellkosten | | | | | | | | |
| Zuschlagsätze | | | | | | | | |
| Maschinenminutensatz | | | | | | | | |
| Gemeinkostensatz | | | | | | | | |

## 2.4 Leistungsrechnung

Die in diesem Kapitel angesprochenen Inhalte werden in dem Lehrbuch Kloock/Sieben/Schildbach/Homburg, Kosten- und Leistungsrechnung, im Abschnitt II.E behandelt.

### Aufgabe 96

*Die Lösung zu Aufgabe 96 finden Sie auf Seite 231.*

Geben Sie an, ob folgende Aussagen richtig oder falsch sind.

| | Aussage | Richtig/Falsch |
|---|---|---|
| a) | Treuerabatte, die Kunden für die Bestellung mehrerer unterschiedlicher Produkte gewährt werden, stellen Gemeinerlöse dar und führen zu Zurechnungsproblemen bei der Ermittlung von Stückerlösen für ein einzelnes Produkt. | |
| b) | Erlösstellen können z.B. anhand geografischer, kundenspezifischer oder absatzorganisatorischer Kriterien gebildet werden. | |
| c) | Die gesamten Istleistungen der Periode ergeben sich als Summe aus Umsatzerlösen und Lagerbestandszunahmen der Periode. | |
| d) | Das Gesamt- und Umsatzkostenverfahren unterscheiden sich im Hinblick auf das der Rechnung zugrunde liegende Mengengerüst dadurch, dass im Umsatzkostenverfahren nur die abgesetzte Menge berücksichtigt wird, während das Gesamtkostenverfahren von der Produktionsmenge ausgeht. | |
| e) | Bestandserhöhungen an Erzeugnissen können im Rahmen der Kosten- und Leistungsrechnung sowohl mit Kosten als auch mit um gegebenenfalls noch anfallenden Fertigungs- und oder Vertriebskosten verminderten Absatzpreisen bewertet werden. | |

### Aufgabe 97 (***)

*Die Lösung zu Aufgabe 97 finden Sie auf Seite 232 ff.*

#### Fallstudie „Alta Moda"

Der Design-Outlet „Alta Moda" in Norditalien beliefert zwei renommierte Boutiquen, eine im Zentrum Roms und eine weitere in einem Mailänder Edelviertel. In der vergangenen Saison waren besonders Herrenhandtaschen und Damenschuhe gefragt. Die folgende Tabelle gibt die Absatzpreise und Mengen dieser beiden Produktarten an die beiden Hauptabnehmer an:

| Produktart | Händler in Rom | Händler in Mailand | Verkaufspreis je Stück |
|---|---|---|---|
| Herrenhandtaschen [Stück] | 5.000 | 3.000 | 500 € |
| Damenschuhe [Stück] | 12.000 | 8.000 | 120 € |

a) Der Manager des Outlets bittet Sie als einzigen Controller des Unternehmens, die Einzelerlöse nach Kundengruppen und nach Produktarten zu beziffern sowie die Summe der Einzelerlöse zu ermitteln.

Während der Manager des Outlets auf den ersten Blick mit den umgesetzten Mengen sehr zufrieden ist, müssen Sie darauf hinweisen, dass der Gesamterlös allerdings mehr als eine Millionen € geringer als dieser Bruttoumsatz ist. Sie erklären ihrem Vorgesetzten, dass dies an der aggressiven Preispolitik der vergangenen Saison liegt, denn aufgrund der Konkurrenz durch Imitate aus China hat die Marketingabteilung des Outlets den Händlern verschiedene Arten von Rabatten gewährt, um die beiden Hauptabnehmer nicht an die Konkurrenz zu verlieren. Ihr Chef möchte über diese Maßnahmen aufgeklärt werden und ruft den Verantwortlichen hinzu. In den hitzigen Verhandlungen mit den Händlern hat der Key-Account-Manager die gewährten Auftragsrabatte, Funktionsrabatte und Skonti (Erlösminderungen) jedoch nur bruchstückhaft dokumentiert. Er erinnert sich dunkel an folgende Daten:

Er gewährte beiden Händlern einen Funktionsrabatt auf den gesamten Bruttoerlös der Saison, der folgendermaßen gegliedert war:

Bruttoerlös < 2.500.000€ → Y % Funktionsrabatt

Bruttoerlös > 2.500.000€ → 12 % Funktionsrabatt

Leider weiß er nicht mehr, wie hoch der **Funktionsrabatt** für einen Bruttoerlös von weniger als 2.500.000 € war. Er ist sich aber sicher, dass die Summe der Funktionsrabatte für beide Kunden 718.800 € betrug.

Zudem gestand Ihr Kollege einen **Auftragsrabatt** auf den Auftragsbruttoumsatz (ABU = Bruttoumsatz - Funktionsrabatte) zu. Die Prozentsätze, die die Kunden verlangten, sind Ihrem Kollegen ebenfalls entfallen. Allerdings findet er noch die Rechnungsbeträge (Bruttoerlöse nach Abzug aller Rabatte) für die jeweiligen Händler. Die Rechnung für den Händler in Rom belief sich auf 3.293.840 € und für den Händler in Mailand auf 2.059.020 €.

Je nach Zahlungszeitpunkt wurde schließlich im Falle einer fristgerechten Zahlung **Skonto** auf den Rechnungsbetrag nach Abzug aller Rabatte gewährt. Der Händler aus Rom erhielt 3 % Skonto, der aus Mailand 4 %. Während dieser seine Rechnungen allerdings nur in 10 % der Fälle innerhalb der Zahlungsfrist beglich, tat dies der Händler aus Rom in 50 % der Fälle.

b) Wie hoch war der Funktionsrabatt für einen Bruttoumsatz kleiner als 2.500.000 €? Welche Prozentsätze wurden für die Auftragsrabatte angesetzt?

Ihr Chef verlangt eine Aufstellung der Erlösminderung und möchte den Wert für die gesamten Gemeinerlöse sowie für den Gesamterlös der vergangenen Saison wissen.

## 2.4 Leistungsrechnung · 87

Ihrem Vorgesetzten sind diese Ergebnisse nicht aussagefähig genug. Er möchte Transparenz in die Ertragssituation bringen und verlangt von Ihnen die genaue Zurechnung der Erlösminderungen auf die beiden Produktarten, damit er deren Profitabilität bewerten kann.

c) Sie sollen die dafür benötigten Stückerlöse für die Herrentaschen und Damenschuhe mithilfe einer Erlösstellenrechnung (siehe folgende Tabellen) ermitteln.

| Bezugsgrößen | Händler in Mailand | | Händler in Rom | |
|---|---|---|---|---|
| **Rabatte** | Herrentaschen | Damenschuhe | Herrentaschen | Damenschuhe |
| Bruttoumsatz | 1.500.000 | 960.000 | 2.500.000 | 1.440.000 |
| **Funktionsrabatte** | 150.000 | 96.000 | 300.000 | 172.800 |
| Auftragsbruttoumsatz | 1.350.000 | 864.000 | 2.200.000 | 1.267.200 |
| **Auftragsrabatte** | 94.500 | | | |
| Auftragsnettoumsatz | | | | |
| **Skonti** | | | | |
| Rechnungsbetrag nach sämtlichen Rabatten | | | | |
| **Summe aller Erlösminderungen** | | | | |

(Alle Angaben in Euro [€])

| | Händler in Mailand | | Händler in Rom | |
|---|---|---|---|---|
| | Herrentaschen | Damenschuhe | Herrentaschen | Damenschuhe |
| Umsatzerlöse = Einzelerlöse | | | | |
| Erlösminderungen = Gemeinerlöse | | | | |
| **Gesamterlöse** | | | | |
| **Stückerlöse** | | | | |

(Alle Angaben in Euro [€])

d) In Zukunft möchte Ihr Chef die Marketinganstrengungen des Unternehmens auf ein Produkt fokussieren und bittet Sie um Ihre Einschätzung. Welche Produktart sollte das Unternehmen in der nächsten Saison verstärkt absetzen, wenn als Vergleichskriterium der Stückdeckungsbeitrag herangezogen werden soll? Herrenhandtaschen kosten in der Produktion 200 € während die Herstellkosten für Damenschuhe 90 € betragen.

## **Aufgabe 98** (**)

*Die Lösung zu Aufgabe 98 finden Sie auf Seite 235 f.*

Der Stoffgroßhandel Wuddeberg & Beck GmbH versendet Baumwollstoffe und Nähgarn an Einzelhändler und Konsumenten. Die Absatzmengen und Preise des letzten Quartals können folgender Tabelle entnommen werden:

|              | Preis        | Kundengruppe  |              |
|--------------|--------------|---------------|--------------|
|              |              | Einzelhändler | Konsumenten  |
| Nähgarn      | 3,10 [€/Rolle] | 4.100 Rollen | 800 Rollen   |
| Baumwollstoff | 21,00 [€/m²] | 12.000 m²     | 2.400 m²     |

Einzelhändler erhalten einen Funktionsrabatt von 20 % auf den Bruttoumsatz. Des Weiteren wird allen Kunden ein Auftragsrabatt auf den Auftragsbruttoumsatz (ABU = Bruttoumsatz − Funktionsrabatt) in Abhängigkeit vom Auftragsbruttoumsatz gewährt.

Auf 40 % des ABU der Einzelhändler wird ein Auftragsrabatt in Höhe von 5 % gewährt, auf 15 % des ABU der Einzelhändler wird ein Auftragsrabatt in Höhe von 10 % gewährt, auf 10 % des ABU der Konsumenten wird ein Auftragsrabatt in Höhe von 5 % gewährt. Weitere Auftragsrabatte werden den Konsumenten nicht gewährt. Je nach Zahlungszeitpunkt wird sowohl Konsumenten als auch Einzelhändlern Skonto auf den Rechnungsbetrag nach Abzug aller Rabatte gewährt. Konsumenten erhalten 2 % Skonto bei Zahlung innerhalb von 10 Tagen, Einzelhändler erhalten 5 % Skonto bei Zahlung innerhalb von 30 Tagen. 10 % aller Konsumenten und 40 % aller Einzelhändler nutzten die Möglichkeit zum Skontoabzug.

Ermitteln Sie die Einzelerlöse, die Gemeinerlöse und den Gesamterlös der Wuddeberg & Beck GmbH des letzten Quartals.

## Aufgabe 99 (***)

*Die Lösung zu Aufgabe 99 finden Sie auf Seite 236 f.*

Die Maris KG stellt Neoprenanzüge in den Varianten „Standard" und „Luxus" her. Beide Varianten werden sowohl an Großhändler (G) als auch an Einzelhändler (E) verkauft. Die jeweiligen Absatzmengen können der folgenden Tabelle entnommen werden:

| Variante | Grundpreis [€/Stück] | an Einzelhändler verkaufte Menge [Stück] | an Großhändler verkaufte Menge [Stück] |
|---|---|---|---|
| Standard | 80 | 3.000 | 5.000 |
| Luxus | 100 | 2.000 | 7.000 |

Den Einzelhändlern wird auf den Grundpreis ein Funktionsrabatt i.H. von 12 % eingeräumt. Sofern der Gesamtwert eines einzelnen Auftrags einen bestimmten Betrag übersteigt, erhalten die Einzelhändler zusätzlich einen Mengenrabatt von 5 % auf den Auftragsbruttoumsatz (ABU = Bruttoumsatz − Funktionsrabatt). Dieser Mengenrabatt wurde bei 50 % der mit Einzelhändlern erzielten Umsätze gewährt. Schließlich wird einem Einzelhändler bei Zahlung innerhalb von 10 Tagen 2 % Skonto auf den Rechnungsbetrag nach Abzug aller Rabatte gewährt, was bei 10 % der mit den Einzelhändlern erzielten Umsätze eintrat.

a) Ermitteln Sie die Stückerlöse der Variante „Standard" für die an Einzelhändler verkaufte Menge.

b) Beim Lüften ist eine vergleichbare Rechnung für die Großkunden leider aus dem Fenster geflogen. Der Chefcontroller erinnert sich lediglich an folgende Informationen:

Der mit den Großhändlern für beide Varianten erzielte Auftragsbruttoumsatz beläuft sich auf 935.000 €. Bei 25 % der Rechnungsbeträge der an Großhändler gerichteten Rechnungen wurde Skonto i.H. von 5 % des Rechnungsbetrages gewährt. Insgesamt wurden den Großhändlern 10.752,50 € Skonto gewährt. Der den Großhändlern eingeräumte Mengenrabatt beträgt 10 % vom Auftragsbruttoumsatz.

b1) Bestimmen Sie die Höhe des den Großhändlern gewährten Funktionsrabatts in Prozent vom mit den Großhändlern erzielten Umsatz.

b2) Ermitteln Sie den Anteil der mit Großhändlern erzielten Auftragsbruttoumsätze, auf die Mengenrabatte gewährt wurden.

## Aufgabe 100 (**)

*Die Lösung zu Aufgabe 100 finden Sie auf Seite 237 ff.*

Die „SuperReifen AG" produziert Sommer- und Winterreifen, die an Autohersteller und Reifenhändler verkauft werden. Die Preise und Absatzmengen des letzten Quartals betragen:

|  | Preis [€/Stück] | an Kundengruppe verkaufte Menge [Stück] | |
|---|---|---|---|
|  |  | Autohersteller | Reifenhändler |
| Sommerreifen | 90 | 40.100 | 15.000 |
| Winterreifen | 110 | 12.000 | 4.400 |

Autohersteller erhalten einen Funktionsrabatt von 10 % auf den Bruttoumsatz. Des Weiteren wurden auf 35 % des gesamten Auftragsbruttoumsatzes (ABU = Bruttoumsatz – Funktionsrabatt) der Autohersteller ein Auftragsrabatt in Höhe von 10 % gewährt. Auf 10 % des gesamten ABU der Reifenhändler wurde ein Auftragsrabatt von 5 % eingeräumt.

Bei Zahlung innerhalb von 30 Tagen wird sowohl den Autoherstellern als auch den Reifenhändlern 2 % Skonto auf den Auftragsnettoumsatz nach Abzug aller Rabatte gewährt.

Skonto wurde bei 40 % der Auftragsnettoumsätze der Autohersteller und bei 20 % der Auftragsnettoumsätze der Reifenhändler in Anspruch genommen.

a) Ermitteln Sie die Einzelerlöse, die Gemeinerlöse und den Gesamterlös der „SuperReifen AG" des letzten Quartals.
b) Füllen Sie zur Erlösstellenrechnung nachfolgende Tabelle aus.
c) Berechnen Sie die Stückerlöse der Sommer- und Winterreifen.

|  | Erlösbetrag | Autohersteller | | Reifenhändler | |
|---|---|---|---|---|---|
|  |  | Sommer | Winter | Sommer | Winter |
| Absatzmengen [Stück] | – |  |  |  |  |
| Grundpreise [€] | – |  |  |  |  |
| Einzelerlöse [€] |  |  |  |  |  |
| Funktionsrabatte [€] |  |  |  |  |  |
| Auftragsrabatte [€] |  |  |  |  |  |
| Skonti [€] |  |  |  |  |  |
| Summe [€] |  |  |  |  |  |

## Aufgabe 101 (*)

*Die Lösung zu Aufgabe 101 finden Sie auf Seite 239.*

Der FC-Kölle verkauft Trikots und Schals direkt an FC-Fans und an die weltweit vertretenen FC-Fanshops. Die Absatzmengen und Preise des letzten Jahres können folgender Tabelle entnommen werden:

|         | Preis        | Kundengruppe    |                |
|---------|--------------|-----------------|----------------|
|         |              | FC-Fans         | FC-Fanshop     |
| Trikots | 50 €/ Stück  | 60.000 Stück    | 140.000 Stück  |
| Schals  | 15 €/ Stück  | 80.000 Stück    | 200.000 Stück  |

Alle FC-Fanshops erhielten einen Funktionsrabatt von 20 % auf den Bruttoumsatz. Des Weiteren wurde den FC-Fanshops ein Auftragsrabatt auf den Auftragsbruttoumsatz [ABU = Bruttoumsatz – Funktionsrabatt) in Abhängigkeit vom Auftragsbruttoumsatz gewährt.

Auf 40 % des ABU der FC-Fanshops wurde ein Auftragsrabatt in Höhe von 5 % gewährt. Auf 15 % des ABU der FC-Fanshops wurde ein Auftragsrabatt in Höhe von 10 % gewährt.

Bestellten die FC-Fans das Trikot oder den Schal über das Internet, so wurde ein Preisnachlass von 3 % auf den Kaufpreis gewährt. Auf 50 % der mit den FC-Fans erzielten Erlöse wurde ein Preisnachlass aufgrund der Online-Bestellung eingeräumt.

Je nach Zahlungszeitpunkt wurde den FC-Fanshops 2 % Skonto auf den Rechnungsbetrag nach Abzug aller Rabatte (Nettoumsatz) bewilligt. Auf 40 % aller mit den FC-Fanshops erzielten Nettoumsätze wurde die Möglichkeit zum Skontoabzug in Anspruch genommen.

a) Bestimmen Sie die Einzelerlöse des FC-Kölle des letzten Jahres.
b) Bestimmen Sie die verschiedenen Gemeinerlöse des FC-Kölle des letzten Jahres.
c) Bestimmen Sie den Gesamterlös des FC-Kölle des letzten Jahres.

## 2.5 Erfolgsrechnung auf Basis von Kosten und Leistungen

Die in diesem Kapitel angesprochenen Inhalte werden in dem Lehrbuch Kloock/Sieben/Schildbach/Homburg, Kosten- und Leistungsrechnung, im Abschnitt II.F behandelt.

### Aufgabe 102

*Die Lösung zu Aufgabe 102 finden Sie auf Seite 240 f.*

Geben Sie an, ob folgende Aussagen richtig oder falsch sind.

| | Aussage | Richtig/Falsch |
|---|---|---|
| a) | Beim Umsatzkostenverfahren werden die gesamten in einer Periode angefallenen Kosten berücksichtigt. | |
| b) | Ziel der Kostenträgerzeitrechnung ist die Ermittlung der Kosten einer Produkteinheit. | |
| c) | Bei Anwendung des Gesamtkostenverfahrens ergibt sich das Bruttoergebnis als Differenz aus Umsatzerlösen und Herstellkosten der abgesetzten Produkte. | |
| d) | Die Kostenträgerstückrechnung kann entweder unter Verwendung des Gesamtkostenverfahrens oder unter Verwendung des Umsatzkostenverfahrens durchgeführt werden. | |
| e) | Die Ermittlung eines sachzielbezogenen Periodenerfolgs ist Ziel der Kostenträgerstückrechnung. | |
| f) | Bei Anwendung des Gesamtkostenverfahrens können die Herstellkosten eines Produkts problemlos den Erlösen dieses Produkts gegenübergestellt werden. | |

## Aufgabe 103 (*)

*Die Lösung zu Aufgabe 103 finden Sie auf Seite 241.*

Die Seidenschwarz GmbH produziert die drei Stoffarten „Ausbrenner", „Seidensatin" und „Taft". Die relevanten Daten sind in folgender Tabelle zusammengefasst worden:

| Modell | Produktions-menge [m²] | Absatzmenge [m²] | Preis [€/m²] | Herstellkosten [€/m²] |
|---|---|---|---|---|
| Ausbrenner | 25.000 | 22.500 | 15,00 | 8,90 |
| Seidensatin | 27.000 | 27.000 | 13,50 | 7,50 |
| Taft | 34.000 | 34.000 | 21,00 | 10,40 |

Es fallen Verwaltungskosten in Höhe von 164.550 € und Vertriebskosten in Höhe von 171.300 € an, die proportional zu den Herstellkosten auf die Kostenträger umgelegt werden.

Berechnen Sie den Periodenerfolg nach dem Umsatzkostenverfahren.

## Aufgabe 104 (***)

*Die Lösung zu Aufgabe 104 finden Sie auf Seite 241 f.*

Lesprit ist ein international anerkannter Hersteller von Designer-Hemden und fertigt die beiden Modelle „Mister" und „Signor". Die Produktions- und Absatzmengen sowie die Verkaufspreise des Monats Juli können folgender Tabelle entnommen werden.

| Modell | Absatzmenge [ME] | Produktionsmenge [ME] | Preis [€/ME] |
|---|---|---|---|
| Mister | 5.000 | 4.000 | 105 |
| Signor | 7.000 | ??? | 70 |

Bezüglich der Produktionsmenge des Modells „Signor" kann man Ihnen nur mitteilen, dass nicht alle der im Juli produzierten Hemden dieses Modells abgesetzt werden konnten. Weiterhin ist bekannt, dass im Monat Juli die Herstellkosten je Stück für „Mister" um 50 % höher sind als die des Modells „Signor". Im Juni 2003, also im Vormonat, beliefen sich die Herstellkosten des Modells „Mister" auf 55 €/ME.

a) Bei Anwendung des Umsatzkostenverfahrens ergibt sich ein Bruttoergebnis (Ergebnis vor Verwaltungs- und Vertriebskosten) i.H. von 440.000 €.

a1) Bestimmen Sie die Herstellkosten der abgesetzten Produkte.

a2) Bestimmen Sie für jedes der beiden Modelle die Herstellkosten je Stück für den Monat Juli.

b) Wird der kalkulatorische Periodenerfolg des Monats Juli mit dem Gesamtkostenverfahren bestimmt, beträgt die Summe aus Umsatz und Saldo der Bestandsveränderungen 1.000.000 €. Bestimmen Sie die Produktionsmenge des Modells „Signor".

## Aufgabe 105 (**)

*Die Lösung zu Aufgabe 105 finden Sie auf Seite 243.*

Das Textilunternehmen „Clark" fertigt Hemden, Hosen und Sakkos, die über Herrenausstatter vertrieben werden. Folgende Tabelle enthält die für die Kostenrechnung relevanten Produktdaten für den Monat Juli:

| Produkt | Produktionsmenge [Stück] | Absatzmenge [Stück] | Herstellkosten [€/Stück] | Verkaufspreis [€/Stück] |
|---|---|---|---|---|
| Hemd | 3.000 | 3.250 | 38,10 | 69,00 |
| Hose | 4.500 | 4.000 | 40,75 | 89,00 |
| Sakko | 2.500 | 2.750 | 71,25 | 199,00 |

In den Herstellkosten des Monats Juli sind diverse Kostenpositionen enthalten: Die Materialkosten betrugen 124.000 € und die Akkordlöhne (ohne Mindestlöhne) 100.250 €. Die Abschreibungen beliefen sich auf 117.500 €, die Kosten für Mindestlöhne auf 115.000 €, die Gehälter auf 120.000 €. Die Energiekosten summierten sich auf 18.347 €, die sonstigen Kosten betrugen 9.169 €.

Im Juni, also im Vormonat, beliefen sich die Herstellkosten auf 37,50 € (42,00 €; 74,30 €) pro Hemd (pro Hose; pro Sakko).

a) Bestimmen Sie das Betriebsergebnis für den Monat Juli unter Verwendung des Gesamtkostenverfahrens.

b) Erläutern Sie kurz die zwischen dem Gesamtkostenverfahren und dem Umsatzkostenverfahren bestehenden Unterschiede in Bezug auf das der jeweiligen Rechnung zugrunde liegende Mengengerüst und die Art des Kostenausweises.

## Aufgabe 106 (**)

*Die Lösung zu Aufgabe 106 finden Sie auf Seite 243.*

Die Karibo GmbH produziert Lakritz, Gummibärchen und Lutscher, die jeweils in 200g-Tüten verkauft werden. Die relevanten Daten für den Monat Januar sind in folgender Tabelle angegeben:

| Produkt | Produktions-menge [Tüten] | Absatzmenge [Tüten] | Preis [€/Tüte] | Herstellkosten [€/Tüte] |
|---|---|---|---|---|
| Lakritz | 850.000 | 850.000 | 0,90 | 0,50 |
| Gummibärchen | 1.000.000 | 1.200.000 | 0,70 | 0,40 |
| Lutscher | 650.000 | 640.000 | 1,20 | 0,80 |

Im Januar sind Verwaltungskosten i.H. von 275.450 € und Vertriebskosten i.H. von 146.550 € angefallen, die den Kostenträgern proportional zu den Herstellkosten zugerechnet werden. Die Herstellkosten beliefen sich im Dezember, also im Vormonat, auf 0,85 € (0,45 €; 0,70 €) pro Tüte Lakritz (pro Tüte Gummibärchen; pro Tüte Lutscher).

Berechnen Sie das Bruttoergebnis und den kalkulatorischen Periodenerfolg für den Monat Januar unter Verwendung des Umsatzkostenverfahrens.

## **Aufgabe 107** (**)

*Die Lösung zu Aufgabe 107 finden Sie auf Seite 244.*

Ein Zuliefererunternehmen für die Automobilbranche hat sich auf die Produktion von Airbags spezialisiert, die vornehmlich an Automobilhersteller in Süddeutschland geliefert werden. Das Zuliefererunternehmen fertigt Fahrer-, Beifahrer- und Seitenairbags. Folgende Tabelle enthält die für die Kostenrechnung relevanten Produktdaten für den Monat Oktober:

| Produkt | Produktions-menge [Stück] | Absatzmenge [Stück] | Herstellkosten [€/Stück] | Verkaufspreis [€/Stück] |
|---|---|---|---|---|
| Fahrerairbag | 5.500 | 5.500 | 95,00 | 110,00 |
| Beifahrerairbag | 4.500 | 5.000 | 72,00 | 90,00 |
| Seitenairbag | 2.000 | 1.800 | 115,00 | 130,00 |

Die Verwaltungs- und Vertriebskosten beliefen sich für den Monat Oktober auf insgesamt 141.500 €.

Im September, also im Vormonat, betrugen die Herstellkosten 90,00 € (68,00 €; 120,00 €) pro Fahrerairbag (pro Beifahrerairbag; pro Seitenairbag).

In den Herstellkosten des Monats Oktober sind diverse Kosten enthalten. Die Löhne und Gehälter betrugen insgesamt 410.000 €, die Kosten für Abschreibungen 120.000 €. Kapitalkosten wurden in Höhe von 30.000 € angesetzt. Die sonstigen Kosten beliefen sich auf 25.000 €. Die Materialkosten sind Ihnen jedoch unbekannt und sollen später in Aufgabenteil b) ermittelt werden.

Bei der Erfassung der Kosten und Leistungen werden bei der Anwendung beider Verfahren die gleichen Prämissen zugrunde gelegt.

a) Bestimmen Sie das kalkulatorische Betriebsergebnis für den Monat Oktober unter Verwendung des Umsatzkostenverfahrens.

b) Ermitteln Sie das kalkulatorische Betriebsergebnis mit dem Gesamtkostenverfahren. Wie hoch sind die unbekannten Materialkosten?

## Aufgabe 108 (**)

*Die Lösung zu Aufgabe 108 finden Sie auf Seite 245.*

Die Fillipus AG produzierte im Dezember die zwei Monitorarten „Superflat" und „Gigaplasma". Die relevanten Daten finden Sie in folgender Tabelle:

| Modell | Produktionsmenge [Stück] | Absatzmenge [Stück] | Preis [€/Stück] | Herstellkosten [€/Stück] |
|---|---|---|---|---|
| Superflat | 1.000 | 1.200 | 500 | 300 |
| Gigaplasma | 500 | 400 | 1.000 | 700 |

Die Herstellkosten der sich noch aus der Novemberproduktion auf Lager befindlichen Monitore betrugen 320 €/Stück für das Modell Superflat und 720 €/Stück für das Modell Gigaplasma. Aus der Kostenartenrechnung des Monats Dezember können Sie folgende Informationen entnehmen:

| Materialkosten: | 350.000 € |
|---|---|
| Löhne und Gehälter: | 300.000 € |
| Energiekosten: | 50.000 € |
| Abschreibungen: | 80.000 € |
| Kapitalkosten: | 50.000 € |

Die Endkosten der Kostenstelle Verwaltung betrugen 100.000 €. Die Vertriebskosten hatten eine Höhe von 80.000 €.

a) Berechnen Sie den Periodenerfolg nach dem Umsatzkostenverfahren.

b) Berechnen Sie den Periodenerfolg nach dem Gesamtkostenverfahren.

c) Wann können die Ergebnisse voneinander abweichen?

## Aufgabe 109 (**)

*Die Lösung zu Aufgabe 109 finden Sie auf Seite 245 f.*

Die Zuliefer KG fertigt 3 Produkte, die an Automobilkonzerne geliefert werden. Die kostenrechnerisch relevanten Produktdaten sind folgender Tabelle zu entnehmen:

| Produkt | Produktionsmenge [Stück] | Absatzmenge [Stück] | Herstellkosten [€/Stück] | Verkaufspreis [€/Stück] |
|---------|--------------------------|---------------------|--------------------------|-------------------------|
| A       | 32.000                   | 35.000              | 15,75                    | 25,00                   |
| B       | 28.000                   | 27.500              | 13,35                    | 28,50                   |
| C       | 20.000                   | 20.000              | 22,40                    | 35,50                   |

Die Herstellkosten pro Stück der Vorperiode belaufen sich auf 15,50 € (12,30 €; 19,00 €) für Produkt A (B; C).

In den Herstellkosten der Periode sind insgesamt 194.000 € Materialkosten und 437.200 € Akkordlöhne (alle Angaben in geeigneten Leistungseinheiten [LE] ohne Mindestlöhne) enthalten. Für Mindestlöhne sind 267.000 € und für Gehälter 151.000 € an Kosten angefallen. Die Abschreibungen der Periode beliefen sich auf 252.375 €. Die Energiekosten betrugen 9.363 €, die sonstigen Kosten 147.442 €.

Die Verwaltungskosten beliefen sich auf 99.435 €, im Vertriebsbereich sind Kosten in Höhe von 33.145 € angefallen.

a) Verdeutlichen Sie, warum Gesamt- und Umsatzkostenverfahren bei Anwendung der gleichen Prämissen zur Kosten- und Leistungserfassung zu den gleichen Ergebnissen führen.

b) Berechnen Sie den kalkulatorischen Erfolg der letzten Periode nach dem Gesamtkostenverfahren.

| Umsatz |  |
|---|---|
| + Bestandserhöhungen |  |
| - Bestandsminderungen |  |
| - Materialkosten |  |
| - Personalkosten |  |
| - Abschreibungen |  |
| - Energiekosten |  |
| - Sonstiges |  |
| = **kalkulatorisches Betriebsergebnis** |  |

c) Berechnen Sie den kalkulatorischen Erfolg der letzten Periode nach dem Umsatzkostenverfahren.

| Umsatz | 2255.000 |
|---|---|
| - Herstellkosten des Umsatzes | |
| **= Bruttoergebnis** | |
| - Verwaltungskosten | |
| - Vertriebskosten | |
| **= kalkulatorisches Betriebsergebnis** | |

# 3 Einführung in die Plankosten- und Planleistungsrechnung

## 3.1 Normalkostenrechnung

Die in diesem Kapitel angesprochenen Inhalte werden in dem Lehrbuch Kloock/Sieben/Schildbach/Homburg, Kosten- und Leistungsrechnung, im Abschnitt III.A behandelt.

### Aufgabe 110

*Die Lösung zu Aufgabe 110 finden Sie auf Seite 247 f.*

Geben Sie an, ob folgende Aussagen richtig oder falsch sind.

| | Aussage | Richtig/Falsch |
|---|---|---|
| a) | Die Normalkostenrechnung ist zukunftsorientiert und rechnet mit normalisierten Werten. | |
| b) | Als Vorteile der Normalkostenrechnung können Schnelligkeit, Glättung und gute Eignung für Kontrolle und Planung genannt werden. | |
| c) | Wird die innerbetriebliche Leistungsverrechnung auf Basis normalisierter Kosten durchgeführt, findet immer eine vollständige Überwälzung der Kosten der Hilfskostenstellen auf die Hauptkostenstellen statt. | |

| d) | Die Verwendung normalisierter, historischer Zuschlagssätze zur Durchführung einer normalisierten Kostenträgerstückrechnung ist im Vergleich zur Verwendung von Zuschlagssätzen, die auf den Ergebnissen der in der aktuellen Periode durchgeführten normalisierten Sekundärkostenrechnung basieren, mit dem Vorteil verbunden, ein Produkt bereits während der aktuellen Periode kalkulieren zu können. | |
|---|---|---|
| e) | Die Verwendung normalisierter Preise erleichtert die Bewertung des Verbrauchs von Roh-, Hilfs- und Betriebsstoffen erheblich. | |
| f) | In der Normalkostenrechnung ist die Summe der primären Kosten aller Kostenstellen stets identisch mit der Summe der Endkosten der Hauptkostenstellen. | |

## Aufgabe 111 (**)

*Die Lösung zu Aufgabe 111 finden Sie auf Seite 248 ff.*

Ein Unternehmen hat bisher nur die Istkostenrechnung verwendet und möchte nun die Normalkostenrechnung nutzen, um die Kosten der Produkte bereits zu Beginn der Periode kalkulieren zu können. Hierzu dienen die folgenden Daten der letzten fünf Jahre (Angabe der Gemeinkosten in €):

| Jahr | 2002 | 2003 | 2004 | 2005 | 2006 |
|---|---|---|---|---|---|
| KS 1 Kraftwerk Gemeinkosten | 2.400 | 2.100 | 2.050 | 2.090 | 1.785 |
| kWh | 8.000 | 7.500 | 8.200 | 9.500 | 8.500 |
| KS 2 Transport Gemeinkosten | 11.544 | 13.815 | 15.385 | 14.280 | 13.488 |
| Transportmeter | 96.200 | 92.100 | 90.500 | 89.250 | 89.920 |
| KS 3 Bauteile Gemeinkosten | 22.479 | 26.250 | 24.766 | 29.700 | 27.492 |
| Menge [Stück] | 762 | 840 | 812 | 880 | 790 |

a) Berechnen Sie die normalisierten Verrechnungspreise $\bar{q}_1$, $\bar{q}_2$ und $\bar{q}_3$ für die innerbetrieblichen Leistungen der Hilfskostenstellen Kraftwerk, Transport und Bauteile. (Hinweis: Runden Sie auf 2 Nachkommastellen genau.)

Das Unternehmen besitzt neben den bereits genannten Kostenstellen auch zwei direkt an der Produktion des Endproduktes beteiligte Hauptkostenstellen Material und Fertigung.

Folgende innerbetriebliche Leistungsbeziehungen lagen zwischen den fünf Kostenstellen in den letzten fünf Jahren durchschnittlich vor (alle Angaben in Leistungseinheiten [LE]):

|  |  | Leistende Kostenstelle | | | | |
|---|---|---|---|---|---|---|
|  |  | KS 1 | KS 2 | KS 3 | KS 4 | KS 5 |
| Empfangende Kostenstelle | KS 1 | 0 | 0 | 0 | 0 | 0 |
|  | KS 2 | 1.200 | 0 | 0 | 0 | 0 |
|  | KS 3 | 1.460 | 34.120 | 0 | 0 | 0 |
|  | KS 4 | 2.540 | 25.520 | 369 | 0 | 0 |
|  | KS 5 | 2.400 | 30.420 | 455 | 0 | 0 |

b) Führen Sie in der unten angegebenen Tabelle die innerbetriebliche Leistungsverrechnung mit den normalisierten Verrechnungspreisen durch.

|  | KS 1 Kraftwerk | KS 2 Transport | KS 3 Bauteile | KS 4 Material | KS 5 Fertigung |
|---|---|---|---|---|---|
| Summe primäre Gemeinkosten | 1.748 | 13.105 | 20.829 / 21.829 | 52.861 | 65.171 |
| KS 1 | -1900 | +300 | 365 | 635 | 600 |
| KS 2 |  | -13505 | 5118 | 3828 | 4563 |
| KS 3 |  |  | -26368 | 11808 | 14560 |
| Gesamtkosten (bzw. Endkosten bei den HaKo) | 1748 | 13405 | 27312 | 69.132 | 84.894 |
| anderen Stellen zugerechnete Kosten (Summe der Entlastungen) | 1900 | 13505 | 26368 | - | - |
| Über-/Unterdeckung (Differenz aus zugerechneten Kosten und Gesamtkos- | +152 | +104 | -944 | - | - |

(Alle Angaben in Euro[€])

c) Berechnen Sie die Selbstkosten des Absatzproduktes des Unternehmens. Führen Sie dazu eine Zuschlagskalkulation durch, bei der Sie die zuvor errechneten Endkosten der beiden Hauptkostenstellen Material und Fertigung als zuzuschlagende Gemeinkosten ansetzen. Verwenden Sie ferner die folgenden Daten:
Die durchschnittlichen Materialeinzelkosten der letzten fünf Jahre betragen 124.000 €, die durchschnittlichen Fertigungseinzelkosten des Zeitraums betragen 172.500 €. Die in der Kostenstelle Verwaltung und Vertrieb durchschnittlich angefallenen Gemeinkosten von 42.270 € sollen auf Basis der Herstellkosten zugeschlagen werden. Für das Absatzprodukt fallen Materialeinzelkosten von 4 € und Fertigungseinzelkosten von 5,6 € pro Stück an.

## Aufgabe 112 (**)

*Die Lösung zu Aufgabe 112 finden Sie auf Seite 250 f.*

Die Perlenfirma Wukie GmbH ist in 2 Hilfs- und 2 Hauptkostenstellen gegliedert. Zur Beschleunigung der monatlich durchzuführenden Kostenstellenrechnung werden normalisierte Verrechnungspreise eingesetzt. Die durchschnittlichen Gesamtkosten und die durchschnittlichen Bezugsgrundlagen der Hilfskostenstellen sind in folgender Tabelle gegeben:

|  | KS 1 | KS 2 |
|---|---|---|
| Durchschnittliche Gesamtkosten [€] | 4.720 | 6.600 |
| Durchschnittliche Bezugsgrundlage [LE] | 800 | 12.000 |

Im Januar sind primäre Gemeinkosten i.H. von 2.397 € (5.653 €, 2.532 €, 5.685 €) für KS 1 (KS 2, KS 3, KS 4) angefallen. Die innerbetrieblichen Leistungen des Monats Januar können der folgenden Tabelle entnommen werden (alle Angaben in Leistungseinheiten [LE]):

|  |  | Leistende Kostenstelle | | | |
|---|---|---|---|---|---|
|  |  | KS 1 | KS 2 | KS 3 | KS 4 |
| Empfangende Kostenstelle | KS 1 | 0 | 4.000 | 0 | 0 |
|  | KS 2 | 180 | 0 | 0 | 0 |
|  | KS 3 | 350 | 2.100 | 0 | 0 |
|  | KS 4 | 250 | 6.000 | 0 | 0 |

a) Berechnen Sie die normalisierten Verrechnungspreise.

b) Führen Sie die innerbetriebliche Leistungsverrechnung mit den normalisierten Verrechnungspreisen durch.

|  | KS 1 | KS 2 | KS 3 | KS 4 |
|---|---|---|---|---|
| Summe primäre Gemeinkosten | 2.397 € | 5.653 € | 2.532 € | 5.685 € |
| KS 1 | −4.602 | 1062 | 2015 | 1475 |
| KS 2 | +2200 | −6655 | 1155 | 3300 |
| Gesamtkosten | 4597 | 6715 | 5752 | 10466 |
| Summe Entlastung | 4602 | 6655 | / | / |
| Über-/Unterdeckung | +5 | −60 | / | / |

## Aufgabe 113 (***)

*Die Lösung zu Aufgabe 113 finden Sie auf Seite 251 f.*

Die in drei Hilfskostenstellen (KS 1, KS 2, KS 3) und eine Hauptkostenstelle (KS 4) gegliederte Karneval-AG führt die innerbetriebliche Leistungsverrechnung unter Verwendung normalisierter Verrechnungssätze durch. Leider ist nach dem Karnevalstrubel nur noch ein Teil der relevanten Daten vorhanden.

a) KS 2 wurde für die Inanspruchnahme von Leistungen anderer Kostenstellen mit sekundären Kosten i.H. von 3.600 € belastet. Die gesamte Entlastung der KS 2 belief sich auf 5.000 €. Es ergab sich eine Überdeckung (= Entlastungen – Gesamtkosten > 0) von 100 € für KS 2. Ermitteln Sie die primären Kosten der KS 2.

b) Weiterhin teilt man Ihnen mit, dass die Hauptkostenstelle 3.500 Einheiten der Leistung von KS 1, 40 % der Leistung von KS 2 und 20 % der Leistung von KS 3 in Anspruch genommen hat und hierfür mit sekundären Kosten i.H. von insgesamt 7.750 € belastet wurde. Der normalisierte Verrechnungssatz je Leistungseinheit der KS 1 betrug 1,50 €. KS 3 weist eine Über-/Unterdeckung von Null auf. Ermitteln Sie die Gesamtkosten der KS 3.

c) Zusätzlich zu den oben angegebenen Informationen wissen Sie, dass die Gesamtkosten der KS 1 um 250 € höher waren als die Entlastungen der KS 1 (= Unterdeckung). Die primären Kosten der KS 3 betrugen 550 €. Ermitteln Sie die primären Kosten der KS 1.

## Aufgabe 114 (**)

*Die Lösung zu Aufgabe 114 finden Sie auf Seite 252 f.*

Die Deutschland AG ist in 2 Hilfs- und 3 Hauptkostenstellen gegliedert. Zur Beschleunigung der monatlich durchzuführenden Kostenstellenrechnung werden normalisierte Verrechnungspreise eingesetzt. Die durchschnittlichen Gesamtkosten und die durchschnittlichen Bezugsgrundlagen der Hilfskostenstellen sind in folgender Tabelle gegeben:

|  | KS 1 | KS 2 |
| --- | --- | --- |
| Durchschnittliche Gesamtkosten [€] | 4.680 | 6.372 |
| Durchschnittliche Bezugsgrundlage [LE] | 780 | 11.800 |

Im Juni sind primäre Gemeinkosten in Höhe von 2.947 € (5.373 €, 3.485 €, 5.766 €, 1.250 €) für KS 1 (KS 2, KS 3, KS 4, KS 5) angefallen. Die innerbetrieblichen Leistungen des Monats Juni können der folgenden Tabelle entnommen werden (alle Angaben in Leistungseinheiten [LE]):

|  | | Leistende Kostenstelle | | | | |
|---|---|---|---|---|---|---|
|  |  | KS 1 | KS 2 | KS 3 | KS 4 | KS 5 |
| Empfangende Kostenstelle | KS 1 | 0 | 3.500 | 0 | 0 | 0 |
|  | KS 2 | 150 | 0 | 0 | 0 | 0 |
|  | KS 3 | 430 | 2.800 | 0 | 0 | 0 |
|  | KS 4 | 200 | 5.000 | 0 | 0 | 0 |
|  | KS 5 | 30 | 300 | 0 | 0 | 0 |

a) Berechnen Sie die normalisierten Verrechnungspreise.

b) Führen Sie in der unten angegebenen Tabelle die innerbetriebliche Leistungsverrechnung mit den normalisierten Verrechnungspreisen durch.

|  | KS 1 | KS 2 | KS 3 | KS 4 | KS 5 |
|---|---|---|---|---|---|
| Summe primäre Gemeinkosten | 2.947 € | 5.373 € | 3.485 € | 5.766 € | 1.250 € |
| KS 1 | -4860 | 900 | 2580 | 1200 | 180 |
| KS 2 | 1890 | -6264 | 1512 | 2700 | 162 |
| Gesamtkosten (bzw. Endkosten bei den HaKo) | 4837 | 6.273 | 7577 | 9666 | 1592 |
| anderen Stellen zugerechnete Kosten (Summe der Entlastungen) | 4860 | 6264 | / - | / - | - |
| Über-/Unterdeckung (Differenz aus zugerechneten Kosten und Gesamtkosten) | +23 | -9 | - | / - | - |

Die Deutschland AG führt ihre Kostenträgerstückrechnung mit einer Zuschlagskalkulation auf Basis von Normalkosten durch. Aus Vergangenheitswerten wurden die durchschnittlichen Zuschlagsgrundlagen und die durchschnittlichen Gemeinkostenbeträge (Endkosten) der verschiedenen Hauptkostenstellen ermittelt (siehe Tabelle unten). Für Produkt A sind Materialeinzelkosten in Höhe von 10 € und Fertigungseinzelkosten von 15 € je Stück angefallen.

c) Berechnen Sie die Selbstkosten des Absatzproduktes A.

|  | Kostenstelle Material | Kostenstelle Fertigung | Kostenstelle V & V |
|---|---|---|---|
| Durchschnittliche Gemeinkosten (Endkosten) | 9.500 € | 7.800 € | 1.558 € |
| Durchschnittliche Zuschlagsgrundlage | (FM) 19.000 € | (FL) 26.000 € | (HK) 62.300 € |
| Normalisierter Zuschlagssatz | 0,5 | 0,3 | 0,025 |

## 3.2 Plankosten- und Planleistungsrechnung

### 3.2.1 Starre Plankostenrechnung

**Aufgabe 115**

*Die Lösung zu Aufgabe 115 finden Sie auf Seite 254.*

Geben Sie an, ob folgende Aussagen richtig oder falsch sind.

| Aussage | | Richtig/Falsch |
|---|---|---|
| a) | In der starren Plankostenrechnung werden deterministische Zusammenhänge unterstellt. | |
| b) | Eine starre Plankostenrechnung ist mit dem Nachteil verbunden, dass keine differenzierte Abweichungsanalyse durchgeführt werden kann. | |
| c) | Die starre Plankostenrechnung auf Vollkostenbasis ist zur Planung des Produktionsprogramms ungeeignet, weil alternative Beschäftigungen nicht analysiert werden können. | |
| d) | Die starre Plankostenrechnung auf Vollkostenbasis ist zur Planung des Produktionsprogramms geeignet, weil alternative Beschäftigungen abgebildet werden. | |

## Aufgabe 116 (***)

*Die Lösung zu Aufgabe 116 finden Sie auf Seite 254 ff.*

Ein Unternehmen ist in die fünf Kostenstellen Kantine (KS 1), Instandhaltung (KS 2), Material (KS 3), Fertigung (KS 4) und Verwaltung/Vertrieb (KS 5) gegliedert. Es werden die Produkte A und B hergestellt.

Für die Kostenplanung der nächsten Periode seien folgende Daten gegeben:

- Geplante Produktionsmengen:
  Produkt A: 60.000 Mengeneinheiten [ME]
  Produkt B: 50.000 ME
- In der Personalabteilung wird mit folgenden Lohn- und Gehaltskosten geplant:
  Kantine              40.000 €
  Instandhaltung       110.000 €
  Material             156.000 €
  Fertigung            480.000 €
  Verwaltung/Vertrieb  500.000 €

  Von den Lohnkosten in der Fertigung ergeben sich 270.000 € aus dem Geldakkord von 2 €/ME für Produkt A und 3 €/ME für Produkt B. Diese Lohnkosten dienen auch als Zuschlagsbasis für die Fertigungsgemeinkosten.

- Weiterhin wird mit folgenden Materialkosten gerechnet:
  Kantine              20.000 €
  Instandhaltung       112.000 €
  Material             390.000 €
  Verwaltung/Vertrieb   60.000 €

  Bei den Materialkosten in der Kostenstelle Material handelt es sich um Materialeinzelkosten, die auch als Zuschlagsbasis für die Materialgemeinkosten dienen. Sie ergeben sich durch Materialeinzelkosten von 4 €/ME für Produkt A und von 3 €/ME für Produkt B.

- Zudem sind folgende Abschreibungen geplant:
  Kantine                5.000 €
  Instandhaltung        20.000 €
  Material              25.000 €
  Fertigung            545.000 €
  Verwaltung/Vertrieb   45.000 €

- Die sonstigen Kosten sind mit folgenden Beträgen in der Planung zu berücksichtigen:
  Kantine               10.000 €
  Instandhaltung        25.000 €
  Material              70.000 €
  Fertigung             75.000 €
  Verwaltung & Vertrieb 150.000 €

Im Rahmen des innerbetrieblichen Leistungsaustausches wird von folgenden Planbeziehungen ausgegangen (alle Angaben in Leistungseinheiten [LE]):

|  |  | Leistende Kostenstelle | | | | |
|---|---|---|---|---|---|---|
|  |  | KS 1 Kantine | KS 2 Instandhaltung | KS 3 Material | KS 4 Fertigung | KS 5 V & V |
| Empfangende Kostenstelle | KS 1 | 0 | 0 | 0 | 0 | 0 |
|  | KS 2 | 1000 | 0 | 0 | 0 | 0 |
|  | KS 3 | 2000 | 750 | 0 | 0 | 0 |
|  | KS 4 | 6000 | 15.000 | 0 | 0 | 0 |
|  | KS 5 | 1000 | 250 | 0 | 0 | 0 |

Von den Endkosten der KS 4 Fertigung sind 50 % abhängig von der Laufzeit der dortigen Fertigungsmaschine. Diese Maschine ist voll ausgelastet und wird von Produkt A insgesamt 100.000 Min. und von Produkt B 116.000 Min. beansprucht.

a) Welche der geplanten Kosten sind Einzelkosten in Bezug auf die Kostenträger?

b) Übertragen Sie die geplanten (Kostenträger)Gemeinkosten der einzelnen Kostenstellen in die Zeilen 1-5 des beiliegenden Betriebsabrechnungsbogens.

c) Analysieren Sie die geplanten Leistungsverflechtungen zwischen den Kostenstellen. Welche Verfahren der Sekundärkostenrechnung führen zu exakten Ergebnissen?

d) Führen Sie die innerbetriebliche Leistungsverrechnung durch. Füllen Sie dazu die Zeilen 6 bis 9 des beiliegenden Betriebsabrechnungsbogens aus. Runden Sie erst beim Eintragen in den Betriebsabrechnungsbogen auf 2 Nachkommastellen.

e) Ermitteln Sie die Planzuschlagsbasen und Planzuschlagssätze für Materialgemeinkosten, Fertigungsgemeinkosten (maschinenzeitabhängig und –unabhängig) und Verwaltungs- und Vertriebskosten. (Zeilen 11 bis 13 des BAB)

f) Ermitteln Sie mit Hilfe des folgenden Schemas die Selbstkosten der Produkte A und B unter Verwendung der elektiven Zuschlagskalkulation auf Basis der Plandaten.

| Kalkulation | Produkt A | Produkt B |
|---|---|---|
| Materialeinzelkosten | | |
| Materialgemeinkosten | | |
| **Materialkosten** | | |
| | | |
| Fertigungseinzelkosten | | |
| Fertigungsgemeinkosten (maschinenlaufzeitunabhängig) | | |
| Fertigungsgemeinkosten (maschinenlaufzeitabhängig) | | |
| **Fertigungskosten** | | |
| | | |
| **Herstellkosten** | | |
| | | |
| Verwaltungs- und Vertriebsgemeinkosten | | |
| | | |
| **Selbstkosten** | | |

## 3 Einführung in die Plankosten- und Planleistungsrechnung

| Gemeinkosten | Kostenstellen | | | | |
|---|---|---|---|---|---|
| | KS 1 Kantine | KS 2 Instandhaltung | KS 3 Material | KS 4 Fertigung | KS 5 V&V |
| 1 Löhne & Gehälter | 40.000 | 110.000 | 156.000 | 210.000 | 500.000 |
| 2 Material | 20.000 | 112.000 | | | 60.000 |
| 3 Abschreibungen | 5.000 | 20.000 | 25.000 | 545.000 | 45.000 |
| 4 Sonstiges | 10.000 | 25.000 | 70.000 | 75.000 | 150.000 |
| 5 **Summe Gemeinkosten** | 75.000 | 267.000 | 251.000 | 830.000 | 755.000 |
| 6 Umlage Kantine | -75.000 | 7.500 | 15.000 | 45.000 | 7.500 |
| 7 Umlage Instandhaltung | — | -274.500 | 12.870 | 257.460 | 4.290 |
| 8 **Endkosten** | 0 | 0 | 278.870 | 1.132.460 | 766.750 |
| 9 Gesamtkosten | 75.000 | 274.600 | 278.870 | 1.132.460 | 766.790 |
| 10 | | | | maschinen-zeitunabhängig | maschinen-zeitabhängig |
| 11 | | | | 566.200 | 566.200 |
| 12 Zuschlagsbasis | | | | | |
| 13 **Planzuschlag** | | | | | |

## 3.2.2 Flexible Plankostenrechnung auf Vollkosten- und Teilkostenbasis

Die in diesem Kapitel angesprochenen Inhalte werden in dem Lehrbuch Kloock/Sieben/Schildbach/Homburg, Kosten- und Leistungsrechnung, in den Abschnitten III.D und III.G behandelt.

### Aufgabe 117

*Die Lösung zu Aufgabe 117 finden Sie auf Seite 258.*

Geben Sie an, ob folgende Aussagen richtig oder falsch sind.

| | Aussage | Richtig/Falsch |
|---|---|---|
| a) | Bei Anwendung der flexiblen Plankostenrechnung auf Vollkostenbasis werden alle Kosten verursachungsgerecht verrechnet. | R |
| b) | In der flexiblen Plankostenrechnung auf Vollkostenbasis werden nur alle variablen, aber nicht alle fixen Kosten verrechnet. | T |
| c) | Die flexible Plankostenrechnung auf Teilkostenbasis wird auch als Grenzplankostenrechnung bezeichnet. | R |
| d) | Für die Ermittlung des Deckungsbeitrages sind fixe Kosten irrelevant. | R |

### Aufgabe 118 (**)

*Die Lösung zu Aufgabe 118 finden Sie auf Seite 258 f.*

Die Tanzmaus GmbH stellt Tanzschuhe in den Varianten Standard und Latein her. Im folgenden Quartal sollen, zumindest nach der aktuellen Planung, folgende Mengen (in Paar) der beiden Modelle hergestellt werden:

| Modell | Anzahl [Paar] | Einzelkosten [€/Paar] |
|---|---|---|
| Standard | 1.215 | 10,50 |
| Latein | 2.100 | 8,70 |

Die Tanzmaus GmbH ist in vier Kostenstellen gegliedert. Die insgesamt in jeder Kostenstelle anfallenden und nach Kostenarten gegliederten Gemeinkosten können folgender Übersicht entnommen werden (alle Angaben in Euro [€]):

| Gemeinkosten | Kostenstelle | | | |
|---|---|---|---|---|
| | KS 1 | KS 2 | KS 3 | KS 4 |
| Löhne | 15.000 | 11.000 | 21.000 | 35.000 |
| Gehälter | 2.500 | 10.440 | 5.000 | 20.000 |
| Material | 30.000 | 35.525 | 15.000 | 0 |
| Abschreibungen | 5.000 | 8.460 | 10.000 | 80.000 |
| Sonstiges | 2.500 | 6.500 | 9.235 | 13.000 |
| Summe primäre Gemeinkosten | 55.000 | 71.925 | 60.235 | 148.000 |

Der Kostenstelle 4, einer Fertigungskostenstelle, sind unter anderem die Nähmaschinen zugeordnet. Um eine einwandfreie Verarbeitung zu gewährleisten, müssen die Nähmaschinen regelmäßig gewartet werden. Pro Fertigungsstunde fallen für diese von der Kostenstelle 2 vorgenommene Wartung 15 € an Materialkosten an. Insgesamt fallen für alle Paare beider Sorten 1035 Wartungsstunden an. Diese Kosten sind in der entsprechenden Position in der obigen Tabelle bereits enthalten. Alle andern Gemeinkosten können als fix angesehen werden.

Insgesamt wird in der kommenden Periode von den folgenden innerbetrieblichen Leistungen ausgegangen, die für die Verteilung der fixen Gemeinkosten herangezogen werden (alle Angaben in Leistungseinheiten):

| | | Leistende Kostenstelle | | | |
|---|---|---|---|---|---|
| | | KS 1 | KS 2 | KS 3 | KS 4 |
| Empfangende Kostenstelle | KS 1 | 0 | 0 | 0 | 0 |
| | KS 2 | 800 | 0 | 0 | 0 |
| | KS 3 | 600 | 965 | 0 | 0 |
| | KS 4 | 1.100 | 1.035 | 400 | 0 |

a) Welche der in der mittleren Tabelle enthaltenen Gemeinkosten sind in Bezug auf die Ausbringungsmenge variabel?

b) Führen Sie die innerbetriebliche Leistungsverrechnung mit einem für die vorliegenden Leistungsbeziehungen geeigneten Verfahren durch. Unterscheiden Sie dabei zwischen in Bezug auf die Ausbringungsmenge fixen und variablen Gemeinkosten.

Hinweis: Tragen Sie Ihre Ergebnisse in den folgenden Lösungsbogen ein.

|  |  | KS 1 | KS 2 | | KS 3 | KS 4 | |
|---|---|---|---|---|---|---|---|
|  |  | fix | fix | variabel | fix | fix | variabel |
| Primäre GK | | 55.000 | 56.400 | 15.525 | 60.235 | 148.000 | 0 |
| 1 | | -55.000 | 17.600 |  | 13.700 | 24.700 |  |
| 2 | fix |  | -74.000 |  | 35.205 | 38.795 |  |
|   | variabel |  |  | -15.525 |  |  | 15.525 |
| 3 | |  |  |  | -109.140 | 109.140 |  |
| Endkosten | | 0 | 0 | 0 | 0 | 319.635 | 15.525 |

(Alle Angaben in Euro [€])

## Aufgabe 119 (**)

*Die Lösung zu Aufgabe 119 finden Sie auf Seite 259 ff.*

Um die Kosten auch abhängig von der Beschäftigungsmenge analysieren zu können, soll die in Aufgabe 116 beschriebene Plankostenrechnung in eine flexible Plankostenrechnung überführt werden. Hierfür werden alle anfallenden Gemeinkosten noch einmal daraufhin untersucht, ob sie von der Produktionsmenge abhängen oder nicht. Im Gegenzug wird die Zurechnung auf Basis der Maschinenlaufzeiten abgeschafft, da bei der Erfassung der Laufzeiten zu viele Fehler aufgetreten sind.

Es wird festgestellt, dass die Gemeinkosten für Material der Kostenstelle 2 (Instandhaltung) 90.000 € variable Gemeinkosten enthalten, da das Aufkommen eines Teils der für die Kostenstelle 4 (Fertigung) geleisteten Reparaturen mit der Ausbringungsmenge steigt. Diese 90.000 € werden in der innerbetrieblichen Leistungsverrechnung voll der Kostenstelle 4 angelastet. Durch die Überwälzung dieser variablen Gemeinkosten auf die Kostenstelle 4 sind 6.000 LE der innerbetrieblichen Leistungen von Kostenstelle 2 an Kostenstelle 4 bereits erfasst, so dass für die Verrechnung der fixen Gemeinkosten folgende Leistungsbeziehungen berücksichtigt werden müssen (alle Angaben in Leistungseinheiten [LE]):

|  |  | Leistende Kostenstelle | | | | |
|---|---|---|---|---|---|---|
|  |  | KS 1 Kantine | KS 2 Instandh. | KS 3 Material | KS 4 Fertigung | KS 5 V&V |
| Empfangende Kostenstelle | KS 1 | 0 | 0 | 0 | 0 | 0 |
|  | KS 2 | 1.000 | 0 | 0 | 0 | 0 |
|  | KS 3 | 2.000 | 750 | 0 | 0 | 0 |
|  | KS 4 | 6.000 | 9.000 | 0 | 0 | 0 |
|  | KS 5 | 1.000 | 250 | 0 | 0 | 0 |

Außerdem werden 245.000 € der Abschreibungen in Kostenstelle 4 (Fertigung) als variabel eingestuft.

Auf Grundlage dieser Änderungen erstellen Sie den auf der folgenden Seite abgebildeten Betriebsabrechnungsbogen. Am nächsten Tag kommt ihr Chef in Ihr Büro und möchte einige Positionen des Bogens erläutert haben. Erklären Sie ihm, wie Sie folgende Werte ermittelt haben:

a) Zeile 7 und 8, die Umlagen für die variablen und fixen Kosten der Instandhaltung.

b) Zeile 11 und hier insbesondere die Zuschlagsbasis für die (fixen) Verwaltungs- und Vertriebskosten

| Gemeinkosten | Kostenstellen | | | | | | |
|---|---|---|---|---|---|---|---|
| | KS 1 Kantine | KS 2 Instandhaltung | | KS 3 Material | KS 4 Fertigung | | KS 5 V&V |
| | fix | variabel | fix | fix | variabel | fix | fix |
| 1 Löhne & Gehälter | 40.000 | - | 110.000 | 156.000 | - | 210.000 | 500.000 |
| 2 Material | 20.000 | 90.000 | 22.000 | - | - | - | 60.000 |
| 3 Abschreibungen | 5.000 | - | 20.000 | 25.000 | 245.000 | 300.000 | 45.000 |
| 4 Sonstiges | 10.000 | - | 25.000 | 70.000 | - | 75.000 | 150.000 |
| 5 Summe Gemeinkosten | 75.000 | 90.000 | 177.000 | 251.000 | 245.000 | 585.000 | 755.000 |
| 6 Umlage Kantine | -75.000 | - | 7.500 | 15.000 | - | 45.000 | 7.500 |
| 7 Umlage Instandhaltung variabel | | -90.000 | - | - | 90.000 | - | - |
| 8 Umlage Instandhaltung fix | | - | -184.500 | 13.837,50 | - | 166.050 | 4.612,50 |
| 9 Endkosten | 0 | 0 | 0 | 279.837,50 | 335.000 | 796.050 | 767.112,50 |
| 10 Gesamtkosten | 75.000 | 90.000 | 184.500 | 279.837,50 | 335.000 | 796.050 | 767.112,50 |
| 11 Zuschlagsbasis | | | | 390.000 | 270.000 | 270.000 | 2.070.887,50 |
| 12 Planzuschlagsatz | | | | 71,75 % | 124,07 % | 294,83 % | 37,04 % |

(Alle Angaben in Euro [€])

c) Ermitteln Sie mithilfe des folgenden Schemas die Selbstkosten auf Vollkostenbasis von Produkt A und B.

| Kalkulation | Produkt A | Produkt B |
|---|---|---|
| Materialeinzelkosten | | |
| Materialgemeinkosten variabel | | |
| Materialgemeinkosten fix | | |
| **Materialkosten** | | |
| Fertigungseinzelkosten | | |
| Fertigungsgemeinkosten variabel | | |
| Fertigungsgemeinkosten fix | | |
| **Fertigungskosten** | | |
| **Herstellkosten** | | |
| V&V-Gemeinkosten variabel | | |
| V&V-Gemeinkosten fix | | |
| **Selbstkosten** | | |

Auf Basis einer flexiblen Plankostenrechnung können die Selbstkosten auch auf Teilkostenbasis berechnet werden.

d) Ermitteln Sie mithilfe des folgenden Schemas die variablen Selbstkosten von Produkt A (Selbstkosten auf Teilkostenbasis).

| Kalkulation | Produkt A | Produkt B |
|---|---|---|
| Materialeinzelkosten | | |
| Materialgemeinkosten variabel | | |
| **Materialkosten variabel** | | |
| | | |
| Fertigungseinzelkosten | | |
| Fertigungsgemeinkosten variabel | | |
| **Fertigungskosten variabel** | | |
| | | |
| **Herstellkosten variabel** | | |
| | | |
| V&V-Gemeinkosten variabel | | |
| | | |
| **Selbstkosten variabel** | | |

e) Angenommen Produkt A kann zu einem Preis von 20 Euro verkauft werden. Würden Sie Ihrem Chef dazu raten, das Produkt weiter anzubieten oder dessen Produktion einzustellen? Begründen Sie Ihre Meinung.

## Aufgabe 120 (**)

*Die Lösung zu Aufgabe 120 finden Sie auf Seite 262.*

Die JKL KG ist in vier Kostenstellen gegliedert, in denen zwei Produkte gefertigt werden. Nachfolgende Tabelle gibt die geplanten Produktionsmengen, die voraussichtlichen Bearbeitungszeiten und die erwarteten Einzelkosten an. Aus der darauf folgenden Tabelle gehen die geplanten und nach Kostenarten gegliederten Gemeinkosten der einzelnen Kostenstellen hervor.

| Produkt | Produktionsmenge [ME] | Bearbeitungszeit [Min/ME] | Einzelkosten [€/ME] |
|---|---|---|---|
| Produkt 1 | 1.200 | 75 | 24,80 |
| Produkt 2 | 1.500 | 45 | 21,50 |

| Gemeinkosten | Kostenstelle | | | |
|---|---|---|---|---|
| | KS 1 | KS 2 | KS 3 | KS 4 |
| Löhne & Gehälter | 65.500 | 35.000 | 40.000 | 75.000 |
| Material | 45.250 | 14.000 | 10.000 | 40.000 |
| Abschreibungen | 25.000 | 22.500 | 35.225 | 0 |
| Energie | 10.000 | 7.000 | 12.500 | 20.000 |
| Sonstiges | 5.500 | 4.000 | 7.000 | 113.000 |
| Summe primäre Gemeinkosten | 151.250 | 82.500 | 104.725 | 248.000 |

(Alle Angaben in Euro [€])

Bei Kostenstelle 4 handelt es sich um eine Fertigungskostenstelle, der alle Maschinen zugeordnet sind. Damit eine einwandfreie Verarbeitung der Produkte gewährleistet werden kann, müssen die Maschinen regelmäßig gewartet werden. Pro Fertigungsstunde fallen für diese Wartungsarbeiten, die von der Kostenstelle 1 vorgenommen werden, Materialkosten für Ersatzteile i.H. von 10 € an. Diese Kosten sind in der entsprechenden Position in der obigen Tabelle noch enthalten. Alle anderen Gemeinkosten können als fix angesehen werden.

In der nachfolgenden Tabelle sind die für die nächste Periode geplanten innerbetrieblichen Leistungen gegeben. Diese Leistungsbeziehungen liegen der Verteilung der <u>fixen</u> Gemeinkosten zugrunde.

| | | Leistende Kostenstelle | | | |
|---|---|---|---|---|---|
| | | KS 1 | KS 2 | KS 3 | KS 4 |
| Empfangende Kostenstelle | KS 1 | 0 | 0 | 0 | 0 |
| | KS 2 | 1.000 | 0 | 0 | 0 |
| | KS 3 | 1.375 | 1.300 | 0 | 0 |
| | KS 4 | 2.625 | 1.200 | 15.000 | 0 |

Alle Angaben in Leistungseinheiten [LE]

a) Welche der in der mittleren Tabelle enthaltenen Gemeinkosten sind in Bezug auf die Ausbringungsmenge variabel und wie hoch sind diese Kosten?

b) Führen Sie die innerbetriebliche Leistungsverrechnung unter Verwendung eines Verfahrens durch, das für die vorliegenden Leistungsbeziehungen zu exakten Ergebnissen führt. Unterscheiden Sie dabei zwischen in Bezug auf die Ausbringungsmenge fixen und variablen Gemeinkosten.

<u>Hinweis:</u> Tragen Sie Ihre Ergebnisse in den folgenden Betriebsabrechnungsbogen ein.

## 3.2 Plankosten- und Planleistungsrechnung

|  |  | KS 1 | | KS 2 | KS 3 | KS 4 | |
|---|---|---|---|---|---|---|---|
|  |  | variabel | fix | fix | fix | variabel | fix |
| primäre GK | | 26.250 | 25.000 | 82.500 | 104.725 | 0 | 248.000 |
| KS 1 | variabel | -26.250 | | +26.250 | +34.375 | | +65.625 |
| | fix | | -125.000 | | | +26.250 | |
| KS 2 | | | | -137.500 | +55.900 | | +59.600 |
| KS 3 | | | | | -195.000 | | +195.000 |
| Endkosten | | 0 | 0 | 0 | 0 | 26.250 | 560.225 |

(Alle Angaben in Euro [€])

### Aufgabe 121 (**)

*Die Lösung zu Aufgabe 121 finden Sie auf Seite 263.*

Ihnen liegt folgender Auszug aus dem BAB mit den Plandaten für September 2008 vor:

|  | Hilfskostenstellen | | Material | | Fertigung | | V&V | |
|---|---|---|---|---|---|---|---|---|
|  | variabel | fix | variabel | fix | variabel | fix | variabel | fix |
| Endkosten [€] | 0 | 0 | 25.000 | 50.000 | 80.000 | 400.000 | 43.000 | 132.000 |
| Zuschlagsbasis (Einzel-/Herstellkosten) [€] | | | 125.000 | 125.000 | 200.000 | 200.000 | ??? | 880.000 |
| Plan-Zuschlag | | | ??? | 40 % | 40 % | 200 % | ??? | 15 % |

Sie erhalten eine Anfrage für einen im September 2008 auszuführenden Auftrag, der zu Materialeinzelkosten i.H. von 350 € und zu Fertigungseinzelkosten i.H. von 400 € führen würde. Sondereinzelkosten fallen nicht an.

a) Bestimmen Sie die fehlenden Plan-Zuschlagssätze.

b) Ermitteln Sie auf Basis der Plandaten die Selbstkosten des Auftrags auf Teilkostenbasis unter Verwendung der elektiven Zuschlagskalkulation. Weisen Sie als Zwischenergebnisse die gesamten variablen Materialkosten, die gesamten variablen Fertigungskosten und die variablen Herstellkosten des Auftrags aus.

## Aufgabe 122 (*)

*Die Lösung zu Aufgabe 122 finden Sie auf Seite 263 f.*

In der Hansen AG wurde im Rahmen der Plankalkulation bereits die innerbetriebliche Leistungsrechnung durchgeführt und es liegt folgender Auszug des Betriebsabrechnungsbogens vor, in dem jedoch einige Werte fehlen. Ihre Aufgabe als Controller der Hansen AG ist es, die fehlenden Werte zu ermitteln.

|  | Hilfskostenstellen | | Materiallager | Fertigung | | V&V |
|---|---|---|---|---|---|---|
|  | variabel | fix | fix | variabel | fix | fix |
| Endkosten [€] | A= | B= | 100.000 | 100.000 | 50.000 | 300.000 |
| Zuschlagsbasis [€] |  |  | 80.000 | 200.000 | 200.000 | 600.000 |
| Plan-Zuschlag |  |  | 125 % | 50 % | 25 % | C= |

Neben dem Betriebsabrechnungsbogen liegen Ihnen außerdem folgende Informationen vor:

- Die Fertigungsgemeinkosten werden jeweils auf Basis der Fertigungseinzelkosten zugeschlagen, die Materialgemeinkosten auf Basis der Materialeinzelkosten.
- Die Verwaltungs-& Vertriebskosten werden auf Basis der Herstellkosten zugeschlagen.
- Die Sondereinzelkosten der Fertigung betragen 70.000 €.

a) Welche Endkosten entfallen auf die Hilfskostenstellen (Felder A und B)?

b) Führen Sie eine Produktkalkulation durch.

   b1) Welcher Plan-Zuschlagssatz ergibt sich für die Verwaltungs- und Vertriebskostenstellen (Feld C)?

Für ein Produkt der Hansen AG liegen folgende Informationen vor:

Materialeinzelkosten: 2 €
Fertigungseinzelkosten: 4 €
Sondereinzelkosten der Fertigung: 1 €

   b2) Wie hoch sind die Herstellkosten und die Selbstkosten dieses Produktes?

   b3) Wie hoch ist der Stückdeckungsbeitrag bei einem Preis von 11,00 € pro Stück?

## Aufgabe 123 (***)

*Die Lösung zu Aufgabe 123 finden Sie auf Seite 265 ff.*

Nachdem Sie erfolgreich Ihre Klausur in Kosten- und Leistungsrechnung bestanden haben, entschließen Sie sich, in den nächsten Semesterferien in diesem Bereich ein Praktikum zu absolvieren. Ein mittelständischer Metallverarbeitungsbetrieb in Ihrem Heimatort nimmt Sie – auch dank Ihrer hervorragenden Klausurnote – mit Kusshand auf. Nach einer kurzen Einarbeitungszeit erkennt man, dass Sie schon mit vielen Techniken vertraut sind und sich im Bereich der Kostenrechnung gut auskennen. Daher gibt Ihnen Ihr Chef die Aufgabe, eine erste Kalkulation für das kommende Jahr zu erstellen.

Sie erhalten eine Übersicht über die Plan-Gemeinkosten der Kostenstellen.

Diese sind – in Bezug auf die Ausbringungsmenge – in variable und fixe Gemeinkosten getrennt:

| Kostenstelle | Primäre Gemein- kosten gesamt | davon variabel | davon fix |
|---|---|---|---|
| KS 1 - Werkstatt | 52.500 | 31.500 | 21.000 |
| KS 2 - Transport | 65.500 | 20.500 | 45.000 |
| KS 3 - Fertigung | 567.000 | 0 | 567.000 |
| KS 4 - Material | 505.700 | 93.700 | 412.000 |
| KS 5 – V&V | 22.010 | 20.760 | 1.250 |

(Alle Angaben in Euro [€])

a) Übertragen Sie diese Gemeinkosten in den beiliegenden BAB.

In Bezug auf die fixen primären Gemeinkosten werden folgende innerbetrieblichen Leistungsverflechtungen geplant (alle Angaben in Leistungseinheiten [LE]):

| Innerbetriebliche Leistungsverflechtungen der fixen Kosten | | Empfangende Kostenstelle | | | | |
|---|---|---|---|---|---|---|
| | | KS 1 Werkstatt | KS 2 Transport | KS 3 Material | KS 4 Fertigung | KS 5 V&V |
| Leistende Kostenstelle | Werkstatt KS1 | 2 | 5 | 3 | 23 | 0 |
| | Transport KS2 | 2 | 0 | 2 | 2 | 4 |

Alle Angaben in Leistungseinheiten [LE]

Des Weiteren verfügen Sie über folgenden Auszug aus einem Bericht der Controllingabteilung:

[...] „Die variablen (beschäftigungsabhängigen) Kosten der Werkstatt können zu 80 % der Fertigung und zu 20 % dem Materiallager zugeschlagen werden. Die variablen Kosten im Transport können in voller Höhe dem Vertrieb zugeschlagen werden." [...]

b) Ermitteln Sie die geplanten Verrechnungssätze der Hilfskostenstellen für die fixen Gemeinkosten und die Höhe der variablen Gemeinkosten, die den Hauptkostenstellen zugeschlagen werden können.

c) Führen Sie anhand des beiliegenden BAB und mit Hilfe der in b) errechneten Verrechnungssätze die innerbetriebliche Leistungsverrechnung durch.

d) Die folgende Tabelle gibt Ihnen Auskunft über die zu verwendenden Zuschlagsbasen für die verschiedenen Gemeinkosten. Ermitteln Sie zunächst die Höhe der fehlenden Zuschlagsbasen und bestimmen Sie anschließend die Plan-Zuschlagssätze des Unternehmens:

| Gemeinkosten | Zuschlagsbasis | Wert der Zuschlagsbasis |
|---|---|---|
| Variable Material-gemeinkosten | Materialeinzelkosten | 500.000 € |
| Fixe Material-gemeinkosten | Materialeinzelkosten | 500.000 € |
| Variable Fertigungs-gemeinkosten | Fertigungszeit | 100.800 Min. |
| Fixe Fertigungs-gemeinkosten | Fertigungseinzelkosten | 300.000 € |
| Variable V&V-Gemeinkosten | Variable Herstellkosten | ? |
| Fixe V&V-Gemeinkosten | Herstellkosten auf Vollkostenbasis | ? |

Bestimmen Sie anhand der elektiven Zuschlagskalkulation die variablen und die gesamten (Voll-) Plan-Kosten eines Bleches, das Materialeinzelkosten in Höhe von 0,60 € verursacht. In der Fertigung fällt für die Qualitätskontrolle ein Akkordlohn in Höhe von 0,20 € pro Blech an. Ein Blech hat eine geplante Fertigungszeit von 1,2 Minuten.

Den Betriebsabrechnungsbogen zum Eintragen der Lösungen finden Sie hier:

## 3.2 Plankosten- und Planleistungsrechnung

| | Kostenstelle | | | | | | | | | |
|---|---|---|---|---|---|---|---|---|---|---|
| | Werkstatt | | Transport | | Material | | Fertigung | | Verwaltung & Vertrieb | |
| | variabel | fix | variabel | fix | variabel | fix | variabel | fix | variabel | fix |
| Primäre Gemeinkosten gesamt | 318 | 21 | 105 | 46 | 937 | 423 | 0 | 567 | 20,76 | 1,75 |
| Umlage Werkstatt variabel | -318 | | 0 | | | | | | | |
| Umlage Werkstatt fix | | 2 -33 | | 5 | | | | | | |
| Umlage Transport variabel | | | 0 | -105 | | | | | | |
| Umlage Transport fix | | | 0 | -50 | | | | | | |
| Endkosten | 0 | 0 | | | | | | | | |
| Zuschlagsbasis | | | | | | | | | | |
| Zuschlagssatz | | | | | | | | | | |

# 4 Lösungen

## 4.1 Grundlagen der Kosten- und Leistungsrechnung

**Lösung zu Aufgabe 1**

| | Aussage | Richtig/Falsch |
|---|---|---|
| a) | Die Kosten- und Leistungsrechnung richtet sich ausschließlich an interne Adressaten. | Falsch |
| | Die KuL hat auch externe Aufgaben. Beispielsweise dient sie als Grundlage zur Berechnung der Anschaffungs- und Herstellungskosten für die Bilanzierung selbst erstellter Vermögensgegenstände. | |
| b) | Eine Istkostenrechnung eignet sich insbesondere zur Planung. | Falsch |
| | Die Istkostenrechnung sollte aus zwei Gründen nicht zur Lösung von Planungsaufgaben verwendet werden: Zum einen bildet sie das vergangene Wirtschaftsgeschehen ab, während die Lösung von Planungsaufgaben speziell Informationen über die künftigen Konsequenzen offen stehender Handlungsalternativen erfordert. Zum anderen verhindert der Ansatz von Vollkosten eine Anwendung der Istkostenrechnung für die Lösung von Planungsaufgaben, da für kurzfristige Entscheidungen die Fixkosten irrelevant sind. | |
| c) | Das interne Rechnungswesen befasst sich mit der Beurteilung des mengen- und wertmäßigen Güterverzehrs zum Zweck der Leistungserstellung. | Richtig |
| | Vgl. Lehrbuch Abschnitt I.C. | |
| d) | Zahlungsrechnungen reichen zur Gewinnermittlung aus. | Falsch |
| | Zahlungsrechnungen dienen hauptsächlich der Finanz- und Investitionsrechnung. Die Gewinnermittlung findet anhand der Gewinn- und Verlustrechnung statt. Diese orientiert sich nicht primär an den Zahlungen des Unternehmens, sondern ist auf die Abbildung der Prozesse des Faktorverzehrs und des Entstehens betrieblicher Güter ausgerichtet. | |
| e) | Die Gewinn- und Verlustrechnung würde zur Unterstützung innerbetrieblicher Entscheidungen ausreichen, falls sie häufiger als einmal im Jahr – beispielsweise quartalsweise oder monatlich – ermittelt würde. | Falsch |
| | Die Gewinn- und Verlustrechnung dient im Wesentlichen der externen Gewinnermittlung und orientiert sich an gesetzlichen Vorschriften. Für innerbetriebliche Entscheidungen reicht sie aber alleine nicht aus, auch wenn sie häufiger als einmal jährlich ermittelt würde. Für innerbetriebliche Entscheidungen sind weitere Faktoren von Bedeutung, die in der internen Kosten- und Leistungsrechnung berücksichtigt werden. | |

| | | |
|---|---|---|
| f) | Kostenrechnungsinformationen dienen z.B. der Unterstützung von Produktionsprogrammentscheidungen. | Richtig |
| | Vgl. Lehrbuch Abschnitt I.C.2. | |
| g) | Gegenstand des betrieblichen Rechnungswesens ist die Abbildung der Mengen- und Wertbewegungen sowohl im Innenbereich als auch zum Außenbereich des Unternehmens. | Richtig |
| | Die Abbildung der Mengen- und Wertbewegungen im Innenbereich ist insbesondere Aufgabe der Kosten- und Leistungsrechnung. Die Abbildung der Bewegungen zum Außenbereich erfolgt durch die Finanzbuchhaltung. | |
| h) | Kosten lassen sich nach der Übereinstimmung der Kosten mit dem Aufwand, nach der Veränderung der Kosten bei Beschäftigungsänderungen, nach der Zurechnung der Kosten zu Kostenträgern und nach den den Kosten zugrunde liegenden Güterverzehrsarten gliedern. | Richtig |
| | Dies sind einige der möglichen Gliederungsarten von Kosten. Übereinstimmung der Kosten mit dem Aufwand, Veränderung der Kosten bei Beschäftigungsänderungen, Zurechnung der Kosten zu Kostenträgern und Gliederung nach den den Kosten zugrunde liegenden Güterverzehrsarten. | |
| i) | Die Anwendung eines Voll- oder eines Teilkostenrechnungssystems hängt vom Rechnungszweck ab. | Richtig |
| | Vgl. Lehrbuch Abschnitt I.G.2. | |

## 4.1.1 Kosten und Leistungen und weitere grundlegende Begriffe

### Lösung zu Aufgabe 2

| Aussage | | Richtig/Falsch |
|---|---|---|
| a) | Die Inanspruchnahme einer Dienstleistung im Rahmen der Produktion führt zu Kosten. | Richtig |
| | Kosten sind definiert als bewerteter, sachzielbezogener Güterverzehr innerhalb einer Periode. Die Sachzielbezogenheit ergibt sich dadurch, dass die Dienstleistung „im Rahmen der Produktion" in Anspruch genommen wird. | |
| b) | Der Kauf von Rohstoffen auf Ziel und der anschließende sofortige Verbrauch in der Produktion führen zu einer Ausgabe, zu einem Aufwand und zu Kosten. | Richtig |
| | Ausgaben umfassen alle Abnahmen des Fonds „liquide Mittel plus Forderungen abzüglich Verbindlichkeiten" (Geldvermögen) eines Unternehmens. Dieser Fonds nimmt beim Rohstoffkauf auf Ziel ab. Aufwand ist der entsprechend gesetzlicher Regeln bewertete Güterverzehr einer Periode. Kosten sind der bewertete, sachzielbezogene Güterverzehr einer Periode. Der hier fällige Buchungssatz lautet: Rohstoffaufwand an Verbindlichkeiten. | |
| c) | Ein Verkauf von Waren im Wert von 50.000 €, wovon 20.000 € sofort angezahlt werden und der Restbetrag im nächsten Jahr überwiesen wird, führt zu einer Einnahme von 50.000 €. | Richtig |
| | Einnahmen umfassen alle Erhöhungen des Fonds „liquide Mittel plus Forderungen abzüglich Verbindlichkeiten" eines Unternehmens. Dieser Fonds nimmt bei diesem Geschäftsvorfall zu. Der zugehörige Buchungssatz lautet: Forderungen 30.000 und Kasse 20.000 an Umsatzerlöse 50.000 | |
| d) | Kosten sind definiert als bewertete, leistungsbezogene Gütererstellung einer Periode. | Falsch |
| | Kosten = bewerteter, leistungsbezogener Güter_verzehr_ einer Periode. | |
| e) | Die Barbegleichung einer Lieferantenverbindlichkeit stellt eine Auszahlung und eine Ausgabe dar. | Falsch |
| | Auszahlungen umfassen alle Abnahmen des Bestandes an liquiden Mitteln eines Unternehmens. Ausgaben umfassen alle Abnahmen des Fonds „liquide Mittel plus Forderungen abzüglich Verbindlichkeiten". Der zugehörige Buchungssatz lautet: Verbindlichkeiten aus Lieferung und Leistung an Kasse. Hier handelt es sich nur um eine Auszahlung, nicht aber um eine Ausgabe. | |

| | | |
|---|---|---|
| f) | Die liquiden Mittel am Ende einer Periode ergeben sich als Summe aus Cash Flow der Periode und Bestand der liquiden Mittel zu Periodenbeginn. | Richtig |
| | Vgl. Lehrbuch Abschnitt I.E.1. | |
| g) | Eine Kapitalerhöhung führt zu einer Einzahlung, einer Einnahme und einem Ertrag. | Falsch |
| | Eine Kapitalerhöhung ist eine Eigenkapitaleinnahme. Diese führt zwar zu einer Mehrung des Reinvermögens ist aber dennoch kein Ertrag, denn Erträge liegen vor bei Erhöhungen des Fonds „liquide Mittel plus Forderungen plus Sachvermögen abzüglich Verbindlichkeiten abzüglich Eigenkapitaleinnahmen". Eine Einzahlung und eine Einnahme liegen tatsächlich vor. | |
| h) | Der Beschluss einer Dividendenzahlung und deren Ausschüttung führen nicht zu einer Ausgabe. | Falsch |
| | Die Gewinnausschüttung stellt eine Verminderung des Eigenkapitals und der Kasse dar. Somit handelt es sich um eine Auszahlung und eine Ausgabe, aber nicht um einen Aufwand, da eine Eignerauszahlung vorliegt. | |
| i) | Die Differenz aus Ein- und Auszahlungen eines Unternehmens einer Periode entspricht stets dem Bestand an liquiden Mitteln am Periodenende. | Falsch |
| | Die Differenz aus Ein- und Auszahlungen eines Unternehmens einer Periode plus den Bestand an liquiden Mitteln am Periodenanfang entspricht stets dem Bestand an liquiden Mitteln am Periodenende. | |
| j) | Werden Rohstoffe in derselben Periode gekauft und verbraucht, liegen eine Ausgabe und ein Aufwand vor. | Richtig |
| | Vgl. Lehrbuch Abschnitt I.E. | |
| k) | Bezahlt ein Kunde eine bestehende Forderung in bar, so stellt dieser Geschäftsvorfall eine Einzahlung, eine Einnahme und einen Ertrag dar. | Falsch |
| | Der Geschäftsvorfall stellt weder Einnahme noch Ertrag dar, da ja die Zunahme des Kontos „Kasse" durch die Abnahme des Kontos „Forderungen" ausgeglichen wird. Es handelt sich nur um eine Einzahlung. | |
| l) | Eine Dividendenzahlung an die Anteilseigner stellt eine Einzahlung dar. | Falsch |
| | Eine Dividendenzahlung an die Anteilseigner stellt eine Auszahlung dar. | |

| | | |
|---|---|---|
| m) | Eine Spende über 1.000 Euro eines Unternehmens an einen wohltätigen Verein stellt zugleich eine Auszahlung, eine Ausgabe und einen Aufwand dar. | Richtig |
| | Es verringert sich der Bestand an liquiden Mitteln (Auszahlung), während weitere Positionen unberührt bleiben. Daher verringern sich auch der Fonds „liquide Mittel plus Forderungen abzüglich Verbindlichkeiten" (Ausgabe) und der Fonds „liquide Mittel plus Forderungen plus Sachvermögen abzüglich Verbindlichkeiten zuzüglich Eigenkapitalausgaben" (Aufwand). | |
| n) | Leistet ein Kunde eine Anzahlung (Vorauszahlung) für eine noch nicht erbrachte Leistung an ein Unternehmen in bar, so stellt dieser Geschäftsvorfall für das Unternehmen eine Einzahlung und eine Einnahme dar. | Falsch |
| | Durch die Anzahlung entsteht eine Verbindlichkeit in gleicher Höhe, deshalb handelt es sich nicht um eine Einnahme, da der Saldo des Fonds „liquide Mittel plus Forderungen abzüglich Verbindlichkeiten" gleich null ist. | |
| o) | Kosten sind der bewertete, leistungsbezogene Güterverzehr einer Periode. | Richtig |
| | Leistungsbezogenheit entspricht Sachzielbezogenheit, denn Leistungen stellen bewertete, sachzielbezogene Gütererstellungen eines Unternehmens in einer Periode dar. | |
| p) | Der wertmäßige Kostenbegriff ist umfassender als der pagatorische Kostenbegriff. | Richtig |
| | Der wertmäßige Kostenbegriff (Bewertung nach Grenznutzen) erlaubt Entscheidungen ohne zusätzliche Berücksichtigung des Entscheidungsfeldes. Er kann also sowohl bei knappen als auch bei nicht knappen Gütern verwendet werden. Der rein pagatorische Wertansatz ohne Berücksichtigung des Entscheidungsfeldes (Bewertung nach Preisen des Beschaffungsmarkts) ist dagegen nur bei nicht knappen Gütern sinnvoll. | |
| q) | Die wertmäßigen Kosten unterscheiden sich immer dann von den pagatorischen Kosten, wenn kein Engpass vorliegt. | Falsch |
| | Gerade bei Vorliegen eines Engpasses kann der Wert eines Gutes steigen und der wertmäßige von dem pagatorischen Wertansatz abweichen. Der pagatorische Wertansatz orientiert sich an den Preisen des Beschaffungsmarktes. | |

## Lösung zu Aufgabe 3

| Fall | Ein-zahlung | Ein-nahme | Ertrag | Leistung | Aus-zahlung | Ausgabe | Aufwand | Kosten |
|---|---|---|---|---|---|---|---|---|
| a) | | | | | | 24.000 | | |
| b) | 14.000 | 14.000 | 2.000 | 2.000 | | | | |
| c) | | | | | 16.700 | 13.400 | 13.400 | 13.400 |
| d) | | | | | | | 15.000 | 15.000 |
| e) | 30.000 | | | | | | | |
| f) | 70.000 | 70.000 | | | | | | |
| g) | | | 100.000 | 100.000 | | | | |
| h) | | | | | | | 20.000 | 20.000 |
| i) | 50.000 | 50.000 | 50.000 | | | | | |
| j) | 70.000 | 70.000 | 70.000 | | | | | |
| k) | | | | | | | 500.000 | |
| l) | | | | | 10.000 | 10.000 | 10.000 | 10.000 |

(Alle Angaben in Euro [€])

Die Antworten ergeben sich aus folgendem Schema (LM = Liquide Mittel, SV = Sachvermögen, Ek = Eigenkapital):

LM+Forderungen–Verbindlichkeiten–Rückstellungen+SV– Ek-Einnahmen+Ek-Ausgaben

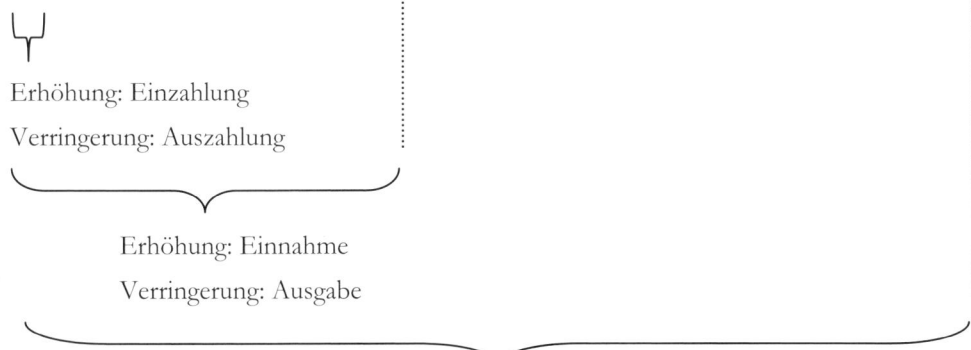

Erhöhung: Einzahlung
Verringerung: Auszahlung

Erhöhung: Einnahme
Verringerung: Ausgabe

Erhöhung: Ertrag
Verringerung: Aufwand

a) LM (+24.000), Verbindlichkeiten (+24.000); keine Kosten, da kein Güterverzehr

b) LM (+14.000), SV (–12.000, da Aktivierung); keine Leistung, da periodenfremd *Leistung*

c) LM (–16.700), Verbindlichkeiten (–3.300); nur Kosten i.H. von 13.400, da 3.300 periodenfremd

d) SV (–15.000)

e) LM (+30.000), Forderung (–30.000); keine Leistung, da keine Gütererstellung

f) LM (+70.000), Ek-Einnahmen (+70.000)

g) SV (+100.000)

h) SV ($-a_t = -\dfrac{A}{T} = -20.000$)

i) LM (+50.000); keine Leistung, da keine Gütererstellung und sachzielfremd

j) LM (+70.000); keine Leistung, da keine Gütererstellung und sachzielfremd

k) SV (–500.000); keine Kosten, da nicht ordentlich

l) LM (–10.000); auch Kosten, da sachzielbezogen

(Alle Angaben in Euro [€])

## Lösung zu Aufgabe 4

a) Richtig wäre: umgekehrt; Auszahlung, keine Ausgabe

b) Richtig wäre: erfolgsneutral; erfolgswirksam erst beim Verbrauch

c) Richtig wäre: Aufwand

d) Richtig

e) Richtig wäre: Zusatzkosten, da intern kalkulatorische Miete angesetzt wird.

f) Richtig wäre: Zusatzkosten

g) Richtig: in der GuV wird Aufwand in Höhe der tatsächlichen Wagnisse angesetzt.

h) Richtig wäre: Personengesellschaften (GbR, OHG, KG)

i) Richtig wäre: nur Auszahlung

j) Richtig wäre: beides

k) Falsch: Abschreibungen stellen z.B. einen Aufwand aber keine Ausgabe dar.

l) Richtig wäre: Anderskosten stehen Andersaufwand gegenüber, Zusatzkosten stehen keine Aufwand gegenüber.

m) Richtig: Annahme, dass der erzielte Preis der Ware oberhalb der Kosten liegt.

n) Falsch: Es entsteht keine Einnahme, es entsteht ein Ertrag wenn Produkte aktiviert werden (Mehrbestand an fertigen Erzeugnissen).

o) Richtig wäre: umgekehrt, da eine Forderung entsteht.

p) Richtig

q) Richtig wäre: Einzahlung, Einnahme, aber kein Ertrag, da es sich um eine Eigenkapital-Einnahme handelt.

r) Richtig

## Lösung zu Aufgabe 5

a) Zusatzleistung, denn selbst erstellte immaterielle Vermögensgegenstände des Anlagevermögens dürfen im externen Rechnungswesen nicht aktiviert werden.

b) Nichts, da ein Aktivtausch in der Bilanz nicht erfolgswirksam ist.

c) Zusatzkosten, da im externen Rechnungswesen keine Eigenkapitalzinsen angesetzt werden dürfen.

d) Zusatzkosten, da eine OHG eine Personengesellschaft ist.

e) Zweckaufwand/Grundkosten, da eine AG eine Kapitalgesellschaft ist.

f) Andersertrag/Andersleistung. In der KuL kann mit voraussichtlich erzielbaren Verkaufserlösen bewertet werden. Im Handelsrecht gilt dagegen das Realisationsprinzip.

g) Zusatzertrag, da Spekulationsgewinne sachzielfremd sind.

h) Andersaufwand/Anderskosten

## Lösung zu Aufgabe 6

| Fall | Ein-zahlung | Ein-nahme | Ertrag | Leistung | Aus-zahlung | Ausgabe | Aufwand | Kosten |
|---|---|---|---|---|---|---|---|---|
| a) |  |  |  |  |  | 100.000 |  |  |
| b) |  |  |  |  | 50.000 | 50.000 |  |  |
| c) | 200.000 |  |  |  |  |  |  |  |
| d) |  |  |  |  | 100.000 | 100.000 | 100.000 | 100.000 |
| e) |  |  |  |  |  |  |  | 40.000 |
| f) |  |  |  |  | 100.000 | 100.000 |  |  |
| g) |  |  |  |  | 500 | 500 | 500 |  |
| h) |  |  |  |  |  |  | 20.000 | 20.000 |
| i) | 100.000 | 300.000 | 50.000 | 50.000 |  |  |  |  |
| j) | 20.000 | 20.000 | 20.000 |  |  |  |  |  |
| k) | 200.000 | 200.000 |  |  |  |  |  |  |
| l) |  |  | 20.000 | 20.000 |  |  |  |  |
| m) |  |  |  |  |  |  | 10.000 |  |
| n) |  |  |  |  | 50.000 | 50.000 | 50.000 | 50.000 |

(Alle Angaben in Euro [€])

Die Antworten ergeben sich aus folgendem Schema (LM = Liquide Mittel, SV = Sachvermögen, Ek = Eigenkapital):

LM+Forderungen−Verbindlichkeiten−Rückstellungen+SV− Ek-Einnahmen+Ek-Ausgaben

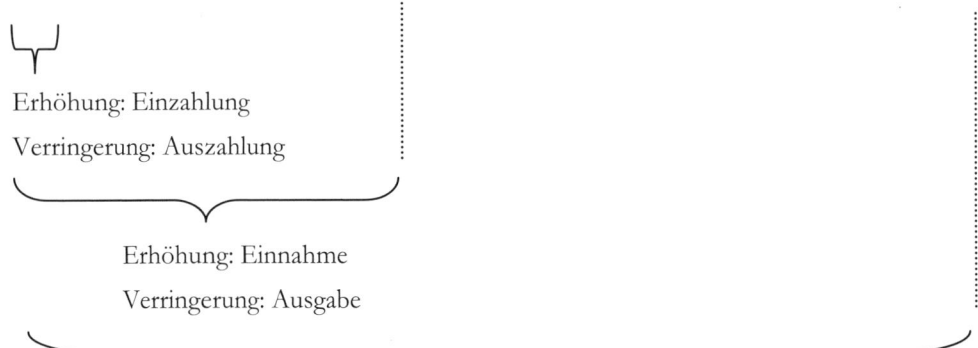

Erhöhung: Einzahlung
Verringerung: Auszahlung

Erhöhung: Einnahme
Verringerung: Ausgabe

Erhöhung: Ertrag
Verringerung: Aufwand

a) SV (+100.000), Verbindlichkeiten (+100.000); keine Kosten, da kein Güterverzehr
b) LM (–50.000), SV (+50.000); keine Kosten, da kein Güterverzehr
c) LM (+200.000), Verbindlichkeiten (+200.000)
d) LM (–100.000)
e) Nur Kosten, da Unternehmerlohn kalkulatorisch
f) LM (–100.000), kein Aufwand, da Eigenkapitalausgabe
g) LM (–500); keine Kosten, da sachzielfremd
h) SV (–20.000)
i) LM (+100.000), Forderungen (+200.000), SV (–250.000)
j) LM (+20.000); keine Leistung, da sachzielfremd
k) LM (+200.000), Ek-Einnahmen (+200.000); keine Leistung, da keine Gütererstellung
l) SV (+20.000), Ertrag, wenn die Erstellung nicht außerordentlich ist.
m) SV (–10.000), keine Kosten, da sachzielfremd
n) LM (–50.000), keine Veränderung der Verbindlichkeiten, wenn Zinsverbindlichkeiten direkt überwiesen und nicht gesondert bilanziert werden.

(Alle Angaben in Euro [€])

## Lösung zu Aufgabe 7

a) Zusatzkosten
b) Anderskosten/Andersaufwand
c) Grundleistung = Zweckertrag
d) Grundleistung = Zweckertrag
e) Grundkosten = Zweckaufwand
f) Zusatzertrag (keine Leistung, da nicht sachzielbezogen)
g) Zusatzaufwand (keine Kosten, da periodenfremd)
h) Zusatzertrag (keine Leistung da außerordentlich/nicht sachzielbezogen)
i) Anderskosten/Andersaufwand (in KuL Normierung der Wagniskosten; in GuV Aufwand in Höhe der tatsächlichen Wagnisse)

**Lösung zu Aufgabe 8**

a) Richtig wäre: Auszahlung statt Einnahme oder Erhöhung des Fonds LM + Forderungen - Verbindlichkeiten

b) Richtig wäre: Einnahme statt Erträge

c) Richtig wäre: Zweckaufwand statt Aufwand

d) Richtig wäre: statt „nur": „hauptsächlich", denn die Kosten- und Leistungsrechnung kann auch externen Zwecken dienen, so z.B. der Ermittlung der Herstellungskosten, die handelsrechtlich angesetzt werden müssen, der Ermittlung von Kostenverrechnungspreisen innerhalb von Konzernen oder der Preisbildung bei öffentlichen Aufträgen.

e) Richtig wäre: statt „die liquiden Mittel am Ende der Periode": „den Cash-Flow der Periode" (die Aussage wäre ansonsten nur richtig, wenn die liquiden Mittel zum Periodenbeginn = 0 wären).

f) Richtig wäre: statt „kalkulatorische Kosten": Zusatzkosten

g) Nein, auch ein wertmäßiger Ansatz ist möglich, wenn wie z.B. bei kalkulatorischem Unternehmerlohn keine Preise des Beschaffungsmarktes verfügbar sind.

h) Richtig wäre: statt „Gewinn": „kalkulatorisches Betriebsergebnis", da unterschiedliche Erfolgsbegriffe existieren, wie z.B. Totalerfolg, bilanzieller Erfolg oder ökonomischer Erfolg.

## 4.1.2 Abgrenzungsrechnung

**Lösung zu Aufgabe 9**

| | Aussage | Richtig/Falsch |
|---|---|---|
| a) | Als Andersaufwand werden jene Aufwendungen bezeichnet, denen keine Kosten gegenüberstehen. | Falsch |
| | Als Andersaufwand werden jene Aufwendungen bezeichnet, denen Kosten in anderer Höhe gegenüberstehen. | |
| b) | Der Unternehmerlohn stellt für Unternehmen ohne eigene Rechtspersönlichkeit Grundkosten dar. | Falsch |
| | Das Gehalt eines Gesellschafters einer Personengesellschaft (ohne eigene Rechtspersönlichkeit, wie z.B. OHG, KG, GbR) stellt ein typisches Beispiel für Zusatzkosten dar. | |

| | | |
|---|---|---|
| c) | Kosten, denen kein Aufwand gegenübersteht, werden als Zusatzkosten bezeichnet. | Richtig |
| | Vgl. Lehrbuch Abschnitt I.E.5. | |
| d) | Abschreibungen für eine Maschine stellen Anderskosten dar, sofern bilanzieller und kalkulatorischer Wertansatz übereinstimmen. | Falsch |
| | Aufwendungen, bei denen der Wertansatz nicht mit dem der Kostenrechnung übereinstimmen, stellen Anderskosten dar. | |
| e) | Miet- und Pachtkosten sind immer von den periodisch anfallenden Miet- und Pachtaufwendungen verschieden. | Falsch |
| | Kosten und Aufwand können in Mengen- und Wertkomponenten übereinstimmen; in diesem Fall spricht dann von Grundkosten bzw. Zweckaufwand. | |
| f) | Der handelsrechtliche Periodenerfolg laut GuV ist in den kalkulatorischen Periodenerfolg laut Kostenrechnung überführbar. | Richtig |
| | Die Abgrenzungsrechnung bildet die Schnittstelle zwischen der GuV-Rechnung und der KuL-Rechnung. Sie filtert die Differenzen beider Rechnungskreise heraus und mündet im Abgrenzungsergebnis. Es gilt: <br> Gewinn der GuV = Abgrenzungsergebnis + Betriebsergebnis | |
| g) | Der Begriff der Andersleistung umfasst sowohl Leistungen, denen Erträge in anderer Höhe gegenüberstehen als auch Leistungen, denen keine Erträge gegenüberstehen. | Falsch |
| | Leistungen, denen keine Erträge gegenüberstehen sind Zusatzleistungen. | |
| h) | Für Unternehmen mit eigener Rechtspersönlichkeit stellt der Unternehmerlohn Grundkosten dar. | Richtig |
| | Das Gehalt eines Gesellschafters einer Körperschaft mit eigener Rechtspersönlichkeit (AG, GmbH und KGaA) stellt immer Grundkosten dar. Demgegenüber stellt das Gehalt eines Gesellschafters einer Personengesellschaft (OHG, KG, GbR) Zusatzkosten dar. | |
| i) | Sind das bewertungsbedingte und das ansatzbedingte Abgrenzungsergebnis null, so stimmen das kalkulatorische Betriebsergebnis und das Ergebnis aus der Gewinn- und Verlustrechnung überein. | Richtig |
| | Vgl. Lehrbuch Abschnitt I.E.5. | |
| j) | Die Berücksichtigung eines kalkulatorischen Unternehmerlohns für den Inhaber einer Personengesellschaft führt zu Kosten. | Richtig |
| | Der kalkulatorische Unternehmerlohn in einer Personengesellschaft ist ein typisches Beispiel für Zusatzkosten. | |

| | | |
|---|---|---|
| k) | Ist das ansatzbedingte Abgrenzungsergebnis von null verschieden, so stimmen das kalkulatorische Ergebnis und das Ergebnis der Gewinn- und Verlustrechnung überein. | Falsch |
| | Wenn sich das ansatzbedingte und das bewertungsbedingte Abgrenzungsergebnis nicht zufällig ausgleichen, führt ein von null verschiedenes ansatzbedingtes Abgrenzungsergebnis zu einer Differenz zwischen Gewinn laut GuV und kalkulatorischem Betriebsergebnis. | |
| l) | Ein Abgrenzungsergebnis von Null bedeutet stets, dass der Erfolg nach GuV und das kalkulatorische Betriebsergebnis identisch sind. | Richtig |
| | Es gilt: Ergebnis der GuV Rechnung = Abgrenzungsergebnis + kalkulatorisches Betriebsergebnis. Ist das Abgrenzungsergebnis gleich null, so gilt automatisch: Ergebnis der GuV Rechnung = kalkulatorisches Betriebsergebnis. | |
| m) | Ein Abgrenzungsergebnis von Null bedeutet stets, dass jedem einzelnen Aufwand und jedem einzelnen Ertrag eine Kostenposition bzw. eine Leistung in derselben Höhe gegenübersteht. | Falsch |
| | Dies muss nicht zwingend der Fall sein. Ein Gegenbeispiel: Fallen im Rahmen der Abgrenzungsrechnung nur ein Zusatzertrag i.H. von 30.000 € sowie zwei Zusatzaufwendungen i.H. von je 15.000 € an, führt dies ebenfalls zu einem Abgrenzungsergebnis von null, obwohl die oben genannte Bedingung nicht erfüllt ist. | |
| n) | Versicherte Einzelwagnisse führen zu Anderskosten. | Falsch |
| | Versicherte Einzelwagnisse führen zu Grundkosten in Höhe der Versicherungsprämie. | |
| o) | Die Zusatzkosten setzen sich aus den Anderskosten und den kalkulatorischen Kosten zusammen. | Falsch |
| | Die kalkulatorischen Kosten setzen sich aus den Anderskosten und den Zusatzkosten zusammen. | |
| p) | Unterscheidet sich die Höhe der Abschreibungen in der Kostenrechnung von der Höhe in der Finanzbuchhaltung, so führt dies zwangsläufig zu einer bewertungsbedingten Abgrenzung. | Falsch |
| | Dies ist nicht zwangsläufig der Fall, da sich der Unterschied zwischen Kosten und Aufwand auch aus der ansatzbedingten Abgrenzung ergeben kann. | |
| q) | Fallen die tatsächlich eingetretenen Wagnisverluste in anderer Höhe an als im Rahmen der kalkulatorischen Wagnisse kalkuliert, so handelt es sich um einen Zweckaufwand. | Falsch |
| | Da gerade keine Übereinstimmung von Aufwand und Kosten vorliegt, handelt es sich um Anderskosten bzw. Andersaufwand und nicht um einen Zweckaufwand, dem Grundkosten in gleicher Höhe gegenüber stehen würden. | |

| r) | Die Differenz aus Zweckertrag und Grundleistung beträgt null. | Richtig |
|---|---|---|
| | Dem Zweckertrag steht eine Grundleistung in gleicher Höhe gegenüber. | |
| s) | Das Gehalt eines geschäftsführenden Gesellschafters einer GmbH stellt für das Unternehmen Zusatzkosten dar. | Falsch |
| | Das Gehalt eines Gesellschafters einer Körperschaft mit eigener Rechtspersönlichkeit (AG, GmbH und KgaA) stellt immer Grundkosten dar. Das Gehalt eines Gesellschafters einer Personengesellschaft (OHG, KG, GbR) ist dagegen ein typisches Beispiel für Zusatzkosten. | |

## **Lösung zu Aufgabe 10**

Die Lösung kann der folgenden Ergebnistabelle entnommen werden:

| | Ergebnistabelle | | | | | | | |
|---|---|---|---|---|---|---|---|---|
| | Gesamtergebnisrechnung der FiBu | | Abgrenzungsrechnung | | | | Kosten- und Leistungsrechnung | |
| | | | Ansatzbedingte Abgrenzung | | Bewertungsbedingte Abgrenzung | | | |
| Konto | Aufwand | Ertrag | ZL und ZA | ZE und ZK | AL und AA | AE und AK | Kosten | Leistungen |
| Umsatzerlöse | | 1.500.000 | | | | | | 1.500.000 |
| Mehrbestand UFE | | 35.000 | | | | | | 35.000 |
| Mehrbestand FE | | 75.000 | | | 150.000 | 75.000 | | 150.000 |
| Mieterträge | | 25.000 | | 25.000 | | | | |
| Software | | | 35.000 | | | | | 35.000 |
| Rohstoffaufwand | 320.000 | | | | | | 320.000 | |
| Abschreibungen | 120.000 | | 10.000 | | 110.000 | 200.000 | 200.000 | |
| Löhne | 250.000 | | | | | | 250.000 | |
| Gehälter | 125.000 | | | | | | 125.000 | |
| Soziale Abgaben | 125.000 | | | | | | 125.000 | |
| Zinsaufwand | 2.500 | | | | 2.500 | 3.500 | 3.500 | |
| Unternehmerlohn | | | 40.000 | | | | 40.000 | |
| | 942.500 | 1.635.000 | 45.000 | 65.000 | 262.500 | 278.500 | 1.063.500 | 1.720.000 |
| | | | Ergebnis ansatzbedingter Abgrenzung = 20.000 | | Ergebnis bewertungsbedingter Abgrenzung = 16.000 | | | |
| | Gewinn = 692.500 | | Abgenzungsergebnis = 36.000 | | | | kalk. Betriebsergebnis = 656.500 | |

ZL=Zusatzleistung, ZA=Zusatzaufwand, ZE=Zusatzertrag, ZK=Zusatzkosten
AL=Andersleistung, AA=Andersaufwand, AE=Andersertrag, AK=Anderskosten

## Lösung zu Aufgabe 11

zu a)

Kalkulatorisches Betriebsergebnis + Abgrenzungsergebnis = Ergebnis GuV

359.000 + Abgrenzungsergebnis = 554.000 €

Abgrenzungsergebnis = 195.000 €

zu b)

Zusatzertrag i.H. von 4.000 € für betriebsfremde Mieterträge und Zusatzkosten i.H. von 80.000 € für kalkulatorischen Unternehmerlohn

⇒ Ergebnis aus ansatzbedingter Abgrenzung: 4.000 + 80.000 = 84.000 €
⇒ Ergebnis aus bewertungsbedingter Abgrenzung: 195.000 − 4.000 − 80.000 = 111.000 €

zu c)

Zusammensetzung des Ergebnisses aus bewertungsbedingter Abgrenzung ohne Zinsen:

| | |
|---|---|
| RHB: (1.300.000 − 1.200.000) | = 100.000 € |
| Abschreibung: (125.000 − 150.000) | = − 25.000 € |
| Summe: | 75.000 € |

Auf Zinsen entfallender Unterschied zwischen beiden Rechnungen: 111.000 − 75.000 = 36.000 €

36.000 € entsprechen den 30 %, um die die kalkulatorischen Zinsaufwendungen höher sind als die handelsrechtlichen Zinsaufwendungen.

⇒ handelsrechtlicher Zinsaufwand: $\frac{36.000}{0,3} = 120.000$ €

⇒ kalkulatorische Zinskosten: 120.000 + 36.000 = 156.000 €

## Lösung zu Aufgabe 12

zu a)

G = (GL − GK) + (kL − kK) + Abgrenzungsergebnis

⇔ Abgrenzungsergebnis = G − (GL − GK) − (kL − kK)

zu b)

Die Herleitung der Lösung kann der beiliegenden Ergebnistabelle entnommen werden.

| | |
|---|---|
| Kalkulatorische Zinsen: | 65.000 · 0,08 = 5.200 € |
| Ergebnis aus ansatzbedingter Abgrenzung: | 8.790 € |
| Ergebnis aus bewertungsbedingter Abgrenzung: | 31.700 € |
| Abgrenzungsergebnis: | (8790 + 31.700) = 40.490 € |

Kalk. Betriebsergebnis = Gewinn − Abgrenzungsergebnis: 290.490 − 40.490 = 250.000 €

Die Lösung kann folgender Tabelle entnommen werden:

| | Ergebnistabelle | | | | | | | |
|---|---|---|---|---|---|---|---|---|
| k.A. = keine Angabe | Gesamtergebnis-rechnung der FiBu | | Abgrenzungsrechnung | | | | Kosten- und Leistungsrechnung | |
| | | | Ansatzbedingte Abgrenzung | | Bewertungsbedingte Abgrenzung | | | |
| Konto | Aufwand | Ertrag | ZL und ZA | ZE und ZK | AL und AA | AE und AK | Kosten | Leistungen |
| Umsatz | | k.A. | | | | | | k.A. |
| Bestandsveränderung UFE+FE | | k.A. | | | | | | k.A. |
| Zinserträge | | k.A. | | | | | | k.A. |
| Rohstoffaufwand | 410.000 | | | | 410.000 | 436.000 | 436.000 | |
| Hilfsstoffaufwand | k.A. | | | | | | k.A. | |
| Löhne und Gehälter | k.A. | | | | | | k.A. | |
| Soziale Abgaben | k.A. | | | | | | k.A. | |
| Abschreibungen auf SA | 56.210 | | 6.210 | | 50.000 | 55.000 | 55.000 | |
| Miet & Pachtaufwand | k.A. | | | | | | k.A. | |
| Zinsaufwand | 4.500 | | | | 4.500 | 5.200 | 5.200 | |
| Betriebliche Steuern | k.A. | | | | | | k.A. | |
| Unternehmerlohn | | | | 15.000 | | | 15.000 | |
| | | | 6.210 | 15.000 | 464.500 | 496.200 | | |
| | | | Ergebnis ansatz-bedingter Abgrenzung = 8.790 | | Ergebnis bewertungs-bedingter Abgrenzung = 31.700 | | | |
| | Gewinn = 290.490 | | Abgrenzungsergebnis = 40.490 | | | | kalk. Betriebsergebnis = 250.000 | |

ZL=Zusatzleistung, ZA=Zusatzaufwand, ZE=Zusatzertrag, ZK=Zusatzkosten
AL=Andersleistung, AA=Andersaufwand, AE=Andersertrag, AK=Anderskosten

## Lösung zu Aufgabe 13

Die Lösung kann der folgenden Ergebnistabelle entnommen werden

| Ergebnistabelle | | | | | | | | |
|---|---|---|---|---|---|---|---|---|
| | Gesamtergebnis-rechnung der FiBu | | Abgrenzungsrechnung | | | | Kosten- und Leistungsrechnung | |
| | | | Ansatzbedingte Abgrenzung | | Bewertungsbedingte Abgrenzung | | | |
| Konto | Aufwand | Ertrag | ZL und ZA | ZE und ZK | AL und AA | AE und AK | Kosten | Leistungen |
| Umsatzerlöse | | 1.800.000 | | | | | | 1.800.000 |
| Bestandsveränderung FE | | 50.000 | | | | | | 50.000 |
| Mieterträge | | 35.000 | | 35.000 | | | | |
| Software | | 110.000 | | | | | | 110.000 |
| RHB Aufwand | 550.000 | | | | 550.000 | 600.000 | 600.000 | |
| Abschreibungen | 140.000 | | 25.000 | | 115.000 | 180.000 | 180.000 | |
| Löhne | 320.000 | | | | | | 320.000 | |
| Gehälter | 100.000 | | | | | | 100.000 | |
| Soziale Abgaben | 130.000 | | | | | | 130.000 | |
| Zinsaufwand | 5.500 | | | | 5.500 | 8.500 | 8.500 | |
| Steuern | 40.000 | | 15.000 | | | | 25.000 | |
| Unternehmerlohn | | | | 45.000 | | | 45.000 | |
| | 1.285.500 | 1.885.000 | 150.000 | 80.000 | 670.500 | 788.500 | 1.408.500 | 1.960.000 |
| | | | Ergebnis ansatz-bedingter Abgrenzung = -70.000 | | Ergebnis bewertungs-bedingter Abgrenzung = 118.000 | | | |
| | Gewinn = 599.500 | | Abgenzungsergebnis = 48.000 | | | | kalk. Betriebsergebnis = 551.500 | |

ZL=Zusatzleistung, ZA=Zusatzaufwand, ZE=Zusatzertrag, ZK=Zusatzkosten
AL=Andersleistung, AA=Andersaufwand, AE=Anderertrag, AK=Anderskosten

## Lösung zu Aufgabe 14

zu a)

Abschreibungen

| | |
|---|---|
| Zusatzaufwand: | 35.000 €, denn die vermietete Lagerhalle dient nicht dem Betriebszweck |
| Zusatzkosten: | keine Zusatzkosten bei den Abschreibungen |
| Andersaufwand: | 285.000 € (320.000 € - Zusatzaufwand) |
| Anderskosten: | 375.000 € |

zu b) – d)

Die Lösung kann folgender Ergebnistabelle entnommen werden:

| Ergebnistabelle | | | | | | | | |
|---|---|---|---|---|---|---|---|---|
| | Gesamtergebnis-rechnung der FiBu | | Abgrenzungsrechnung | | | | Kosten- und Leistungsrechnung | |
| | | | Ansatzbedingte Abgrenzung | | Bewertungsbedingte Abgrenzung | | | |
| Konto | Aufwand | Ertrag | ZL und ZA | ZE und ZK | AL und AA | AE und AK | Kosten | Leistungen |
| Umsatzerlöse | | 2.500.000 | | | | | | 2.500.000 |
| Mieterträge | | 60.000 | | 60.000 | | | | |
| Zinserträge | | 80.000 | | 80.000 | | | | |
| Bestandsveränderung FE | | 200.000 | | | 240.000 | 200.000 | | 240.000 |
| Rohstoffaufwand | 100.000 | | | | 100.000 | 90.000 | 90.000 | |
| Hilfsstoffaufwand | 55.000 | | | | | | 55.000 | |
| Aufwand für Fertigteile | 70.000 | | | | | | 70.000 | |
| Löhne | 240.000 | | | | | | 240.000 | |
| Gehälter | 180.000 | | | | | | 180.000 | |
| Betriebliche Steuern | 80.000 | | 8.000 | | | | 72.000 | |
| Abschreibungen | 320.000 | | 35.000 | | 285.000 | 375.000 | 375.000 | |
| Unternehmerlohn | | | | 58.000 | | | 58.000 | |
| Kalk. Ek Zinsen | | | | 56.000 | | | 56.000 | |
| | 1.045.000 | 2.840.000 | 43.000 | 254.000 | 625.000 | 665.000 | 1.196.000 | 2.740.000 |
| | | | Ergebnis ansatz-bedingter Abgrenzung = 211.000 | | Ergebnis bewertungs-bedingter Abgrenzung = 40.000 | | | |
| | Gewinn = 1.795.000 | | Abgenzungsergebnis = 251.000 | | | | kalk. Betriebsergebnis = 1.544.000 | |

ZL=Zusatzleistung, ZA=Zusatzaufwand, ZE=Zusatzertrag, ZK=Zusatzkosten
AL=Andersleistung, AA=Andersaufwand, AE=Andersertrag, AK=Anderskosten

zu e)

| Gewinn aus ansatzbedingter Abgrenzung: | 211.000 € |
|---|---|
| + Gewinn aus bewertungsbedingter Abgrenzung | 40.000 € |
| = Abgrenzungsergebnis | 251.000 € |
| + kalkulatorisches Betriebsergebnis | 1.544.000 € |
| = Gewinn nach GuV | 1.795.000 € |

## Lösung zu Aufgabe 15

zu a) und b)

Die Lösung kann folgender Tabelle entnommen werden:

| | Ergebnistabelle | | | | | | | |
|---|---|---|---|---|---|---|---|---|
| | Gesamtergebnis-rechnung der FiBu | | Abgrenzungsrechnung | | | | Kosten- und Leistungsrechnung | |
| | | | Ansatzbedingte Abgrenzung | | Bewertungsbedingte Abgrenzung | | | |
| Konto | Aufwand | Ertrag | ZL und ZA | ZE und ZK | AL und AA | AE und AK | Kosten | Leistungen |
| Umsatz | | 2.875.000 | | | | | | 2.875.000 |
| Bestandsveränderung UFE | | 250.000 | | | | | | 250.000 |
| Bestandsveränderung FE | | 25.000 | | | | | | 25.000 |
| Mieterträge | | 36.000 | | 36.000 | | | | |
| Erträge Abgang von Vermögensgegenständen | | 5.000 | | 5.000 | | | | |
| Zinserträge | | 2.000 | | 2.000 | | | | |
| Rohstoffaufwand | 1.200.000 | | | | 1.200.000 | 1.360.000 | 1.360.000 | |
| Hilfsstoffaufwand | 245.000 | | | | | | 245.000 | |
| Löhne | 300.000 | | | | | | 300.000 | |
| Gehälter | 200.000 | | | | | | 200.000 | |
| Soziale Abgaben | 110.000 | | | | | | 110.000 | |
| Abschreibungen auf SA | 325.000 | | 20.000 | | 305.000 | 355.000 | 355.000 | |
| Miet- & Pachtaufwand | 75.000 | | | | | | 75.000 | |
| Verluste Abgang von Vermögensgegenständen | 19.000 | | 19.000 | | | | | |
| Zinsaufwand | 2.000 | | | | 2.000 | 5.000 | 5.000 | |
| Betriebliche Steuern | 26.000 | | 10.000 | | | | 16.000 | |
| Unternehmerlohn | | | 60.000 | | | | 60.000 | |
| | 2.502.000 | 3.193.000 | 49.000 | 103.000 | 1.507.000 | 1.720.000 | 2.726.000 | 3.150.000 |
| | | | Ergebnis ansatzbedingter Abgrenzung = 54.000 | | Ergebnis bewertungsbedingter Abgrenzung = 213.000 | | | |
| | Gewinn = 691.000 | | Abgrenzungsergebnis = 267.000 | | | | kalk. Betriebsergebnis = 424.000 | |

ZL=Zusatzleistung, ZA=Zusatzaufwand, ZE=Zusatzertrag, ZK=Zusatzkosten
AL=Andersleistung, AA=Andersaufwand, AE=Andersertrag, AK=Anderskosten

zu c)

| Gewinn nach GuV | 691.000 € |
|---|---|
| – Gewinn aus ansatzbedingter Abgrenzung | 54.000 € |
| – Gewinn aus bewertungsbedingter Abgrenzung | 213.000 € |
| = Kalkulatorisches Betriebsergebnis | 424.000 € |

### 4.1.3 Gliederung von Kosten

#### 4.1.3.1 Gliederung nach Kostenverhalten bei Beschäftigungsänderungen

**Lösung zu Aufgabe 16**

| Aussage | | Richtig/Falsch |
|---|---|---|
| a) | Bei progressivem Kostenverlauf mit Fixkosten nähern sich mit zunehmender Produktionsmenge die durchschnittlichen Stückkosten von oben kommend den variablen Stückkosten an. | Richtig |
| | Vgl. Lehrbuch Abschnitt I.F.1. | |
| b) | Bei degressiven Kostenverläufen sind die Grenzkosten immer niedriger als die variablen Kosten. | Falsch |
| | Korrekt wäre z.B.: Bei degressiven Kostenverläufen sind die Grenzkosten immer niedriger als die durchschnittlichen variablen Kosten. | |
| c) | Fixe Kosten fallen unabhängig von der Ausbringungsmenge an. | Richtig |
| | Fixe Kosten $K_f$ sind stets unabhängig von der produzierten Ausbringungsmenge, d.h. sie verändern sich bei Variation der Ausbringungsmenge nicht. | |
| d) | Bei degressiven Kostenverläufen sind die Grenzkosten immer niedriger als die durchschnittlichen variablen Kosten. | Richtig |
| | Bei degressiven Kosten liegen die Grenzkosten stets unterhalb der variablen Stückkosten. | |
| e) | Gilt $K''(x) < 0$ für die Kostenfunktion $K(x) = K_v(x) + K_f(x)$, so liegt ein progressiver Kostenverlauf vor. | Falsch |
| | Ein Beispiel für eine typische progressive Kostenfunktion ist: $K(x) = ax^2 + bx + c$ (mit $a > 0$, $b > 0$ und $c = K_f$). Somit ist $K'(x) = 2ax + b$ (und damit $> 0$) und $K''(x) = 2a$ (und damit ebenfalls $> 0$). | |

| | | |
|---|---|---|
| f) | Ein degressiver Verlauf der Gesamtkosten kann z.B. auf die Existenz von Skaleneffekten zurückgeführt werden. | Richtig |
| | Die Definition von Skaleneffekten (Economies of scale) besagt allgemein, dass die Stückkosten bei steigender Produktionsmenge sinken. Ein Grund für Skaleneffekte können z.B. bessere Einkaufskonditionen für Rohstoffe in Form von Mengenrabatten sein. | |
| g) | Bei progressiven Kostenverläufen sind die Grenzkosten immer niedriger als die durchschnittlichen variablen Kosten. | Falsch |
| | Dies gilt für degressive Kostenverläufe. Bei progressiven Kostenverläufen verhält es sich genau umgekehrt. | |
| h) | Bei degressivem Kostenverlauf und positiven Fixkosten $K_f$ nähern sich mit zunehmender Produktionsmenge die Stückkosten von oben kommend den variablen Stückkosten an. | Richtig |
| | Beachte: Dies ist keine typische Eigenschaft des degressiven Kostenverlaufs sondern gilt z.B. auch beim progressiven und beim linearen Kostenverlauf mit Fixkosten. | |
| i) | Ein s-förmiger Kostenverlauf mit anfangs progressivem Verlauf spiegelt einen Wechsel von Lerneffekten zu negativen Effekten einer hohen Auslastung wider. | Falsch |
| | Ein progressiver Kostenverlauf spiegelt überproportional steigende Kosten wieder. Würden bei der Produktion Lerneffekte erzielt, würden die Kosten nur unterproportional ansteigen. Der Satz ist also richtig, wenn „progressiv" mit „degressiv" ausgetauscht wird. | |
| j) | Bei s-förmigen Kostenfunktionen mit zunächst degressivem und anschließend progressivem Kostenverlauf ist die Ausbringungsmenge mit minimalen variablen Stückkosten stets kleiner als die Ausbringungsmenge mit minimalen Durchschnittskosten, sofern $K_f \neq 0$. | Richtig |
| | Vgl. Lehrbuch Abschnitt I.F.1. | |
| k) | Aufgrund der Berücksichtigung von Fixkosten stellen sowohl die Stückkosten als auch die Grenzkosten eine langfristige Beurteilungsgröße dar. | Falsch |
| | An den Grenzkosten erkennt man wie sich die Gesamtkosten bei einer geringfügigen Veränderung der Ausbringung kurzfristig ändern. Die Grenzkostenfunktion ist die 1. Ableitung der Kostenfunktion. Da die Ableitung der fixen Kosten stets gleich null ist, werden sie bei den Grenzkosten nicht berücksichtigt und somit handelt es sich bei den Grenzkosten um eine kurzfristige Beurteilungsgröße. Die Stückkosten hingegen berücksichtigen Fixkosten und stellen eine langfristige Beurteilungsgröße dar. | |

| | | |
|---|---|---|
| l) | Liegt ein linearer Kostenverlauf vor, dann nähern sich die variablen Stückkosten von oben kommend den Durchschnittskosten an, falls $K_f > 0$ gilt. | Falsch |
| | In diesem Fall nähern sich die Durchschnittskosten (Stückkosten) den variablen Stückkosten von oben kommend an. | |
| m) | Die fixen Stückkosten nähern sich unabhängig vom vorliegenden Verlauf der Gesamtkosten mit zunehmender Produktionsmenge asymptotisch dem Wert null an, falls $K_f \neq 0$. | Richtig |
| | Vgl. Lehrbuch Abschnitt I.F.1. | |
| n) | Liegen proportionale Kosten vor, so sind die Grenzkosten und die Stückkosten identisch. | Richtig |
| | Vgl. Lehrbuch Abschnitt I.F.1. | |
| o) | Die Durchschnittskosten stellen eine kurzfristige Beurteilungsgröße dar, weil sie keine Fixkosten enthalten. | Falsch |
| | Die Durchschnitts- oder Stückkosten enthalten Fixkosten und stellen damit eine langfristige Beurteilungsgröße dar. | |
| p) | Liegen lineare Kosten vor, so sind die Grenzkosten und die Durchschnittskosten pro Stück stets identisch. | Falsch |
| | Dies gilt nur für lineare Kosten ohne Fixkosten (auch proportionale Kosten genannt), ansonsten sind die Grenzkosten stets geringer als die Durchschnittskosten. | |
| q) | Sofern näherungsweise ein proportionaler Zusammenhang zwischen Gemeinkosten und einer Bezugsgröße besteht, ist eine Zurechnung von Gemeinkosten bei kurzfristigen Entscheidungen stets sinnvoll. | Falsch |
| | Ein Beispiel hierfür ist die Maschinenstundensatzkalkulation. Dieses Kalkulationsverfahren ist sinnvoll, wenn in einer Kostenstelle verschiedene Produkte auf verschiedenen Maschinen produziert werden. Die Überwälzung der gesamten Gemeinkosten einer solchen Stelle auf die Kostenträger anhand eines Wertschlüssels würde jene Produkte zu hoch belasten, die auf den günstigeren Maschine gefertigt werden, und jene Produkte zu wenig belasten, welche die teurere Maschine in Anspruch nimmt. Dies könnte auch bei kurzfristigen Produktionsentscheidungen zu Fehlentscheidungen führen. | |

| r) | Sprungfixe Kosten sind von der Beschäftigung unabhängig. | Falsch |
|---|---|---|
| | Sprungfixe Kosten ergeben sich dann, wenn aufgrund höherer Ausbringungen Kapazitätsanpassungen nur in groben Schritten erfolgen können. Daher sind die sprungfixen Kosten nur „innerhalb einer Stufe" wirklich fix. Über mehrere Stufen gesehen bilden sie variable Kosten i.w.S. und sind damit beschäftigungsabhängig. | |
| s) | Durch Multiplikation des Grads der Nichtauslastung mit den anfallenden Fixkosten erhält man die Leerkosten. | Richtig |
| | Vgl. Lehrbuch Abschnitt I.F.1. | |

## Lösung zu Aufgabe 17

zu a)

Bei progressiven Gesamtkosten gilt: $K'(x) > k_v(x)$ bzw. $K''(x) > 0$

Bei der Kostenfunktion A handelt es sich um die Grenzkosten, da Funktion A linear ist und ansteigt. Zudem steigt Funktion A stärker als Funktion C (die variablen Stückkosten), was kennzeichnend für einen progressiven Kostenverlauf ist.

Bei der Kostenfunktion B handelt es sich um die Stückkosten (Durchschnittskosten). Diese sinken zunächst aufgrund der Fixkostendegression und steigen dann wieder an, weil der Anstieg der variablen Stückkosten die Fixkostendegression überwiegt. Für $x \to \infty$ nähert sich Funktion B an Funktion C (die variablen Stückkosten) an, da die fixen Stückkosten bei großen Produktionsmengen gegen 0 konvergieren.

Bei der Kostenfunktion C handelt es sich um variable Stückkosten, da diese mit zunehmender Ausbringungsmenge ansteigen, aber unter den Grenzkosten (Funktion A) verlaufen.

Bei der Kostenfunktion D handelt es sich um fixe Stückkosten, da diese sich mit zunehmender Ausbringungsmenge asymptotisch der x-Achse annähern.

zu b)

Ausschluss anderer Kostenverläufe

Argumentation über Grenzkosten:

- Die Grenzkosten entsprechen nicht den variablen Stückkosten und sind nicht konstant. ⇒ Es liegt keine lineare Funktion vor.
- Grenzkosten steigen an ⇒ Es liegt keine degressive Funktion vor.

Argumentation über Durchschnittskosten:

- Die Durchschnittskosten sind nicht konstant ⇒ Es liegt keine lineare Funktion vor.
- Die Durchschnittskosten sinken nicht über den ganzen Funktionsbereich ⇒ Es liegt keine degressive Funktion vor.

## Lösung zu Aufgabe 18

zu a)

grafische Begründung:

Die Steigung einer Gerade durch den Ursprung und die Kostenfunktion entspricht den Stückkosten der Funktion. Um die Produktionsmenge mit minimalen Stückkosten x* zu ermitteln, benötigt man demnach die Gerade durch diese beiden Punkte mit der geringsten Steigung und erhält somit die Tangente durch den Ursprung an die Funktion. Analog ist die Überlegung zur Ermittlung von x**, nur dass die Gerade (Tangente) durch Punkt (0; $K_f$) verlaufen muss, damit ihre Steigung den variablen Stückkosten entspricht.

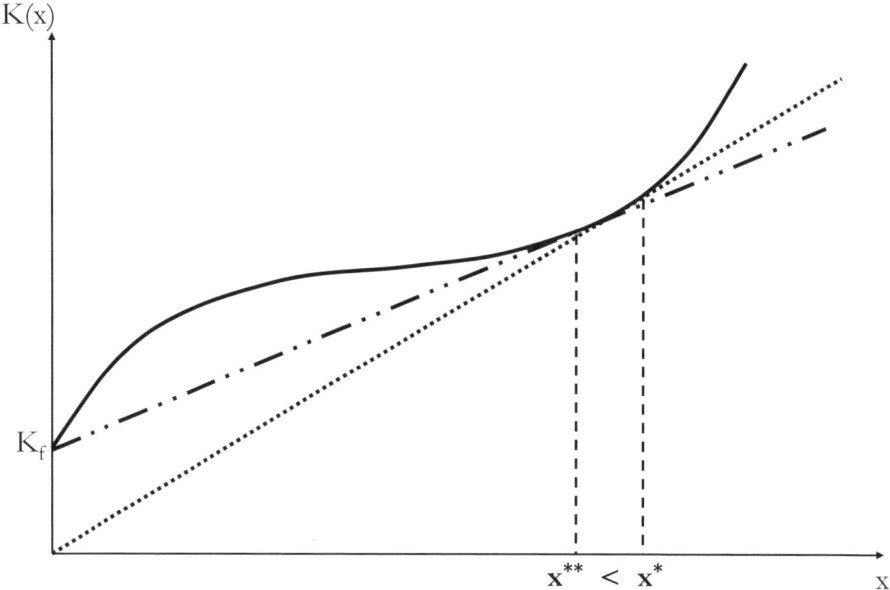

zu b)

Bei minimalen variablen Stückkosten entsprechen die Grenzkosten den variablen Stückkosten:

$K'(x) = k_v(x)$

$30 \cdot x^2 - 120 \cdot x + 120 = 10 \cdot x^2 - 60 \cdot x + 120$

$\Leftrightarrow 20 \cdot x^2 - 60 \cdot x = 0$

$\Leftrightarrow x \cdot (20 \cdot x - 6) = 0$

$\Leftrightarrow x = 0 \lor (20 \cdot x - 6) = 0$

$20 \cdot x - 60 = 0$

$\Leftrightarrow x^{**} = 3$

$x^{**} = 3$, da eine Produktionsmenge von Null für die vorliegende Fragestellung uninteressant ist.

Alternativer Ansatz: Minimiere die variable Stückkostenfunktion.

$k_v(x) = 10 \cdot x^2 - 60 \cdot x + 120 \to \min$

notwendige Bedingung:

$k_v'(x) = 20 \cdot x - 60 = 0 \Leftrightarrow x^{**} = 3$

hinreichende Bedingung:

$(k_v''(x) = 20 > 0 \Rightarrow$ Es liegt ein Minimum vor.)

## Lösung zu Aufgabe 19

zu a)

$K(x) = 20 \cdot x^2 + 35 \cdot x + 3.000$

$k(x) = \dfrac{K(x)}{x} = 20 \cdot x + 35 + \dfrac{3.000}{x}$

$k_v(x) = \dfrac{K_v(x)}{x} = 20 \cdot x + 35$

$K'(x) = 40 \cdot x + 35$

zu b)

Es liegt keine lineare Funktion vor, da die Grenzkosten positiv sind.

Ob es sich um eine degressive oder progressive Funktion handelt, kann man anhand der Grenzkosten erkennen: Bei progressiven Gesamtkosten steigen die Grenzkosten. Folglich Untersuchung der zweiten Ableitung der Kostenfunktion: $K''(x) = 40 > 0 \Rightarrow$ steigende Grenzkosten $\Rightarrow$ Es handelt sich um progressive Gesamtkosten.

zu c)

Die Vermutung basiert auf Szenario 1 für s-förmige Kostenfunktionen, da einem degressiven Verlauf Lerneffekte zugrunde liegen können und ein progressiver Verlauf durch einen ansteigenden durchschnittlichen Ressourcenverbrauch zustande kommt.

zu d)

Minimierung der Stückkosten:

$K(x) = 15 \cdot x^3 - 1.500 \cdot x^2 + 100 \cdot x$

$k(x) = 15 \cdot x^2 - 1.500 \cdot x + 100$

$k'(x) = 30 \cdot x - 1.500$

notwendige Bedingung:

$k'(x) = 30 \cdot x - 1.500 \stackrel{!}{=} 0$

$\Rightarrow x^* = 50$

hinreichende Bedingung:

$k''(50) = 30 > 0 \Rightarrow$ Es handelt sich um ein Minimum.

## Lösung zu Aufgabe 20

variable Stückkosten: $k_v(x) = \dfrac{200 \cdot \sqrt{x} - x}{x} = \dfrac{200}{\sqrt{x}} - 1$ $\qquad \Rightarrow k_v(\overline{x} = 400) = 9$

Grenzkosten: $K'(x) = \dfrac{200}{2 \cdot \sqrt{x}} - 1 = \dfrac{100}{\sqrt{x}} - 1$ $\qquad \Rightarrow K'(\overline{x} = 400) = 4$

Da die Grenzkosten unter den variablen Stückkosten liegen, handelt es sich um degressive Kosten.

## Lösung zu Aufgabe 21

zu a)

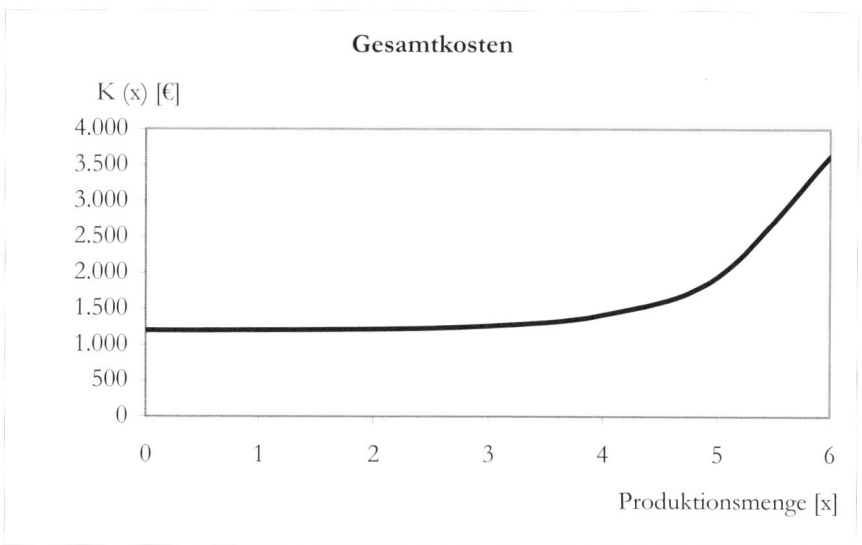

zu b)

b1) Fixkosten: $K_f = 1.200$

b2) Variable Kosten: $K_v(x) = e^x \cdot x$

b3) Stückkosten: $k(x) = \dfrac{1.200}{x} + e^x$

b4) Variable Stückkosten: $k_v(x) = e^x$

b5) Fixe Stückkosten: $k_f(x) = \dfrac{1200}{x}$

b6) Grenzkosten: $K'(x) = e^x + e^x \cdot x = e^x \cdot (x+1)$

zu c)

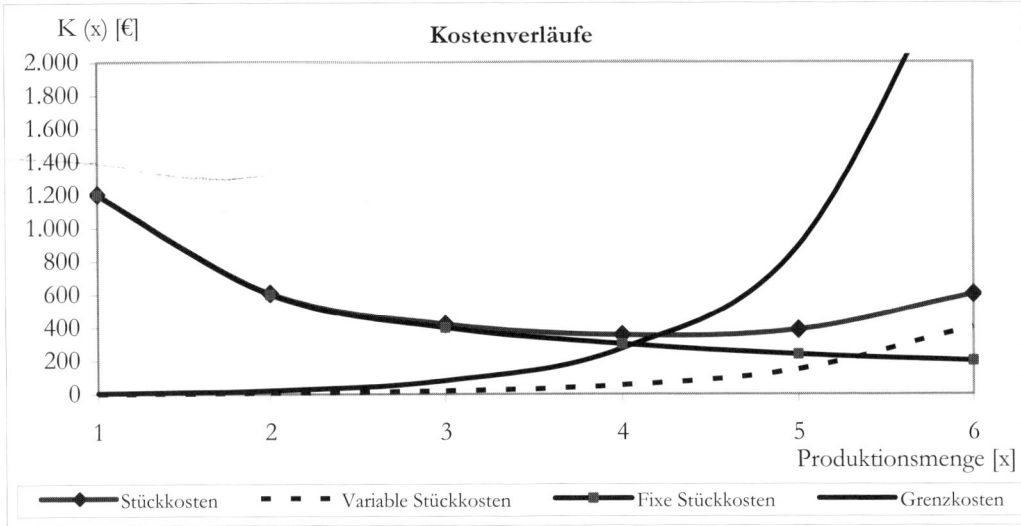

zu d)

Entwicklung bei großen Produktionsmengen:

1. Stückkosten werden unendlich groß: $\lim_{x \to \infty} \frac{1.200}{x} + e^x = \lim_{x \to \infty} e^x = \infty$

Dies ist typisch für progressive Kosten.

2. Fixe Stückkosten gehen gegen Null $\lim_{x \to \infty} \frac{1200}{x} = 0$

Bezüglich der Grenzkosten und der variablen Stückkosten gilt:

Sowohl die variablen Stückkosten als auch die Grenzkosten steigen. Die Grenzkosten verlaufen jedoch oberhalb der variablen Stückkosten, da es sich um progressive Kosten handelt.

## **Lösung zu Aufgabe 22**

zu a)

Bei der Kostenfunktion A handelt es sich um Stückkosten (Durchschnittskosten), da sie oberhalb der Kostenfunktionen B und C verläuft. Die Stückkosten sinken durchweg aufgrund der Fixkostendegression und der Degressivität der Kostenfunktion.

Bei der Kostenfunktion B handelt es sich um die variablen Stückkosten. Diese verlaufen bei degressiven Gesamtkosten unterhalb der Stückkosten, aber oberhalb der Grenzkosten.

Bei der Kostenfunktion C handelt es sich um die Grenzkosten. Diese verlaufen unterhalb der variablen Stückkosten.

zu b)

Es handelt sich nicht um progressive Kosten:

- Bei progressivem Kostenverlauf müssten die Grenzkosten steigen und es müsste gelten: $K'(x) > k_v(x)$.
- Die Durchschnittskosten müssten für steigendes x zunächst sinken und danach wieder ansteigen.

Es handelt sich nicht um lineare Kosten:

- Bei linearem Kostenverlauf müsste gelten: $K'(x) = k_v(x) = $ konstant.

## Lösung zu Aufgabe 23

zu a)

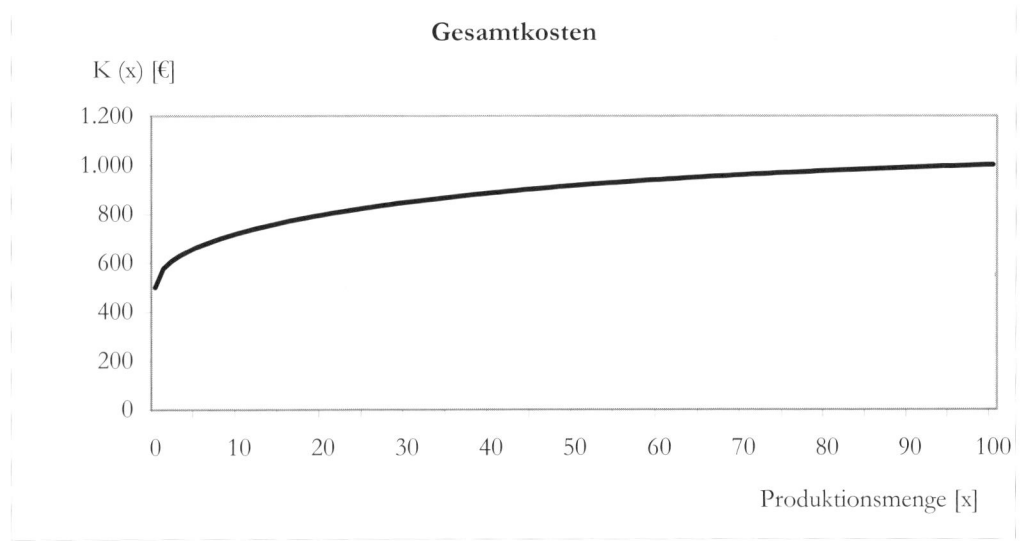

Es handelt sich um eine degressive Kostenfunktion (konkaver Verlauf).

zu b)

b1) Fixkosten $K_f = 500$

b2) Variable Kosten $K_v(x) = 80\sqrt{x} - 3x$

b3) Stückkosten $k(x) = \dfrac{500}{x} + \dfrac{80}{\sqrt{x}} - 3$

b4) Variable Stückkosten $k_v(x) = \dfrac{80}{\sqrt{x}} - 3$

b5) fixe Stückkosten $k_f(x) = \dfrac{500}{x}$

b6) Grenzkosten $K'(x) = 80 \cdot \dfrac{1}{2} \cdot x^{-\frac{1}{2}} - 3 = \dfrac{40}{\sqrt{x}} - 3$

zu c)

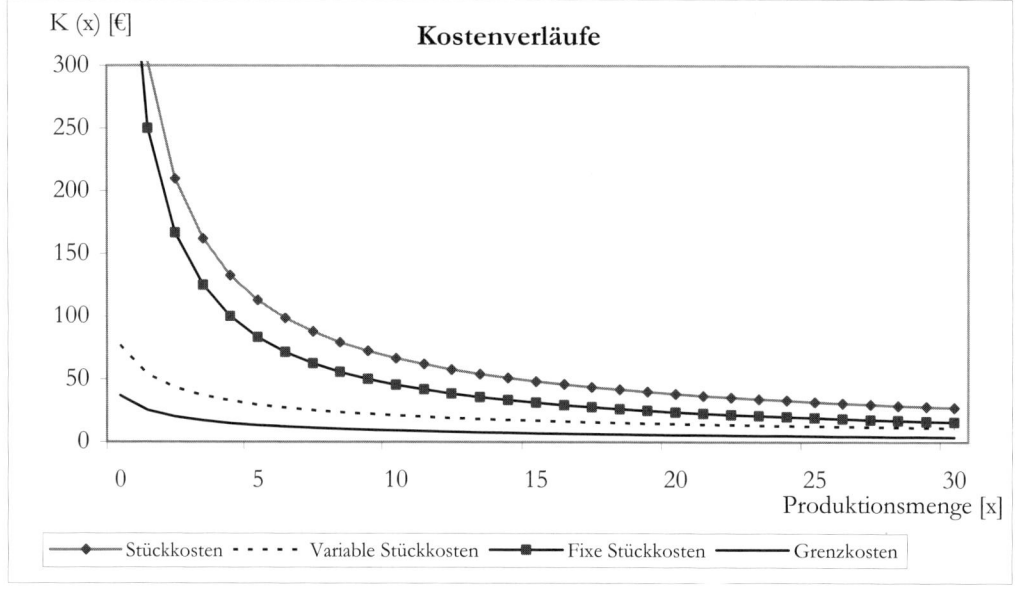

zu d)

d1)

Fixe Stückkosten: $\lim\limits_{x \to \infty} \dfrac{500}{x} = 0$

Stückkosten: $\lim\limits_{x \to \infty} \dfrac{500}{x} + \dfrac{80}{x^{1/2}} - 3 = -3$

Da negative Stückkosten nicht realistisch sind, konvergieren die Stückkosten gegen 0.

Hier wird deutlich, dass die Kostenfunktion bei großen Produktionsmengen nicht mehr zutreffend ist (Inhaltlich: Irgendwann sind keine weiteren Lerneffekte mehr möglich).

## d2)

Typisch für degressive Kostenfunktionen sind mit zunehmender Ausbringungsmenge sinkende Grenzkosten, die sich aber stets im positiven Bereich der Funktion bewegen. Die Produktion der nächsten Einheit ist preiswerter als jene der vorherigen Einheit. Analytisch muss die 1. Ableitung positiv und die 2. Ableitung negativ sein, da die Grenzkosten sinken. (Bsp: Lerneffekte)

$$K'(x) = \frac{40}{\sqrt{x}} - 3 = 40 \cdot x^{-1/2} - 3 \quad \text{(für } 0 < x < 177\text{)}$$

Für Produktionsmengen ab $x > 177$ ist die Funktion ökonomisch nicht mehr sinnvoll.

$$K''(x) = -\frac{1}{2} \cdot 40 \cdot x^{-3/2} = -20 \cdot x^{-3/2} < 0 \quad \text{q.e.d.}$$

## d3)

Variable Stückkosten und Grenzkosten:

$$k_v(x) = \frac{80}{\sqrt{x}} - 3 > K'(x) = \frac{40}{\sqrt{x}} - 3$$

Die variablen Stückkosten liegen bei degressiven Kostenfunktionen stets über den Grenzkosten.

## **Lösung zu Aufgabe 24**

### zu a)

$$K(x) = 20 \cdot x^3 - 60 \cdot x^2 + 140 \cdot x + 2.000$$
$$K_v(x) = 20 \cdot x^3 - 60 \cdot x^2 + 140 \cdot x$$
$$k_v(x) = 20 \cdot x^2 - 60 \cdot x + 140$$
$$k_v'(x) = 40 \cdot x^{**} - 60 \overset{!}{=} 0$$
$$x^{**} = 1,5$$
$$k_v''(x^{**} = 1,5) = 40 > 0 \Rightarrow \text{Es handelt sich um ein Minimum}$$

Test:
$$k_v(x^{**} = 1,5) = 95, \quad k_v(x = 1,49) = 95,002, \quad k_v(x = 1,51) = 95,002$$
$$K'(x^{**} = 1,5) = 60 \cdot 1,5^2 - 2 \cdot 60 \cdot 1,5 + 140 = 95$$

somit gilt im Minimum $k_v(x^{**}) = K'(x^{**})$

### zu b)

Damit $x^{**}=1,5$ im progressiven Bereich liegt, müssen an dieser Stelle die Grenzkosten steigen, also muss die zweite Ableitung der Kostenfunktion an der Stelle $x^{**} = 1,5$ größer als 0 sein.

$K(x) = 20 \cdot x^3 - 60 \cdot x^2 + 140 \cdot x + 2000$

$K'(x) = 60 \cdot x^2 - 120 \cdot x + 140$

$K''(x) = 120 \cdot x - 120$

$K''(x** = 1,5) = 120 \cdot 1,5 - 120 = 60 > 0$  q.e.d.

## 4.1.3.2 Gliederung nach der Form der Zurechnung: Zurechnungsprinzipien

### **Lösung zu Aufgabe 25**

| | Aussage | Richtig/Falsch |
|---|---|---|
| a) | Zeitabhängige Abschreibungen für eine Maschine, die nur von einem Produkt genutzt wird, können nach dem Verursachungsprinzip zugerechnet werden. | Falsch |
| | Die Maschine müsste auch bei Verzicht auf das Produkt abgeschrieben werden, demnach ist das Verursachungsprinzip nicht anwendbar. | |
| b) | Beim Kostentragfähigkeitsprinzip werden die Einzelkosten mit Schlüsseln, die von den Absatzpreisen abhängen, auf Kalkulationsobjekte zugerechnet. | Falsch |
| | Einzelkosten können den Kostenträgern direkt zugerechnet werden. Daher ist eine Verrechnung oder Umlage nicht notwendig. Ersetzt man „Einzelkosten" durch „Gemeinkosten", so stimmt die Aussage. | |
| c) | Das Beanspruchungsprinzip besagt, dass sich der Umfang der Einwirkung des Güterverzehrs auf das Kalkulationsobjekt in der Kostenrechnung widerspiegeln soll. | Richtig |
| | Vgl. Lehrbuch Abschnitt I.F.2. | |
| d) | Der Unterschied zwischen echten und unechten Gemeinkosten besteht darin, dass bei den echten Gemeinkosten lediglich aus Wirtschaftlichkeitsgründen auf eine exakte Zurechnung der Kosten verzichtet wird, während bei unechten Gemeinkosten eine exakte Zurechnung grundsätzlich unmöglich ist. | Falsch |
| | Hier wurden die Begriffe vertauscht: bei unechten Gemeinkosten wird aus Wirtschaftlichkeitsgründen auf eine exakte Zurechnung der Kosten verzichtet, echte Gemeinkosten sind den Kostenträgern hingegen nicht direkt zurechenbar. | |
| e) | Eine beanspruchungsgerechte Zurechnung von Gemeinkosten ist stets verursachungsgerecht. | Falsch |
| | Gemeinkosten können per Definition nicht verursachungsgerecht zugerechnet werden. | |

| | | |
|---|---|---|
| f) | Eine dem Durchschnittsprinzip entsprechende Schlüsselgröße kann gleichzeitig auch beanspruchungsgerecht sein. | Richtig |
| | Das Beanspruchungsprinzip ist eine konkrete Ausgestaltungsmöglichkeit des Durchschnittsprinzips, welches allgemein besagt, dass ein Kostenblock proportional zu einer Bezugsgröße aufgeteilt wird. | |
| g) | Unechte Kostenstellengemeinkosten lassen sich den Kostenstellen prinzipiell direkt zurechnen. | Richtig |
| | Aus Wirtschaftlichkeitsgründen wird jedoch darauf verzichtet. | |
| h) | Das Verursachungsprinzip stellt einen Spezialfall des Beanspruchungsprinzips dar. | Richtig |
| | Vgl. Lehrbuch Abschnitt I.F.2. | |
| i) | Die auf dem Verursachungsprinzip basierende Definition von Einzel- und Gemeinkosten sollte nur in kurzfristigen Entscheidungsrechnungen verwendet werden. | Richtig |
| | Einzelkosten nach dem Verursachungsprinzip sind solche Kosten die unmittelbar wegfallen, wenn der Kostenträger nicht mehr produziert wird. In langfristigen Entscheidungsrechnungen sind jedoch auch Kosten relevant, die nicht unmittelbar sondern erst langfristig oder in Zusammenhang mit der Nichtproduktion anderer Kostenträger wegfallen. | |
| j) | Bei Zurechnung über das Tragfähigkeitsprinzip erfolgt eine proportionale Zuordnung über Schlüssel, die von den Beschaffungspreisen abhängen. | Falsch |
| | Die Schlüsselung erfolgt in Abhängigkeit von <u>Absatzpreisen</u> (Vergleich S. 67). | |

## Lösung zu Aufgabe 26

zu a)

Verwendung der Maschinenlaufzeit: Beanspruchungsprinzip, da die Laufzeit als Maß für die Inanspruchnahme der Maschine durch die einzelnen Produkte angesehen werden kann.

Verwendung des Gewichts: Durchschnittsprinzip, da das Gewicht kein Maß für Inanspruchnahme der Ressource darstellt und nicht von den Absatzpreisen abhängt.

zu b)

Zurechnung mit Gewicht als Schlüsselgröße:

Gesamte Bezugsgrößenmenge: $600 \cdot 3,5 + 50 \cdot 2 + 300 \cdot 4 = 3.400$ kg

Zugerechnete Gemeinkosten je kg Gewicht: $\dfrac{27.200}{3.400} = 8$ €/kg

Gemeinkosten je Stück für die einzelnen Produkte:

Produkt 1: $3,5 \cdot 8 = 28$ €
Produkt 2: $2 \cdot 8 = 16$ €
Produkt 3: $4 \cdot 8 = 32$ €

## Lösung zu Aufgabe 27

zu a)

Gesamte Maschinenlaufzeit: $27.750 \cdot 4 + 25.000 \cdot 5 + 15.200 \cdot 7,5 = 350.000$ Min.

Kosten je Minute: $\dfrac{525.000}{350.000} = 1,5$ €/Min.

Einer Einheit Gamma zugerechnete Gemeinkosten: $1,5 \cdot 7,5 = 11,25$ €

zu b)

Die Schlüsselgröße basiert auf dem Beanspruchungsprinzip, da die Bearbeitungszeit den Verbrauch der Ressource widerspiegelt.

## Lösung zu Aufgabe 28

zu a)

Deckungsbeitrag $\Rightarrow$ Kostentragfähigkeitsprinzip

Bearbeitungszeit $\Rightarrow$ Beanspruchungsprinzip

Gewicht $\Rightarrow$ Durchschnittsprinzip

zu b)

Beim Verursachungsprinzip ist eine Schlüsselung nicht notwendig, da die Kosten nach dem Verursachungsprinzip direkt zugerechnet werden können.

zu c)

1. Anwendung des Kostentragfähigkeitsprinzips:

Summe der Deckungsbeiträge: 1.200.000 €

| Produktart | 1) Menge | 2) DB pro Stück | 3) Gesamt DB = 1) · 2) | Anteil an den Gesamtgemeinkosten = 3) / 1.200.000 |
|---|---|---|---|---|
| 1 | 2.000 Stück | 125 € | 250.000 € | 20.83 % |
| 2 | 4.000 Stück | 150 € | 600.000 € | 50.00 % |
| 3 | 2.500 Stück | 80 € | 200.000 € | 16.67 % |
| 4 | 1.500 Stück | 100 € | 150.000 € | 12.50 % |
| Summe | | | 1.200.000 € | 100.00 % |

Folglich würden der zweiten Produktart 50 % der Gemeinkosten in Höhe von 600.000 €, also 300.000 € zugerechnet. Der ersten Produktgruppe werden 20,83 % (125.000 €), der dritten Produktgruppe 16,67 % (100.000 €) und der vierten Produktgruppe 12,5 % (75.000 €) der Gemeinkosten zugeordnet.

2. Anwendung des Beanspruchungsprinzips:

Wahl der Bezugsgröße Bearbeitungszeit, da diese laut Aufgabentext die Beanspruchung der Ressource widerspiegelt. Summe der Bearbeitungszeit: 78.500 Minuten

| Produktart | 1) Menge | 2) Bearbeitungszeit pro Stück | 3) Gesamt DB = 1) · 2) | Anteil an den Gesamtgemeinkosten = 3) / 78.500 |
|---|---|---|---|---|
| 1 | 2.000 Stück | 6 Min. | 12.000 € | 15.29 % |
| 2 | 4.000 Stück | 8 Min | 32.000 € | 40.76 % |
| 3 | 2.500 Stück | 12 Min | 30.000 € | 38.22 % |
| 4 | 1.500 Stück | 3 Min | 4.500 € | 5.73 % |
| Summe | | | 78.500 € | 100.00 % |

Bei Anwendung des Beanspruchungsprinzips werden der zweiten Produktgruppe nur noch 40,76 % der Gesamtgemeinkosten in Höhe von 600.000 €, also 244.586 € zugeordnet. Der ersten Produktgruppe werden nun 15,29 % (91.720 €), der dritten Produktgruppe 38,22 % (229.299 €) und der vierten Produktgruppe nur noch 5,73 % (34.395 €) zugeordnet.

3. Anwendung des Durchschnittsprinzips:

Summe der Gewichte: 145.000 kg

| Produktart | 1) Menge | 2) Gewicht pro Stück | 3) ~~Gesamt DB~~ Gesamtgewicht = 1) · 2) | Anteil an den Gesamtgemeinkosten = 3) / 145000 |
|---|---|---|---|---|
| 1 | 2.000 Stück | 30 kg | 60.000 € kg | 41.38 % |
| 2 | 4.000 Stück | 10 kg | 40.000 € | 27.59 % |
| 3 | 2.500 Stück | 15 kg | 37.500 € | 25.86 % |
| 4 | 1.500 Stück | 5 kg | 7.500 € | 5.17 % |
| Summe | | | 145.000 € | 100.00 % |

Nun werden der zweiten Produktgruppe sogar nur noch 27,59 % der Gesamtgemeinkosten in Höhe von 600.000 € zugeordnet, also 165.517 €. Der ersten Produktgruppe hingegen nun 41,38 % (248.276 €), der dritten Produktgruppe 25,86 % (155.172 €) und der vierten Produktgruppe 5,17 % (31.034 €).

## Lösung zu Aufgabe 29

zu a)

Kosten, die ursächlich durch ein Kalkulationsobjekt hervorgerufen werden und ohne dieses nicht entstanden wären, können diesem Kalkulationsobjekt nach dem **Verursachungsprinzip** zugeordnet werden. Sie sind Einzelkosten dieses Kalkulationsobjektes nach der strengen Definition. Bsp: Kosten für ein bestimmtes Holz, das ausschließlich für ein Produkt benötigt wird.

Nach der strengen/engen Definition sind alle Kosten, die nicht nach dem Verursachungsprinzip zurechenbar sind, Gemeinkosten in Bezug auf die Kalkulationsobjekte. Diese können auf die Kalkulationsobjekte geschlüsselt werden. Solch eine Schlüsselung erfolgt über das **Durchschnittsprinzip**, das heißt es erfolgt eine Schlüsselung nach einer bestimmten Bezugsgröße.

Eine Möglichkeit ist es, nach einer Schlüsselgröße zu suchen, die den Güterverzehr widerspiegelt. Bei der Verteilung der Kosten nach solch einem beanspruchungsgerechten Schlüssel handelt es sich um eine Anwendung des **Beanspruchungsprinzips**. Bsp.: Zurechnung von Abschreibungskosten nach der Maschinenlaufzeit.

Eine andere Möglichkeit ist es, Gemeinkosten in Abhängigkeit von den Absatzpreisen aufzuteilen. Hierbei handelt es sich um eine Anwendung des **Kostentragfähigkeitsprinzips**.

Da die enge Definition von Einzel- und Gemeinkosten nur in sehr kurzfristigen Entscheidungen sinnvoll ist, existiert zudem eine weite Definition. Nach der weiten Definition können auch solche Kosten Einzelkosten sein, die zwar nicht nach dem Verursachungsprinzip zugerechnet werden können, aber trotzdem dem Kalkulationsobjekt direkt zurechenbar sind und zwar, weil sie nur durch genau dieses Kalkulationsobjekt beansprucht wurden. Diese Zurechnung stellt auch eine Anwendung des **Beanspruchungsprinzips** dar.

Manchmal werden auch Kosten, die nach dem Verursachungsprinzip oder wie eben beschrieben, direkt zugerechnet werden können, approximativ als Gemeinkosten geschlüsselt. Dies geschieht dann wenn deren genaue Zurechnung verhältnismäßig zu teuer wäre. Hier spricht man von unechten Gemeinkosten. Bsp.: Kosten für Schrauben, die ausschließlich für ein Produkt benötigt werden aber nur einen geringen Wert haben.

Grundsätzlich wird zwischen Einzelkosten und Gemeinkosten in Bezug auf Kostenträger, Kostenstellen und Perioden unterschieden.

zu b)

Insgesamt sind Gemeinkosten in Höhe von 52.000 € zu verteilen.

Gesamtbearbeitungszeit aller Produkte
$$= \sum_{i=1}^{3} b_i = 1.500 \text{ ME} \cdot 4 \text{ Min./ME} + 2.500 \text{ ME} \cdot 2 \text{ Min./ME} + 3.000 \text{ ME} \cdot 5 \text{ Min./ME}$$
$$= 26.000 \text{ Min}$$

$b_i$ = gesamte Bezugsgrößenmenge des i-ten Kalkulationsobjektes

Gemeinkosten pro Minute: $\dfrac{\text{Gemeinkosten}}{\sum_{i=1}^{3} b_i} = \dfrac{52.000 \text{ €}}{26.000 \text{ Min.}} = 2 \text{ €/Min.}$

zugerechnete Gemeinkosten pro Mengeneinheit:

Produktart 1: 4 Min./ME · 2 €/Min. = 8 €/ME

Produktart 2: 2 Min./ME · 2 €/Min. = 4 €/ME

Produktart 3: 5 Min./ME · 2 €/Min. = 10 €/ME

zu c)

Deckungsbeitrag insgesamt für alle 3 Produkte:

1.500 ME · 10 € / ME + 2.500 ME · 20 € / ME + 3.000 ME · 5 € / ME = 80.000 €

Gemeinkosten pro Euro Deckungsbeitrag: $\dfrac{52.000 \text{ €}}{80.000 \text{ €}} = 0{,}65 \text{ €}$

Zugerechnete Gemeinkosten pro ME:

Produktart 1: 10 €/ME · 0,65 = 6,50 €

Produktart 2: 20 €/ME · 0,65 = 13,00 €

Produktart 3: 5 €/ME · 0,65 = 3,25 €

## 4.2 Istkosten- und Istleistungsrechnung

### 4.2.1 Kostenartenrechnung

#### 4.2.1.1 Erfassung von Arbeitskosten

**Lösung zu Aufgabe 30**

zu a)

$$\text{Geldfaktor}\left[\frac{GE}{ZE}\right] = \text{Geldakkord}\left[\frac{GE}{ME}\right] \div \text{Vorgabezeit}\left[\frac{ZE}{ME}\right]$$

$$\text{Geldfaktor} = \frac{3\frac{\text{€}}{ME}}{25\frac{\text{Min.}}{ME}} = 3\frac{\text{€}}{ME} \cdot \frac{1}{25}\frac{ME}{\text{Min.}} = 0{,}12\frac{\text{€}}{\text{Min.}}$$

$$\text{Geldfaktor pro Stunde} = 7{,}20\frac{\text{€}}{\text{Stunde}}$$

zu b)

Arbeitskosten für Zeitlöhne:

3 Arbeitnehmer erhalten 20,00 € pro Stunde und 3 Arbeitnehmer erhalten 15,00 €/Stunde, dies ergibt pro Monat:

| | |
|---|---:|
| $20\frac{\text{€}}{\text{Stunde}} \cdot 160\frac{\text{Stunden}}{\text{Monat}} \cdot 3 + 15\frac{\text{€}}{\text{Stunde}} \cdot 160\frac{\text{Stunden}}{\text{Monat}} \cdot 3$ | 16.800,00 € |
| + 32 % Anteil an den Sozialabgaben $(0{,}32 \cdot 16.800\,\text{€})$ | 5.376,00 € |
| = Zeitlöhne pro Monat | 22.176,00 € |
| + Weihnachts- & Urlaubsgeld für ein halbes Jahr $((1.200\,\text{€} \cdot 6)/2)$ | 3.600,00 € |
| = Zeitlöhne pro Periode (6 Monate) | 136.656,00 € |

Arbeitskosten für die Akkordlöhne der 5 Arbeiter:

$$\text{Fixlohnanteil pro Monat}: 5{,}00\frac{\text{€}}{\text{Stunde}} \cdot 160\frac{\text{Stunde}}{\text{Monat}} \cdot 5 = 4.000{,}00\,\text{€}$$

Variable Vergütung pro Monat : $7{,}20\,\dfrac{\text{€}}{\text{Stunde}} \cdot 160\,\text{Stunden} \cdot 5 = 5.760{,}00\,\dfrac{\text{€}}{\text{Monat}}$

| | |
|---|---|
| Gesamtlohn pro Monat (Summe fixe & variable Vergütung) | 9.760,00 € |
| + 32 % Anteil an den Sozialabgaben ($0{,}32 \cdot 9.760$ €) | 3.123,20 € |
| = Akkordlöhne pro Monat | 12.883,20 € |
| + Weihnachts- & Urlaubsgeld für ein halbes Jahr (($1.200\,\text{€} \cdot 5)/2$) | 3.000,00 € |
| = Zeitlöhne pro Periode (6 Monate) | 80.299,20 € |

Somit betragen die gesamten Arbeitskosten als Summe aus den Zeit- und Akkordlöhnen für eine Periode von 6 Monaten: 136.656,00 € + 80.299,20 € = 216.955,20 €.

## Lösung zu Aufgabe 31

zu a)

Der kalkulatorische Unternehmerlohn würde in Höhe des zur Zeit an die Geschäftsführerin zu zahlenden Betrages angesetzt werden, also in Höhe von 100.000 €. Dies sind die durch eine Entlassung eingesparten Kosten und somit der Grenzgewinn der Entlassung. Allerdings müsste für diese Überlegung der Gewinn des Unternehmens annähernd gleich bleiben.

zu b)

Gehalt für Frau Rellisch = Zweckaufwand / Grundkosten, da eine GmbH eine Kapitalgesellschaft ist und somit eine eigene Rechtspersönlichkeit besitzt. Mit dieser GmbH werden Arbeitsverträge geschlossen, auf deren Grundlage die Zahlung an Frau Rellisch erfolgt, so wie für alle anderen Angestellten auch. Diese Gehaltszahlungen werden - wie jene an alle anderen Angestellten auch - in der Gewinn und Verlustrechnung als Aufwand erfasst.

Bei einer KG handelt es sich um eine Personengesellschaft. Somit handelt es sich bei dem kalkulatorischen Unternehmerlohn an den Professor um Zusatzkosten.

In Personengesellschaften arbeiten häufig die Eigentümer mit, jedoch liegt dieser Arbeit kein Arbeitsvertrag/Dienstleistungsvertrag zugrunde. Laut handels- und steuerrechtlichen Vorschriften darf die Vergütung dieser Gesellschafter nicht als Aufwand erfasst werden. Vielmehr geht man davon aus, dass eine Vergütung aus dem Gewinn erfolgt.

In der Kalkulation wird man aber dennoch Kosten (Zusatzkosten) für den Unternehmerlohn ansetzen. Dieser Lohn muss nicht tatsächlich fließen, allerdings mit einkalkuliert/mit verdient werden.

## Lösung zu Aufgabe 32

zu a)

Dieses System nennt man Geldakkord, da der Lohn direkt von der Produktionsmenge abhängt.

zu b)

$$\begin{aligned}\text{Zeitakkord} &= \text{Menge} \cdot \text{Vorgabezeit} \cdot \text{Geldfaktor} \\ &= \text{Menge} \cdot \text{Geldakkord} \\ &= 3\,\text{ME} \cdot 4\,\text{€/ME} = 12\,\text{€}\end{aligned}$$

zu c)

$$\text{Wochenlohn} = 2{,}7\,\text{ME} \cdot 4\,\text{€/ME} \cdot 35\,\text{h} = 378\,\text{€}$$

Zusätzlich sind anteilige Sozialkosten und ggf. Mindestlöhne zu berücksichtigen.

zu d)

| Arbeitskraft | Zeitlohn | Akkordlohn | |
|---|---|---|---|
| Pförtner | X | | Die Arbeitsleistung des Pförtners ist die Dauer, für welche er die Türe bewacht. Somit sollte er nach dieser Dauer – nach Zeitlohn – bezahlt werden. |
| Fliesenleger | | X | Die Leistung dieser Arbeiter ist leicht anhand der hergestellten oder verarbeiteten Stücke ermittelbar. Somit bietet sich auch eine Bezahlung in Abhängigkeit dieser Leistung an. |
| Dreher | | X | |
| Schleifer | | X | |

### 4.2.1.2 Erfassung von Werkstoffkosten

**Lösung zu Aufgabe 33**

| | Aussage | Richtig/Falsch |
|---|---|---|
| a) | Ein Nachteil der Rückrechnung ist, dass Diebstahl und Schwund von Lagerbeständen nicht erfasst werden. | Richtig |
| | Nur die Befundrechnung erfasst Schwund. | |
| b) | Bei der Befundrechnung ist eine Inventur erforderlich. | Richtig |
| | Bei der Befundrechnung wird der Werkstoffverbrauch mithilfe einer periodisch durchgeführten Inventur ermittelt. | |
| c) | Für nicht abgesetzte absatzbestimmte Güter ist eine Bestandsrechnung erforderlich. | Richtig |
| | Vgl. Lehrbuch Abschnitt II.E.3. | |
| d) | Die Ermittlung des Materialverbrauchs mittels der Befundrechnung kann z.B. deshalb zu einem anderen Ergebnis als die Materialverbrauchsermittlung anhand der Skontrationsrechnung führen, weil in der Skontrationsrechnung kein Schwund berücksichtigt wird. | Richtig |
| | Bei der Skontrationsrechnung wird der Materialverbrauch anhand von Lagerentnahmebelegen für Lagerabgänge berechnet. Typischerweise wird Schwund (z.B. Diebstahl) aber nicht per Beleg erfasst. Bei der Befundrechnung wird der Werkstoffverbrauch hingegen mithilfe einer periodisch durchgeführt Inventur ermittelt. | |
| e) | Die Rückrechnung und die Befundrechnung führen zu unterschiedlichen Materialverbräuchen, wenn ein Teil der bereits dem Lager entnommenen Rohstoffe noch nicht in die Produktion eingegangen ist. | Richtig |
| | Bei dem Verfahren der Rückrechnung wird der Werkstoffverbrauch aus den Zahlen der in einer Periode erstellten Produkte und deren Werkstoffzusammensetzung ermittelt. Es wird also nur das Material als verbraucht erfasst, welches bereits zur Fertigstellung eines Produkts verwendet wurde. Im genannten Fall wird der Verbrauch anhand der Rückrechnung also nicht erfasst anhand der Befundrechnung hingegen schon. Denn bei dieser wird eine Inventur durchgeführt, in deren Rahmen die entnommenen Rohstoffe als Verbrauch aufgezeichnet werden. | |
| f) | Das periodenbezogene LIFO-Verfahren und das permanente LIFO-Verfahren führen stets zu verschiedenen Ergebnissen. | Falsch |
| | Ist zum Beispiel der Fall gegeben, dass alle Zugänge auch genau verbraucht werden, führen die Verfahren zum gleichen Ergebnis. | |

| | | |
|---|---|---|
| g) | Das Verfahren der Rückrechnung eignet sich nicht zur Erfassung der Bestandsveränderungen von Leistungen. | Richtig |
| | Das Verfahren der Rückrechnung dient zur Berechnung des Werkstoffverbrauchs aus den Zahlen der in einer Periode erstellten Produkte mithilfe derer Stücklisten oder Produktformeln. Die Bestandsrechnung für Leistungen erfasst alle Bestandserhöhungen von gelagerten unfertigen und fertigen Erzeugnissen sowie von zu „aktivierenden" innerbetrieblichen Gütern einer Periode. Dies kann anhand von Schätzverfahren sowie der Skontrations- oder Befundrechnung geschehen. | |
| h) | Für noch nicht abgesetzte Güter, welche nicht in der Periode ihrer Herstellung verzehrt werden, ist eine Bestandsrechnung erforderlich. | Richtig |
| | Vgl. Lehrbuch Abschnitt I.E.1. | |
| i) | Im Rahmen der Skontrationsrechnung wird neben der Erfassung aller Lagerzugänge auch eine periodische Inventur durchgeführt. | Falsch |
| | Bei der Skontrationsrechnung werden Lagerzugänge und -abgänge anhand von Belegen erhoben. Um den Endbestand zu ermitteln, ist bei bekanntem Anfangsbestand wie folgt zu rechnen: Istendbestand = Istanfangsbestand + Istzugänge – Istverbrauch Somit ist eine Inventur (theoretisch) nicht mehr erforderlich. | |
| j) | Für noch nicht abgesetzte, mit Kosten oder künftigen Einnahmen bewertete absatzbestimmte Güter ist eine Bestandsrechnung erforderlich. | Richtig |
| | Vgl. Lehrbuch Abschnitt I.E.1. | |

## Lösung zu Aufgabe 34

zu a)

Anschaffungspreis Y, der am 10.7.04 gezahlt wurde:

$$\frac{1.600 \cdot 35 + 500 \cdot Y + 400 \cdot 40}{1.600 + 500 + 400} = 36,40$$

$\Leftrightarrow 72.000 + 500 \cdot Y = 91.000$

$\Leftrightarrow Y = 38\,€$

zu b)

Entnahmemenge X vom 07.07.2004

Lagerendbestand < 400 ME

$\Rightarrow$ Die am 22.07.04 beschaffte Menge wird zumindest zum Teil benötigt.

$\Rightarrow$ Die Zugänge am 22.07.04 und am 10.07.04 sind für die FIFO-Methode relevant.

(1) Kosten nach FIFO-Methode:

$1.600 \cdot 35 + 500 \cdot 38 + \underbrace{(\text{Verbrauch} - 1.600 - 500)}_{\text{Menge, die vom Zugang am 22.7. verbraucht wird}} \cdot 40$

$\Leftrightarrow 75.000 + (300 + 650 + X - 1.600 - 500) \cdot 40$

$\Leftrightarrow 75.000 + (X - 1.150) \cdot 40$

(2) Kosten nach permanenter LIFO-Methode:

$35 \cdot X + 500 \cdot 38 + 150 \cdot 35 + 300 \cdot 40$

$\Leftrightarrow 35 \cdot X + 36.250$

Über die Kosten ist bekannt: (1) + 250 = (2)

$75.000 + (X - 1.150) \cdot 40 + 250 = 35 \cdot X + 36.250$

$\Leftrightarrow 39.000 + (X - 1.150) \cdot 40 = 35 \cdot X$

$\Leftrightarrow -7.000 = -5 \cdot X$

$\Leftrightarrow X = 1.400 \text{ ME}$

## Lösung zu Aufgabe 35

zu a)

Preis für die Rohstoffe auf Lager = $\dfrac{4.000 \, €}{200 \, \text{ME}} = 20 \, \dfrac{€}{\text{ME}}$

Berechnung von Preis X je ME am 3. April 2006 mit Hilfe des gewogenen Durchschnittspreises:

$\dfrac{200 \cdot 20 + 2.000 \cdot 23,00 + 1.000 \cdot X + 200 \cdot 21,00}{200 + 2.000 + 1.000 + 200} = 22,00$

$\Leftrightarrow 200 \cdot 20 + 2.000 \cdot 23,00 + 1.000 \cdot X + 200 \cdot 21,00 = 22,00 \cdot 3.400$

$\Leftrightarrow 54.200 + 1.000 \cdot X = 74.800$

$\Leftrightarrow 1.000 \cdot X = 20.600$

$X = 20,60 \, €$

zu b)

Kosten nach periodenbezogener LIFO-Methode:

Gesamtverbrauch: 3.000 ME

$\text{Materialkosten}_{\text{LIFO}} = \underbrace{200 \cdot 21,00}_{\text{Zugang 28. August 2006}} + \underbrace{1.000 \cdot 20,60}_{\text{Zugang 3. April 2006}} + (\underbrace{3.000}_{\text{Gesamtverbrauch}} - 200 - 1.000) \cdot 23,00 = 66.200 \, €$

restliche Verbrauch der Periode

zu c)

Kosten nach FIFO-Methode:

Gesamtverbrauch: 3.000 ME

$$\text{Materialkosten}_{\text{FIFO}} = \underbrace{200 \cdot 20{,}00 + 900 \cdot 23{,}00}_{\text{Verbrauch 10.März 2006}} + \underbrace{1100 \cdot 23{,}00 + 300 \cdot 20{,}60}_{\text{Verbrauch 14.Juli 2006}} + \underbrace{500 \cdot 20{,}60}_{\text{Verbrauch 29.September}} = 66.480\ \text{€}$$

## Lösung zu Aufgabe 36

Plüschverbrauch des Monats Januar: $1.150\ \text{ME} \cdot 1{,}2\ \text{m}^2/\text{ME} + 500\ \text{ME} \cdot 0{,}7\ \text{m}^2/\text{ME} = 1.730\ \text{m}^2$

Durchschnittspreis: $\dfrac{600 \cdot 10{,}70 + 350 \cdot 8{,}70 + 850 \cdot 11{,}10}{600 + 350 + 850} = \dfrac{18.900}{1.800} = 10{,}50\ \text{€}/\text{m}^2$

Materialkosten: $1.730 \cdot 10{,}50 = 18.165\ \text{€}$

## Lösung zu Aufgabe 37

zu a)

1) Skontrationsrechnung:

Addition der Lagerentnahmen lt. Entnahmeschein:

$70\ \text{t} + 140\ \text{t} + 100\ \text{t} = 310\ \text{t}$

2) Rückrechnung:

Ermittlung des Werkstoffverbrauchs durch Multiplikation der Produktionsmengen der jeweiligen Osterhasensorte mit den jeweiligen Kakaomengen pro Hase und anschließender Summenbildung über alle Osterhasenarten.

$20\ \text{g} \cdot 3\ \text{Mio.} + 70\ \text{g} \cdot 2\ \text{Mio.} + 300\ \text{g} \cdot 0{,}5\ \text{Mio.} = 350\ \text{Mio. g} = 350\ \text{t}$

3) Befundrechnung:

Berechung des Werkstoffverbrauchs mit Hilfe einer permanenten Inventur.

Verbrauch einer Periode = Anfangsbestand + Zugang − Endbestand der Periode

$30\ \text{t} + \underbrace{90\ \text{t} + 130\ \text{t} + 110\ \text{t}}_{\text{Zugänge}} - 50\ \text{t} = 310\ \text{t}$

4) Schätzverfahren:

Kann hier nicht angewendet werden, da sich Lageranfangsbestand und Lagerendbestand nicht entsprechen.

zu b)

Gesamtverbrauch der Periode: 310 t (Summe der Entnahmen)

zu b1)

Periodenbezogene LIFO Methode:

Betrachtungszeitpunkt: Periodenende (28. Februar 2006)

Verbrauchsbewertung:

| | | |
|---|---|---|
| 110 t à 1200 €/t | = 132.000 € | |
| 130 t à 1400 €/t | = 182.000 € | |
| 70 t* à 1280 €/t | = 89.600 € | *Rest= 310 t − 110 t − 130 t = 70 t |
| Summe | = 403.600 € | |

kurz: $110\,t \cdot 1.200\,€ + 130\,t \cdot 1.400\,€ + (310\,t - 110\,t - 130\,t) \cdot 1.280\,€ = 403.600\,€$

zu b2)

Permanente LIFO Methode:

Betrachtungszeitpunkt nach jeder Entnahme:

Verbrauchsbewertung:

| | |
|---|---|
| 70 t à 1280 €/t | = 89.600 € |
| 130 t à 1400 €/t | = 182.000 € |
| 10 t à 1280 €/t | = 12.800 € |
| 100 t à 1200 €/t | = 120.000 € |
| Summe | = 404.400 € |

kurz: $70\,t \cdot 1.280\,€/t + 130\,t \cdot 1.400\,€/t + 10\,t \cdot 1.280\,€/t + 100\,t \cdot 1.200\,€/t = 404.400\,€$

zu b3)

Gewogener Durchschnittspreis:

Betrachtungszeitpunkt: Periodenende (28. Februar 2006)

Gewogener Durchschnittspreis =

$$\frac{30\,t \cdot 1.300\,€/t + 110\,t \cdot 1.200\,€/t + 130\,t \cdot 1.400\,€/t + 90\,t \cdot 1.280\,€/t}{90\,t + 130\,t + 110\,t + 30\,t} = 1300,56\,€/t$$

$310\,t \cdot 1.300,56\,€/t = 403.172,22\,€$

zu b4)

FIFO-Methode:

Verbrauchsbewertung:

Entnahme am 09.02. bewertet mit Preisen vom 01.02. und vom 03.02.:

30 t à 1300 €/t     = 39.000 €

40 t à 1280 €/t     = 51.200 €

Entnahme am 20.02. bewertet mit Preisen vom 03.02. und vom 14.02.:

50 t à 1280 €/t     = 64.000 €

90 t à 1400 €/t     = 126.000 €

Entnahme am 27.02. bewertet mit Preisen vom 14.02. und vom 24.02.:

40 t à 1400 €/t     = 56.000 €

60 t à 1200 €/t     = 72.000 €

Summe               = 408.200 €

$$\text{kurz}: 30\,t \cdot 1.300\,\text{€}/t + 90\,t \cdot 1.280\,\text{€}/t + 130\,t \cdot 1.400\,\text{€}/t + (310\,t - 30\,t - 90\,t - 130\,t) \cdot 1.200\,\text{€}/t$$
$$= 408.200\,\text{€}$$

zu c)

Eine Unterscheidung zwischen permanenter und periodenbezogener FIFO Methode ist irrelevant, da beide Verfahren zum gleichen Ergebnis führen.

## **Lösung zu Aufgabe 38**

zu a)

Anwendbare Methoden:

1) Skontrationsrechnung/Fortschreibungsmethode

   Verbrauch = Menge der erfassten Entnahmen = 500 [g] + 300 [g] + 700 [g] = 1.500 [g]

2) Rückrechnung

$$\text{Verbrauch} = \sum_{i=1}^{3} \text{Produktionskoeffizient}_i \cdot \text{Produktionsmenge}_i$$
$$= 7,5\,[g/\text{Ring}] \cdot 50\,[\text{Ringe}] + 9\,[g/\text{Ring}] \cdot 72\,[\text{Ringe}] + 10,2\,[g/\text{Ring}] \cdot 35\,[\text{Ringe}] = 1.380\,[g]$$

3) Schätzverfahren

Voraussetzung: Anfangsbestand und Endbestand sind ungefähr identisch.

Verbrauch = Bestandszugänge der Periode = 600 [g] + 250 [g] + 750 [g] = 1.600 [g]

Anmerkung: Bei relativ teuren Rohstoffen wie Gold oder wertvollen Bauteilen würde das Schätzverfahren sicherlich nicht angewandt. Vielmehr wird dieses nur für geringwertige Güter wie Sand, Schrauben, Nägel etc. eingesetzt.

4) Befundrechnung

Die Befundrechnung kann hier nicht verwendet werden, da diese Methode eine periodische Inventur erfordert und in der Aufgabe nicht der Lagerendbestand ermittelt wurde.

Gründe für unterschiedliche Ergebnisse:

- Bei der Skontrationsrechnung und der Rückrechnung erfolgt keine Erfassung bereitstellungsabhängiger Wagniskosten (Schwund etc.).
- Noch nicht in die Produktion eingegangene Rohstoffe verzerren die Skontrationsrechnung.
- Fertigungsabhängige Wagniskosten (Ausschuss, Verlust) sind bei der Rückrechnung nicht in den Produktionskoeffizienten enthalten.
- Nicht identischer Anfangs- und Endbestand führt zur Verzerrung beim Schätzverfahren.
- Fehlerhafte Erfassung von Größen wie Entnahmen, Eingängen oder Produktionskoeffizienten kann bei allen drei Methoden vorliegen.

zu b)

Gesamtverbrauch der Periode: 1.500 [g]

zu b1)

Periodenbezogene LIFO Methode

$$\underbrace{750[g] \cdot 11{,}50 \left[\tfrac{€}{g}\right]}_{\text{vom 22. Oktober}} + \underbrace{250[g] \cdot 12{,}50 \left[\tfrac{€}{g}\right]}_{\text{vom 12. Oktober}} + \underbrace{(1.500[g] - 750[g] - 250[g]) \cdot 11 \left[\tfrac{€}{g}\right]}_{\text{vom 2. Oktober}} = 17.250 \, €$$

zu b2)

Permanente LIFO Methode

$$\underbrace{500[g] \cdot 11 \left[\tfrac{€}{g}\right]}_{\text{2. Oktober}} + \underbrace{50[g] \cdot 11 \left[\tfrac{€}{g}\right]}_{\text{15. Oktober}} + 250[g] \cdot 12{,}50 \left[\tfrac{€}{g}\right] + \underbrace{700[g] \cdot 11{,}50 \left[\tfrac{€}{g}\right]}_{\text{29. Oktober}} = 17.225 \, €$$

zu b3)

FIFO-Methode

$$\underbrace{600[g] \cdot 11\left[\frac{€}{g}\right]}_{\text{vom 2. April}} + \underbrace{250[g] \cdot 12,50\left[\frac{€}{g}\right]}_{\text{vom 12. April}} + \underbrace{(1.500[g] - 600[g] - 250[g]) \cdot 11,50\left[\frac{€}{g}\right]}_{\text{vom 22. April}} = 17.200\ €$$

zu b4)

Gewogener Durchschnittspreis

$$\frac{750[g] \cdot 11,50\left[\frac{€}{g}\right] + 250[g] \cdot 12,50\left[\frac{€}{g}\right] + 600[g] \cdot 11\left[\frac{€}{g}\right]}{750[g] + 250[g] + 600[g]} = 11,47\left[\frac{€}{g}\right]$$

$$\Rightarrow 1.500[g] \cdot 11,47\left[\frac{€}{g}\right] = 17.205\ €$$

### 4.2.1.3 Erfassung von Betriebsmittelkosten

### **Lösung zu Aufgabe 39**

| | Aussage | Richtig/Falsch |
|---|---|---|
| a) | Das arithmetisch-degressive Abschreibungsverfahren entspricht bei Verwendung eines sehr geringen Degressionsbetrages (d→0) näherungsweise dem linearen Abschreibungsverfahren. | Richtig |
| | Bei der arithmetisch-degressiven Abschreibung gilt: $a_t = (A-R)/T + d/2 \cdot (T-2t+1)$ Mit d→0 konvergiert der zweite Summant ebenfalls gegen 0 und es verbleibt der Ausdruck der linearen Abschreibungsrate (A-R)/T. | |
| b) | Abschreibungsverfahren spiegeln Hypothesen über den Verlauf der Nutzungspotenzialzunahme wider. | Falsch |
| | Abschreibungsverfahren spiegeln Hypothesen über den Verlauf der Nutzungspotenzial<u>abnahme</u> wider. | |
| c) | Das Buchwertverfahren ist insofern ein Spezialfall des geometrisch-degressiven Abschreibungsverfahrens, als dass bei diesem Verfahren stets $\alpha = \sqrt[T]{\frac{R}{A}}$ gilt. | Richtig |
| | Für das Buchwertverfahren gilt stets $\alpha = \sqrt[T]{\frac{R}{A}}$. | |

| | | |
|---|---|---|
| d) | Der Begriff der Abschreibungsbasis bezeichnet die Differenz aus Anschaffungspreis und Restwert am Ende der Nutzungsdauer. | Richtig |
| | Vgl. Lehrbuch Abschnitt II.B.4. | |
| e) | Bei den geometrisch-degressiven Abschreibungsverfahren ist die Beziehung $\frac{a_{t+1}}{a_t} = \frac{R_{t+1}}{R_t}$ für t = 1, ..., T-1 erfüllt. | Falsch |
| | Bei den geometrisch-degressiven Abschreibungsverfahren gilt grundsätzlich $a_{t+1} = \alpha \cdot a_t$, aber nur beim Buchwertabschreibungsverfahren als Sonderfall des geometrisch-degressiven Verfahrens gilt zusätzlich $R_{t+1} = \alpha \cdot R_t$ und damit auch $a_{t+1}/a_t = R_{t+1}/R_t$. | |
| f) | Die Restwerte $R_t$ nehmen bei der Buchwertabschreibung im Zeitablauf linear ab. | Falsch |
| | Die Restwerte nehmen zwar ab, aber nicht linear, sondern geometrisch. Es gilt $R_{t+1} = \alpha \cdot R_t$, wobei $\alpha$ konstant ist. | |
| g) | Das digitale Abschreibungsverfahren stellt insofern einen Sonderfall des arithmetisch-degressiven Abschreibungsverfahrens dar, als dass die Abschreibungsbeträge $a_t$ von Periode zu Periode um den Betrag $a_T$ sinken. | Richtig |
| | Vgl. Lehrbuch Abschnitt II.B.4.b. | |
| h) | Der Unterschied zwischen arithmetisch-degressiven Abschreibungsverfahren und geometrisch-degressiven Abschreibungsverfahren besteht darin, dass beim geometrisch-degressiven Abschreibungsverfahren die Abschreibungsbeträge von Periode zu Periode um einen konstanten Betrag sinken, während beim arithmetisch-degressiven Abschreibungsverfahren der Quotient aus zwei unmittelbar aufeinander folgenden Abschreibungsbeträgen konstant bleibt. | Falsch |
| | Genau umgekehrt, d.h. beim arithmetisch-degressiven Verfahren sinkt $a_t$ um einen konstanten Betrag d, während beim geometrisch-degressiven Verfahren $a_{t+1} = \alpha \cdot a_t$ gilt. | |
| i) | Das Nutzungspotenzial einer Maschine kann durch die Ausbringungsmenge, durch die Nutzungsdauer oder durch eine Kombination aus Ausbringungsmenge und Nutzungsdauer abgebildet werden. | Richtig |
| | Bildet man das Nutzungspotenzial allein anhand der Nutzungsdauer ab, so liegt die Hypothese zu Grunde, dass allein der Zeitablauf zum Wertverzehr der Maschine führt. Bildet man das Nutzungspotenzial hingegen allein anhand der Ausbringungsmenge ab, so geht man davon aus, dass der Gebrauchsverschleiß die dominante Ursache für den Wertverzehr der Maschine ist. Geht man sowohl von zeitabhängigen als auch gebrauchsabhängigen Wertverzehr aus, ist eine Kombination aus Ausbringungsmenge und Nutzungsdauer zur Abbildung des Nutzungspotenzials erforderlich. | |

| | | |
|---|---|---|
| j) | Das Buchwertverfahren stellt insofern einen Sonderfall des geometrisch-degressiven Abschreibungsverfahrens dar, weil nicht nur der Quotient der Abschreibungsbeträge zweier aufeinander folgenden Perioden, sondern auch der Quotient der Restwerte zweier aufeinander folgenden Perioden konstant ist. | Richtig |
| | Bei den geometrisch-degressiven Abschreibungsverfahren gilt grundsätzlich $a_{t+1} = \alpha \cdot a_t$, aber nur beim Buchwertabschreibungsverfahren als Sonderfall des geometrisch-degressiven Verfahrens gilt $R_{t+1} = \alpha \cdot R_t$ und damit sind die Quotienten sogar gleich, d.h. $a_{t+1}/a_t = R_{t+1}/R_t$. | |
| k) | Das digitale Abschreibungsverfahren ist dadurch gekennzeichnet, dass der Abschreibungsbetrag der letzten Periode mit dem Restwert am Ende der Nutzungsdauer übereinstimmt. | Falsch |
| | Das digitale Abschreibungsverfahren ist dadurch gekennzeichnet, dass der Abschreibungsbetrag der letzten Periode mit dem Degressionsbetrag d übereinstimmt. | |
| l) | Das Buchwertabschreibungsverfahren stellt einen Sonderfall des arithmetisch-degressiven Abschreibungsverfahrens dar. | Falsch |
| | Das Buchwertabschreibungsverfahren stellt einen Sonderfall des geometrisch-degressiven Abschreibungsverfahrens dar. | |

## **Lösung zu Aufgabe 40**

zu a)

Abschreibung der aktuellen Periode: $a_t = \dfrac{150.000\ € - 30.000\ €}{4} = 30.000\ €$

zu b)

Abschreibung der aktuellen Periode:

$\dfrac{a_t}{a_{t-1}} = 1,2$

$a_t = 1,2 \cdot 40.000\ € = 48.000\ €$

zu c)

$\alpha = \dfrac{67.500\ €}{75.000\ €} = 0,9 \Rightarrow a_t = 67.500\ € \cdot 0,9 = 60.750\ €$

zu d)

Degressionsbetrag = 100.000 € − 80.000 € = 20.000 €

Abschreibung = 80.000 € − 20.000 € = 60.000 €

zu e)

Das Anlagegut ist in 2 weiteren Jahren auf Null abgeschrieben (Abschreibung in t+1 in Höhe von 40.000 € und in t+2 in Höhe von 20.000 € bei Restbuchwert von 60.000 € in t).

## **Lösung zu Aufgabe 41**

zu a)

Kauf: 01.01.2005, Nutzung bis 31.12.2009

$\Rightarrow$ Nutzungsdauer = 5 Jahre

zu b)

$a_T = a_{2009} = 10.000 \, €$

$d = 10.000 \, €$

$a_t = a_{t+1} + d$

$a_{2008} = 10.000 \, € + 10.000 \, € = 20.000 \, €$

$a_{2007} = 20.000 \, € + 10.000 \, € = 30.000 \, €$

$a_{2006} = 30.000 \, € + 10.000 \, € = 40.000 \, €$

zu c)

$a_{2005} = 40.000 \, € + 10.000 \, € = 50.000 \, €$

$\sum_{t=2005}^{2009} a_t = 150.000 \, €$

$R = A - \sum_{t=2005}^{2009} a_t = 200.000 \, € - 150.000 \, € = 50.000 \, €$

**Lösung zu Aufgabe 42**

zu a)

zu a1)

Die Abschreibungsbeträge nehmen um konstante Degressionsbeträge ab. Weiterhin entspricht der Abschreibungsbetrag der letzten Periode <u>nicht</u> dem Degressionsbetrag. Somit liegt eine arithmetisch-degressive Abschreibung vor.

zu a2)

$R_5 = R_3 - a_4 - a_5 = 9.300\ \text{€} - 3.300\ \text{€} - 2.000\ \text{€} = 4.000\ \text{€}$

zu a3)

Berechnung des Degressionsbetrags: $d = 3.300\ \text{€} - 2.000\ \text{€} = 1.300\ \text{€}$

$A = R_3 + a_3 + a_2 + a_1$

$R_3 + (a_4 + d) + (a_4 + 2 \cdot d) + (a_4 + 3 \cdot d) = 9.300\ \text{€} + 4.600\ \text{€} + 5.900\ \text{€} + 7.200\ \text{€} = 27.000\ \text{€}$

zu b)

zu b1)

Die Abschreibungsbeträge nehmen nicht um einen festen Betrag sondern vielmehr um einen bestimmten Anteil ab, somit handelt es sich um ein Verfahren aus der Gruppe der geometrisch-degressiven Abschreibungsverfahren.

b2)

$a_4$ berechnen:

Es gilt: $a_5 = a_3 \cdot \alpha^2$

$\Rightarrow \alpha^2 = \dfrac{a_5}{a_3} = \dfrac{12.960\ \text{€}}{36.000\ \text{€}} = 0,36$

$\Leftrightarrow \alpha = \sqrt{0,36} = 0,6$

$a_4 = \alpha \cdot a_3 = 0,6 \cdot 36.000\ \text{€} = 21.600\ \text{€}$

## Lösung zu Aufgabe 43

Lösungsweg 1:

Digitale Abschreibung für t = 2

$$d = \frac{230.000 - 20.000}{1+2+3+4+5} = 14.000\,€$$

$$\Rightarrow a_2^{ditigal} = \frac{230.000 - 20.000}{5} + \frac{14.000}{2} \cdot (5 - 2\cdot 2 + 1) = 56.000\,€$$

Mengenorientierte Abschreibung für t = 2

Abschreibung je ME: $\dfrac{230.000 - 20.000}{4.750 + 3.250 + 4.000 + 4.250 + 3.750} = \dfrac{210.000}{20.000} = 10,50\,€/ME$

$$\Rightarrow a_2^{menge} = 3.250 \cdot 10,50 = 34.125\,€$$

Gesamte Abschreibung für t = 2

$$a_2^{gesamt} = 0,6 \cdot 56.000 + 0,4 \cdot 34.125 = 47.250\,€$$

Lösungsweg 2:

Anteilige digitale Abschreibung für t = 2

$$d = \frac{0,6 \cdot (230.000 - 20.000)}{1+2+3+4+5} = 8.400\,€$$

$$\Rightarrow a_2^{ditigal} = \frac{0,6 \cdot (230.000 - 20.000)}{5} + \frac{8.400}{2} \cdot (5 - 2\cdot 2 + 1) = 33.600\,€$$

Anteilige mengenorientierte Abschreibung:

Abschreibung je ME: $\dfrac{0,4 \cdot (230.000 - 20.000)}{4.750 + 3.250 + 4.000 + 4.250 + 3.750} = \dfrac{84.000}{20.000} = 4,20\,€/ME$

$$\Rightarrow a_2^{menge} = 3.250 \cdot 4,20 = 13.650\,€$$

Gesamte Abschreibung für t = 2:

$$a_2^{gesamt} = 33.600 + 13.650 = 47.250\,€$$

## Lösung zu Aufgabe 44

zu a)

Es gilt:

$$\alpha = \frac{R_1}{R_0} = \frac{R_2}{R_1}$$

$$\Rightarrow \frac{R_1}{240.000} = \frac{60.000}{R_1}$$

$$\Leftrightarrow R_1 = 120.000$$

$$\Rightarrow \alpha = 0,5$$

$$a_4 = R_3 - R_4 = 60.000\ € \cdot 0,5 - 60.000\ € \cdot 0,5^2 = 15.000\ €$$

zu b)

$$R_t = \alpha \cdot R_{t-1}$$

$$\Rightarrow A = R_0 = q \cdot R_1 = q \cdot (q \cdot R_2) = \ldots = q^T \cdot R_T = q^T \cdot R$$

$$\Leftrightarrow A = q^T \cdot R$$

$$\Leftrightarrow \frac{A}{R} = q^T$$

$$\Leftrightarrow q = \sqrt[T]{\frac{A}{R}}$$

## Lösung zu Aufgabe 45

zu a)

Es liegt das digitale Abschreibungsverfahren vor, da eine konstante Differenz zwischen aufeinander folgenden Abschreibungsbeträgen besteht und der Abschreibungsbetrag der letzten Periode mit dem Degressionsbetrag übereinstimmt. Dies ist in der Grafik erkennbar.

zu b)

$$a_3 = a_4 + d$$

$$\Leftrightarrow a_3 = a_5 + d + d$$

$$\Leftrightarrow a_3 = d + d + d$$

$$\Rightarrow 13.500\ € = 3 \cdot d$$

$$\Leftrightarrow d = 4.500\ €$$

zu c)

$$A - R = \sum_{t=1}^{T} a_t$$

$$\Leftrightarrow A = R + \sum_{t=1}^{T} d \cdot t$$

$$\Leftrightarrow A = R + \frac{T \cdot (T+1)}{2} \cdot d$$

$$\Leftrightarrow A = 12.500 \, \text{€} + \frac{5 \cdot 6}{2} \cdot 4.500 \, \text{€} = 80.000 \, \text{€}$$

## Lösung zu Aufgabe 46

$a_{2002} = a_3$

$$\alpha = \sqrt[T]{\frac{R}{A}} = \sqrt[5]{\frac{2.560}{250.000}} = 0,4 \text{ oder } q = \sqrt[5]{\frac{A}{R}} = \sqrt[5]{\frac{250.000}{2.560}} = 2,5$$

Restwert nach 2 Jahren: $250.000 \cdot 0,4 \cdot 0,4 = 40.000 \, \text{€}$

Restwert nach 3 Jahren $250.000 \cdot 0,4 \cdot 0,4 \cdot 0,4 = 16.000 \, \text{€}$

$$\Rightarrow a_3 = 40.000 - 16.000 = 24.000 \, \text{€} \text{ oder } a_3 = (250.000 - 2.560) \cdot \frac{2,5^{5-3} \cdot (2,5-1)}{2,5^5 - 1} = 24.000 \, \text{€}$$

## Lösung zu Aufgabe 47

zu a)

zu a1)

Digitales Abschreibungsverfahren, da eine konstante Differenz zwischen aufeinander folgenden Abschreibungsbeträgen besteht und der Abschreibungsbetrag der letzten Periode mit dem Degressionsbetrag übereinstimmt.

zu a2)

$a_4 = a_5 + d = d + d = 2d$

$d = \frac{1}{2} \cdot a_4 = 3.500 \, \text{€}$

$a_3 = a_4 + d = 10.500 \, \text{€}$

zu a3)

$A = R + a_1 + a_2 + a_3 + a_4 + a_5$

$A = 8.100 + d + 2 \cdot d + 3 \cdot d + 4 \cdot d + 5 \cdot d$

$A = 8.100 + 15 \cdot d = 8.100 + 52.500 = 60.600 \,€$

zu b)

zu b1) Es gehört zur Gruppe der geometrisch-degressiven Abschreibungsverfahren, da keine konstante Differenz zwischen aufeinander folgenden Abschreibungsbeträgen besteht.

zu b2)

$a_2 = \alpha \cdot a_1$

$a_3 = \alpha \cdot a_2 = \alpha^2 \cdot a_1$

$\Leftrightarrow \alpha^2 = \dfrac{a_3}{a_1} = \dfrac{24.010}{49.000} = 0,49$

$\Rightarrow \alpha = \sqrt{0,49} = 0,7$

$a_4 = \alpha \cdot a_3$

$a_4 = 0,7 \cdot 24.010$

$a_4 = 16.807 \,€$

zu b3)

$A = R + a_1 + a_2 + a_3 + a_4 + a_5$

$A = 4.128 + 49.000 + 49.000 \cdot \alpha + 24.010 + 49.000 \cdot \alpha^3 + 49.000 \cdot \alpha^4$

$\phantom{A} = 4.128 + 49.000 + 34.300 + 24.010 + 16.807 + 11.764,90$

$\phantom{A} = 140.009,90 \,€$

## **Lösung zu Aufgabe 48**

zu a)

allgemein: $a_t = \dfrac{A - R}{T}$ für $t = 1, 2, \ldots, T$

$a_t = \dfrac{400.000 - 40.000}{6} = 60.000 \,€$ \qquad für $t = 1, 2, \ldots, 6$

zu b)

allgemein: $\dfrac{a_t}{a_{t+1}} = \dfrac{x_t}{x_{t+1}}$ für t = 1, ..., T-1

Abschreibung der aktuellen Periode: $a_t = 0{,}9 \cdot 36.000 = 32.400\ €$

zu c)

$a_t = a_{t-1} \cdot \alpha$

$\alpha = \dfrac{85.000}{100.000} = 0{,}85$

$a_t = 85.000 \cdot 0{,}85 = 72.250\ €$ \qquad t = aktuelle Periode

zu d)

d = 50.000 – 40.000 = 10.000 €

$a_t$ = 40.000 – 10.000 = 30.000 €

zu e)

Das Anlagegut ist in 2 weiteren Jahren auf Null abgeschrieben (Abschreibungen i. H. v. 20.000 € und 10.000 € bei Abschreibung von 30.000 € heute).

## Lösung zu Aufgabe 49

zu a)

$a_t = \dfrac{A - R}{T} = \dfrac{220.000 - 20.000}{4} = 50.000\ €$

$a_1 = a_2 = a_3 = a_4 = 50.000\ €$

zu b)

$a_t = (A - R) \cdot \dfrac{x_t}{\overline{x}}$ für t = 1,..., 4 und $\overline{x} = \sum\limits_{t=1}^{4} x_t = 1.000.000$ = Nutzungspotential der Maschine

$a_1 = (220.000 - 20.000) \cdot \dfrac{200.000}{1.000.000} = 40.000\ €$

$a_2 = (220.000 - 20.000) \cdot \dfrac{300.000}{1.000.000} = 60.000\ €$

$a_3 = (220.000 - 20.000) \cdot \dfrac{400.000}{1.000.000} = 80.000\ €$

$a_4 = (220.000 - 20.000) \cdot \dfrac{100.000}{1.000.000} = 20.000\ €$

zu c)

$a_2 = 55.000\,€$

$a_4 = 35.000\,€$

$a_{t+1} = a_t - d$

$a_{t+2} = a_t - 2 \cdot d$

$\Rightarrow a_4 = a_2 - 2 \cdot d$

$\Rightarrow 35.000\,€ = 55.000\,€ - 2 \cdot d$

$\Rightarrow d = 10.000\,€$

$a_4 = 35.000\,€$

$a_3 = 35.000 + 10.000 = 45.000\,€$

$a_2 = 45.000 + 10.000 = 55.000\,€$

$a_1 = 55.000 + 10.000 = 65.000\,€$

zu d)

$a_3 = a_4 + d = 40.000\,€$ und $a_4 = d$

$a_3 = a_4 + a_4 = 40.000\,€$

$\Rightarrow a_4 = 20.000\,€ = d$

$a_2 = 40.000 + 20.000 = 60.000\,€$

$a_1 = 60.000 + 20.000 = 80.000\,€$

Alternativ über die Formel für d beim digitalen Abschreibungsverfahren:

$$d = \frac{A - R}{\sum_{t=1}^{T} t} = \frac{220.000 - 20.000}{1 + 2 + 3 + 4} = 20.000\,€$$

zu e)

$\alpha = 0,7$

$a_{t+1} = a_t \cdot 0,7$

$a_t = \dfrac{a_{t+1}}{0,7}$ $(q = \dfrac{1}{0,7})$

$a_4 = 27.082,51\,€ = a_3 \cdot 0,7$

$a_3 = \dfrac{27.082,51}{0,7} = 38.689,30\,€$

$a_2 = \dfrac{38.689,30}{0,7} = 55.270,43\,€$

$a_1 = \dfrac{55.270,43}{0,7} = 78.957,76\,€$

zu f)

Buchwertverfahren = Sonderfall des geometrisch degressiven Abschreibungsverfahrens. Zusätzliche Forderung: Die Restwerte zweier Perioden müssen auch mit dem Faktor $\alpha$ verknüpft sein: $R_{t+1} = \alpha \cdot R_t$

$R_1 = 120.802,11\,€$

Es gilt :

$a_{t+1} = a_t \cdot \alpha$

$R_{t+1} = R_t \cdot \alpha$

$R_0 \cdot \alpha = R_1$

$\Rightarrow \alpha = \dfrac{R_1}{R_0} = \dfrac{120.802,11}{220.000} = 0,5491005$

Außerdem gilt für den Restwert nach der 1.Periode:

$R_1 = A - a_1 = 120.802,11\,€$

$\Rightarrow a_1 = 220.000 - 120.802,11 = 99.197,89\,€$

$a_2 = a_1 \cdot \alpha$

$\Rightarrow a_2 = 99.197,89 \cdot 0,5491005 = 54.469,61\,€$

$\Rightarrow a_3 = 54.469,61 \cdot 0,5491 \quad = 29.909,29\,€$

$\Rightarrow a_4 = 29.909,26 \cdot 0,5491 \quad = 16.423,21\,€$

## 4.2.1.4 Erfassung von Kapitalkosten

### Lösung zu Aufgabe 50

| | Aussage | Richtig/Falsch |
|---|---|---|
| a) | Vermietete oder verpachtete Anlagen sind im Allgemeinen nicht im betriebsnotwendigen Vermögen eines Produktionsunternehmens enthalten. | Richtig |
| | Vgl. Lehrbuch Abschnitt II.B.6. | |
| b) | Das durchschnittliche betriebsnotwendige Kapital muss um erhaltene Anzahlungen und Verbindlichkeiten ggü. Lieferanten verringert werden, weil die für dieses Kapital anfallenden Zinskosten bereits in der Preiskalkulation berücksichtigt worden sind. | Falsch |
| | Es muss heißen: Das durchschnittliche sachzielnotwendige Vermögen muss um enthaltene Anzahlungen und Verbindlichkeiten ggü. Lieferanten verringert werden. | |
| c) | Der aktivierte derivative Geschäftswert erhöht das sachzielnotwendige Vermögen und somit die kalkulatorischen Kapitalkosten des Unternehmens. | Falsch |
| | Der aktivierte derivative Geschäftswert gehört zum sachzielfremden Vermögen und geht somit nicht in das sachzielnotwendige Vermögen ein. | |
| d) | Die kalkulatorischen Zinskosten ergeben sich durch Multiplikation des durchschnittlichen sachzielnotwendigen Vermögens mit dem kalkulatorischen Zinsfuß. | Falsch |
| | Aus dem sachzielnotwendigen Vermögen ergibt sich nach Abzug des Abzugskapitals das sachzielnotwendige Kapital. Erst dieses wird mit dem kalkulatorischen Zinsfuß multipliziert, um die kalkulatorischen Zinsen zu ermitteln. | |

### Lösung zu Aufgabe 51

1) Ermittlung des durchschnittlichen sachzielnotwendigen Vermögens (Annahme: Wertpapiere gehören zum sachzielnotwendigen Vermögen, aufgrund der damit verbundenen größeren Einflussnahme):

| Maschinen | 225.000 € |
|---|---|
| Wertpapiere | 80.000 € |
| RHB | 100.000 € |
| Forderungen LuL | 30.000 € |
| Kasse | 17.000 € |
| DSV | 452.000 € |

Nebenrechnung Maschinen:

Anschaffungswert zum 01.01.2000 = 375.000 €

$$\frac{375.000\,€ - 15.000\,€}{6\,\text{Jahre}} = 60.000\,€ / \text{Jahr}$$

Wertansatz zum 31.12.2001 = 375.000 € - 60.000 € - 60.000 € = 255.000 €

Wertansatz zum 31.12.2002 = 255.000 € - 60.000 € = 195.000 €

$$\text{Durchschnittlicher Wertansatz} = \frac{255.000\,€ + 195.000\,€}{2} = 225.000\,€$$

2) Ermittlung des durchschnittlichen Abzugskapitals (DAK):

| Verbindlichkeiten LuL | 50.000 € |
|---|---|
| Erhaltene Anzahlungen | 22.000 € |
| DAK | 72.000 € |

3) Ermittlung des durchschnittlich zu verzinsenden Kapitals (DSK):

DSK = 452.000 € − 72.000 € = 380.000 €

4) Ermittlung der Zinskosten:

380.000 € · 0,09 = 34.200 €

## Lösung zu Aufgabe 52

zu a)

| | |
|---|---:|
| durchschnittliches sachzielnotwendiges Vermögen | 900.000 € |
| − durchschnittliches Abzugskapital | x € |
| = durchschnittlich zu verzinsendes Kapital | 800.000 € |

x = 100.000 € = durchschnittliches Abzugskapital

100.000 € = (90.000 € + x)/2

x = 110.000 € = Abzugskapital zum 31.12.2006

zu b)

durchschnittlich zu verzinsendes Kapital · x = Kapitalkosten

800.000 € · x = 35.000 €

$\Rightarrow$ x = 0,04375

Der kalkulatorische Zinssatz beträgt 4,375 %.

## **Lösung zu Aufgabe 53**

zu a)

Ermittlung des durchschnittlichen sachzielnotwendigen Vermögens (DSV) in T€:

|  | 31.12.2004 | 31.12.2005 | Durchschnitt |
|---|---|---|---|
| Grundstücke | 50 | 50 | 50 |
| Maschinen | 430 | 360 | 395 |
| RHB | 94 | 122 | 108 |
| Forderungen LuL | 45 | 75 | 60 |
| Kasse | 16 | 18 | 17 |
| DSV | 635 | 625 | 630 |

Das DSV beträgt 630 T€. Der Goodwill (derivativer Geschäftswert) und die Wertpapiere zu Spekulationszwecken werden bei der Berechnung des DSV nicht berücksichtigt.

Nebenrechnung für Maschinen:

$$a_t = \frac{500\,T€ - 80\,T€}{6\,\text{Jahre}} = 70\,T€ / \text{Jahr}$$

Anschaffungswert 01.01.2004 = 500 T€

Wertansatz 31.12.2004 = 430 T€

Wertansatz 31.12.2005 = 360 T€

zu b)

Ermittlung des durchschnittlichen Abzugskapitals (DAK) in T€:

|  | 31.12.2004 | 31.12.2005 | Durchschnitt |
|---|---|---|---|
| Verbindlichkeiten LuL | 85 | 83 | 84 |
| Erhaltene Anzahlungen | 40 | 32 | 36 |
| DAK | 125 | 115 | 120 |

Das DAK beträgt 120 T€.

zu c)

Ermittlung des durchschnittlich zu verzinsenden Kapitals (DSK) und der kalkulatorischen Zinsen für das Jahr 2005:

DSK = DSV – DAK = 630 T€ – 120 T€ = 510 T€

Kalkulatorische Zinsen = 510 T€ · 0,10 = 51 T€

## Lösung zu Aufgabe 54

1) Ermittlung des durchschnittlich sachzielnotwendigen Vermögens (DSV)

   Unbebaute Grundstücke und Wertpapiere zu Spekulationszwecken gehören nicht zum sachzielnotwendigen Vermögen (SV). Annahme zu den unbebauten Grundstücken: sie liegen brach und werden nicht zur Lagerung oder ähnlichem verwendet.

   Anteile am Zulieferer sind sachzielnotwendig, weil das Unternehmen hierdurch Einfluss auf diesen nehmen kann und so die weitere Belieferung sichert.

   | Maschinen | 5.000.000 € |
   |---|---|
   | Anteile am Zulieferer | 1.000.000 € |
   | RHB-Stoffe | 2.000.000 € |
   | DSV | 8.000.000 € |

2) Ermittlung des durchschnittlichen Abzugskapitals (DAK)

   Hier: Abzugskapital = Kundenanzahlungen = 500.000 €

3) Ermittlung des durchschnittlich zu verzinsendes Kapital (DSK)

   DSK = DSV – DAK = 8.000.000 € – 500.000 € = 7.500.000 €

4) Ermittlung der kalkulatorische Zinskosten

   7.500.000 € · 0,1 = 750.000 €

## Lösung zu Aufgabe 55

A) Ermittlung des durchschnittlichen sachzielnotwendigen Vermögens (DSV):

1) Der derivative Geschäftswert gehört nicht zum sachzielnotwendigen Vermögen, da er sachzielfremd ist. Der Goodwill entspricht dem Betrag, den ein Käufer als Ganzes unter Berücksichtigung zukünftiger Ertragserwartungen über den Wert aller materiellen und immateriellen Vermögensgegenstände nach Abzug der Schulden bereit zu zahlen ist. Der Goodwill repräsentiert bspw. den Markenwert oder allgemeiner formuliert die stillen Reserven des Unternehmens. Der Goodwill darf sowohl in der Handelsbilanz als auch in der Steuerbilanz nur dann aktiviert werden, wenn er im Rahmen eines Unternehmenskaufs tatsächlich erworben wurde. Im Rahmen der Kosten- und Leistungsrechnung wird versucht ein ökonomisch fairen Wertansatz für die Vermögensgegenstände zu finden (z.B. Bewertung der Maschinen), so dass der Ansatz eines Goodwill in der Kostenrechnung nicht erforderlich ist.

2) Die Maschinen werden in anderer Höhe angesetzt, da der kalkulatorische Wertansatz entscheidend ist.

   Nebenrechnung - Maschinen:

   $$\frac{375.000\ € - 15.000\ €}{6\ \text{Jahre}} = 60.000\ €/\text{Jahr}$$

   Restwert Ende 2003 = 375.000 € − 60.000 € = 315.000 €
   Restwert Ende 2004 = 315.000 € − 60.000 € = 255.000 €
   Restwert Ende 2005 = 255.000 € − 60.000 € = 195.000 €

   Durchschnittlicher Wertansatz: $\dfrac{255.000\ € + 195.000\ €}{2} = 225.000\ €$

3) Ungenutzte Grundstücke im Wert von 80.000 € sind sachzielfremd.
   $\Rightarrow$ 150.000 € − 80.000 € = 70.000 € aufnehmen

4) Wertpapiere sind wichtige Beteiligung und gehören somit zum sachzielnotwendigen Vermögen $\Rightarrow$ berücksichtigen

5-7) Roh-, Hilfs- und Betriebsstoffe typisches sachzielnotwendiges Vermögen, analog Forderungen aus LuL und Kasse

B) Ermittlung des durchschnittlichen Abzugskapitals (DAK):

   Verbindlichkeiten aus LuL und erhaltene Anzahlungen = 135.000 €

C) Ermittlung des durchschnittlich zu verzinsenden Kapitals (DSK):

   DSV− DAK = 565.000 € − 135.000 € = 430.000 €

D) Ermittlung der kalkulatorischen Zinskosten:

   430.000 € · 0,09 = 38.700 €

| Bilanzpositionen | Wert |
|---|---:|
| 1. Derivativer Geschäftswert | 0 € |
| 2. Maschinen | 225.000 € |
| 3. Grundstücke | 70.000 € |
| 4. Wertpapiere | 80.000 € |
| 5. Roh-, Hilfs- und Betriebsstoffe | 120.000 € |
| 6. Forderungen aus LuL | 50.000 € |
| 7. Kasse | 20.000 € |
| **A. Durchschnittlich sachzielnotwendiges Vermögen (DSV)** | 565.000 € |
| 8. Verbindlichkeiten aus LuL | 80.000 € |
| 9. Erhaltene Anzahlungen | 55.000 € |
| **B. Durchschnittliches Abzugskapital (DAK)** | 135.000 € |
| **C. Durchschnittlich zu verzinsendes Kapital (DSK) (=A-B)** | 430.000 € |
| **D. Kalkulatorische Zinskosten** $(C \cdot Zinssatz) = 430.000\ € \cdot 0{,}09$ | 38.700 € |

### 4.2.1.5 Erfassung von Wagniskosten

#### Lösung zu Aufgabe 56

| | Aussage | Richtig/Falsch |
|---|---|---|
| a) | Mithilfe von Wagniskosten wird das allgemeine Unternehmerwagnis periodengerecht berücksichtigt. | Falsch |
| | Als allgemeines Unternehmerwagnis bezeichnet man die Gefahr für Unternehmer, dass sich das eingesetzte Eigenkapital nicht verzinst oder sogar teilweise oder ganz verloren geht. Da Verluste und Gewinne als Ausdruck des allgemeinen Unternehmerwagnisses stets Ergebnisse des Vergleichs von Leistungen und Kosten sind, können sie nicht zugleich in die Kosten- und Leistungsrechnung einbezogen werden. Somit findet das allgemeine Unternehmerwagnis keine explizite Berücksichtigung in der Kostenrechnung. | |
| b) | Versicherte Einzelwagnisse führen zu Grundkosten. | Richtig |
| | Wenn das Risiko des Eintritts „unproduktiver" Güterverbräuche durch eine Versicherungsgesellschaft getragen wird, sind Wagniskosten aufwandsgleich und somit Grundkosten. | |
| c) | Versicherte Einzelwagnisse führen zu kalkulatorischen Kosten. | Falsch |
| | Wenn das Risiko des Eintritts „unproduktiver" Güterverbräuche durch eine Versicherungsgesellschaft getragen wird, sind Wagniskosten aufwandsgleich und somit Grundkosten (in Höhe der Versicherungsprämie). | |
| d) | Eine Fehleinschätzung der Nutzungsdauer stellt ein Beständewagnis dar. | Falsch |
| | Eine Fehleinschätzung der Nutzungsdauer stellt ein Anlagenwagnis dar. | |

#### Lösung zu Aufgabe 57

zu a)

Im Rahmen der Sachzielerfüllung des Unternehmens können viele Störungen/Probleme auftreten, die sich nicht vermeiden lassen. Diese Wagnisse müssen entsprechend als Kosten erfasst werden. Man spricht von sog. „unproduktiven Güterverbräuchen".

1) Einzelwagnisse:

Versichert $\Rightarrow$ Grundkosten. Die Kosten können somit der FiBu entnommen werden.

Unversichert $\Rightarrow$ kalkulatorische Kosten. Die Kosten können nicht aus FiBu übernommen werden.

Beispiele:
Gewährleistungswagnis (Garantieleistungen), Arbeitswagnis (Ausfallzeit wegen Krankheit), Entwicklungswagnis (erfolgloses F&E), Debitorenwagnis (Forderungsausfall), Beständewagnis (Schwund), Mehrkostenwagnis (mehr Ausschuss als gedacht) usw.

2) Allgemeines Unternehmerwagnis:

Das allgemeine Unternehmerwagnis beschreibt die Gefahr, dass sich das Eigenkapital nicht optimal verzinst oder ganz verloren geht. Da Gewinne und Verluste als Ausdruck des allgemeinen Unternehmerwagnisses sowie der Gewinnchancen eines Unternehmens stets Ergebnisse des Vergleichs von Leistungen und Kosten sind, können sie nicht zugleich in die Kosten und Leistungen einbezogen werden. Das allgemeine Unternehmerwagnis führt also nicht zu Kosten, kann sich jedoch implizit in der Höhe der Kapitalkosten widerspiegeln.

zu b)

Summe an Kosten durch Wagnisse = 30 Mio. € ($\sum$ 20 Mio. € Mängel Hilfsstoff B+ $\sum$ 10 Mio. € Garantieleistungen)

Produktionszahlen: $100.000\,[\text{Stück}/\text{Monat}]\cdot 12\,[\text{Monate}/\text{Jahr}]\cdot 5\,[\text{Jahre}] = 6\,\text{Mio.}\,[\text{Stück}]$

Wagniskosten pro Kamera : $\dfrac{30\,\text{Mio.}\,\text{€}}{6\,\text{Mio. Stück}} = 5\,\text{€/Stück}$

Wagniskosten in 2006 (Produktionsmenge 2 Mio. Stück): $2\,\text{Mio}\cdot 5\,\text{€} = 10\,\text{Mio.}\,\text{€}$

## **Lösung zu Aufgabe 58**

durchschnittliche Garantieleistung pro Produkt = $\dfrac{40.000.000\,\text{€}}{8.000.000\,\text{Stück}} = 5\,\text{€/Stück}$

Wagniskosten in 2006 = $5\,\text{€/Stück}\cdot 1.000.000\,\text{Stück} = 5.000.000\,\text{€}$

## **Lösung zu Aufgabe 59**

Durchschnittliche Garantieleistung pro Stofftier:

$$\dfrac{19.700+19.300+20.800+20.200}{24.670+24.110+26.000+25.220} = \dfrac{80.000}{100.000} = 0{,}8\,\text{€}$$

Voraussichtlich anfallende Wagniskosten: $24.750\cdot 0{,}8 = 19.800\,\text{€}$

Es handelt sich um ein Gewährleistungswagnis.

### 4.2.1.6 Erfassung von Steuern

**Lösung zu Aufgabe 60**

| Aussage | Richtig/Falsch |
|---|---|
| a) Die Umsatzsteuer kann in einem Unternehmen als durchlaufender Posten behandelt werden. | Richtig |
| Die Vernachlässigung der Umsatzsteuer als Kosten ist möglich, indem man die an die Lieferanten gezahlte Umsatzsteuer als Forderungen an das Finanzamt (Vorsteuerabzug) und die von den Kunden erhaltene Umsatzsteuer als Verbindlichkeiten gegenüber dem Finanzamt erfasst (Umsatzsteuer), wodurch die Kosten- und Leistungsrechnung von der Umsatzsteuer unberührt bleibt, weil man sie als durchlaufenden Posten (Durchlaufposten) behandelt. | |
| b) Die Umsatzsteuer wird als durchlaufender Posten nicht in der Kostenrechnung berücksichtigt. | Richtig |
| Vgl. Lehrbuch Abschnitt II.B.7. | |

## 4.2.2 Kostenstellenrechnung

**Lösung zu Aufgabe 61**

| Aussage | Richtig/Falsch |
|---|---|
| a) Die Summe der Endkosten aller Kostenstellen entspricht in der Istkostenrechnung der Summe der primären Gemeinkosten aller Kostenstellen. | Richtig |
| Vgl. Lehrbuch Abschnitt II.C.4. | |
| b) Das Gleichungsverfahren ist bei jeder Kostenstellenstruktur anwendbar. | Richtig |
| Das Gleichungsverfahren stellt die genaue Vorgehensweise für alle Kostenstellenstrukturen dar und führt daher stets zu exakten Verrechnungspreisen. | |
| c) Einzelkosten werden im Rahmen der Sekundärkostenrechnung auf die Kostenträger verrechnet. | Falsch |
| In der Sekundärkostenrechnung werden lediglich Gemeinkosten verrechnet. | |

| | | |
|---|---|---|
| d) | Die Summe der Endkosten aller Kostenstellen entspricht der Summe der sekundären Kosten aller Kostenstellen. | Falsch |
| | Die Summe der Endkosten aller Kostenstellen entspricht der Summe der Primärkosten aller Kostenstellen. | |
| e) | Für aktivierbare innerbetriebliche Leistungen ist keine innerbetriebliche Leistungsrechnung erforderlich. | Richtig |
| | Die in einer Periode erstellten, aber nicht direkt verbrauchten innerbetrieblichen Güter werden wie absatzbestimmte Kostenträger kalkuliert. Mit den ihnen zugerechneten Kosten gehen sie dann in die kalkulatorische Bestandsrechnung („Aktivierung") als Güter des Anlage- oder Vorratsvermögens ein. In den folgenden Perioden wird der Verzehr dieser Güter entsprechend den bewerteten Verbräuchen von Produktionsfaktoren als primäre Kosten über die Kostenartenrechnung erfasst. | |
| f) | Um die innerbetriebliche Inanspruchnahme von Verwaltungs- und Vertriebsprozessen nicht modellieren zu müssen, werden Verwaltungs- und Vertriebsstellen i.d.R. als Hauptkostenstellen behandelt. | Richtig |
| | Vgl. Lehrbuch Abschnitt II.C.1.c. | |
| g) | Das Stufenleiterverfahren führt nur dann zu exakten Ergebnissen, wenn zwischen verschiedenen Hilfskostenstellen wechselseitige Leistungsbeziehungen bestehen. | Falsch |
| | Beim Stufenleiterverfahren werden die Hilfskostenstellen sukzessive entlastet. Daher führt das Verfahren nur dann zum exakten Ergebnis, wenn die Abrechnung in solch einer Reihenfolge möglich ist, dass keine Hilfskostenstelle Leistungen an vorgelagerte Hilfskostenstellen oder sich selbst erbringt. | |
| h) | Hilfskostenstellen sind mittelbar an der Leistungserstellung beteiligt. | Richtig |
| | Hilfskostenstellen geben ihre erzeugten Güter stets nur innerhalb des Betriebes weiter Die Produkte der Hilfskostenstellen werden nicht direkt an die Kunden verkauft. | |
| i) | Die Gesamtkosten einer Hilfskostenstelle ergeben sich als Differenz aus primären und sekundären Kosten. | Falsch |
| | Die Gesamtkosten einer Hilfskostenstelle ergeben sich als <u>Summe</u> aus primären und sekundären Kosten. | |
| j) | Der Vorteil der approximativen Verfahren der Kostenstellenrechnung gegenüber dem exakten Verfahren besteht darin, dass weniger Informationen beschafft werden müssen, weil die zwischen den Kostenstellen bestehenden Leistungsverflechtungen nur näherungsweise zu ermitteln sind. | Richtig |
| | Die vereinfachte Berechnung kann dagegen aus heutiger Sicht nicht mehr als Vorteil gelten, da Computer diese Aufgabe weitestgehend übernehmen. | |

| | | |
|---|---|---|
| k) | Die Materialstelle kann im Rahmen der innerbetrieblichen Leistungsverrechnung zur Vereinfachung wie eine Hauptkostenstelle behandelt werden. | Richtig |
| | Vgl. Lehrbuch Abschnitt II.C.1.c. | |
| l) | Der Verbrauch von unternehmensextern bezogenen Gütern führt zu sekundären Kosten. | Falsch |
| | Der Verbrauch unternehmensextern bezogener Güter führt zu primären Kosten. | |
| m) | Bei der Bildung von Kostenstellen sollte darauf geachtet werden, dass die Kosten der einzelnen Kostenstellen jeweils möglichst von einer wesentlichen Bezugsgröße wie z.B. Fertigungsstunden einer Maschine abhängen. | Richtig |
| | Vgl. Lehrbuch Abschnitt II.C.1.b. | |
| n) | Der aus heutiger Sicht zentrale Vorteil vereinfachter Verfahren der innerbetrieblichen Leistungsverrechnung besteht in ihrem geringeren Berechnungsaufwand. | Falsch |
| | Der Vorteil der vereinfachten Verfahren besteht aus heutiger Sicht in ihrer Wirtschaftlichkeit, da sie gegenüber der exakten Berechnung nach dem Gleichungsverfahren geringere Anforderungen an die Informationsbereitstellung stellen. Der Berechnungsaufwand hingegen ist durch die Entwicklung der EDV kein Argument mehr für die vereinfachten Verfahren. | |
| o) | Liegen Leistungsbeziehungen zwischen Hilfskostenstellen vor, so führen Anbau- und Gleichungsverfahren höchstens zufällig zu identischen Ergebnissen. | Richtig |
| | Vgl. Lehrbuch Abschnitt II.C.d. | |
| p) | Das Stufenleiterverfahren und das Anbauverfahren führen immer dann zu identischen Ergebnissen, wenn keine Leistungsbeziehungen zwischen Hilfskostenstellen vorliegen. | Richtig |
| | Es liegt dann eine einfach zusammenhängende Kostenstellenstruktur mit reinen Hilfs- und Hauptkostenstellen vor. Bei dieser Kostenstellenstruktur liefern alle drei Verfahren ein exaktes Ergebnis. Das Anbauverfahren liefert nur bei dieser Struktur ein exaktes Ergebnis. | |
| q) | Werden selbst erstellte Güter zu Herstellkosten bilanziert, können die durch ihren Verzehr hervorgerufenen Kosten wie primäre Kosten behandelt werden. | Richtig |
| | Vgl. Lehrbuch Abschnitt II.C.4.f. | |

| | | |
|---|---|---|
| r) | Das Stufenleiterverfahren und das Anbauverfahren führen immer dann zu identischen Ergebnissen, wenn weder Eigenverbrauch noch wechselseitige Leistungsbeziehungen zwischen den Hilfskostenstellen vorliegen. | Falsch |
| | Sie können trotzdem noch zu verschiedenen Ergebnissen führen, da beim Stufenleiterverfahren immer noch einseitige Leistungsbeziehungen zwischen den Hilfskostenstellen berücksichtigt werden, wohingegen diese beim Anbauverfahren vollständig vernachlässigt werden. | |
| s) | Materialstellen werden häufig als Hilfskostenstellen angesehen, obwohl sie eigentlich Hauptkostenstellen darstellen. | Falsch |
| | Es verhält sich genau umgekehrt. | |
| t) | Das zentrale Problem der Sekundärkostenrechnung besteht in der Berücksichtigung von Leistungsbeziehungen zwischen Hilfskostenstellen. | Richtig |
| | Vgl. Lehrbuch Abschnitt II.C.4. | |
| u) | Die Endkosten von Hilfskostenstellen betragen unabhängig vom eingesetzten Rechnungssystem stets Null. | Falsch |
| | Dies ist bei der Normalkostenrechnung nur dann der Fall, wenn die normalisierten Verrechnungssätze den Ist-Verrechnungssätzen entsprechen. In der Regel treten aber Abweichungen auf, was zu Endkosten >0 (Überdeckung) oder <0 (Unterdeckung) führt. | |
| v) | Hauptkostenstellen sind unmittelbar an der Fertigung absatzbestimmter Güter beteiligt. | Richtig |
| | Vgl. Lehrbuch Abschnitt II.C.1.c. | |
| w) | In der Istkostenrechnung ist die Summe der primären Kosten aller Kostenstellen stets identisch mit der Summe der Endkosten aller Kostenstellen. | Richtig |
| | Vgl. Lehrbuch Abschnitt II.C.4. | |
| x) | Bei der Istkostenrechnung entspricht die Summe der primären Kosten der Hilfskostenstellen der Summe der sekundären Kosten der Hauptkostenstellen. | Richtig |
| | Da eine vollständige Überwälzung der Kosten stattfindet, entspricht die Summe der primären Kosten der Hilfskostenstellen der Summe der sekundären Kosten der Hauptkostenstellen. | |
| y) | Das Stufenleiterverfahren führt im Rahmen der innerbetrieblichen Leistungsverrechnung stets zu exakten Ergebnissen. | Falsch |
| | Das Gleichungsverfahren führt stets zu exakten Ergebnissen. | |

| z) | Der Verbrauch von Gütern, die nicht aus eigener Leistungserstellung stammen, führt zu sekundären Kosten. | Falsch |
|---|---|---|
| | Der Verbrauch von Gütern, die nicht aus eigener Leistungserstellung stammen, führt zu primären Kosten. | |
| aa) | Die Bewertung primärer Güterverbräuche mit Preisen des Beschaffungsmarktes führt zu einer Doppelerfassung von Kosten. | Falsch |
| | Dies gilt für die Bewertung sekundärer Güterverbräuche. | |

## Lösung zu Aufgabe 62

zu a)

Gozintograph (alle Angaben in Leistungseinheiten [LE]):

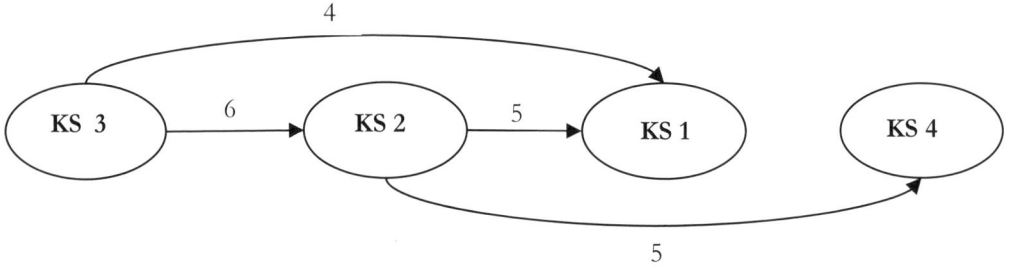

zu b)

Es liegt eine einfach-zusammenhängende Kostenstellenstruktur vor.
⇒ Treppenverfahren (Synonym: Stufenleiterverfahren) und Gleichungsverfahren (Synonym: Kostenstellenausgleichsverfahren) führen zu exakten Verrechnungspreisen.

zu c)

Sekundärkostenrechnung im BAB (alle Ergebnisse in Euro [€]):

|  | KS 3 | KS 2 | KS 1 | KS 4 |
|---|---|---|---|---|
| Primäre GK | + 6.000 | + 10.000 | + 14.000 | + 12.000 |
| KS 3 Entlastung (-) Belastung (+) | - 6.000 | + 6 · (6.000/10) = 3.600 | + 4 · (6.000/10) = 2.400 | |
| KS 2 Entlastung (-) Belastung (+) | | - 13.600 | + 5 · (13.600/10) = 6.800 | + 5 · (13.600/10) = 6.800 |
| Endkosten | 0 | 0 | 23.200 | 18.800 |

eventuell durchgeführte Nebenrechnungen für das Stufenleiterverfahren:

$q_3 = \dfrac{6.000}{6+4} = 600 \ €$ \qquad Verrechnungspreis je LE von KS 3

$q_2 = \dfrac{10.000 + 6 \cdot 600}{5+5} = 1.360 \ €$ \qquad Verrechnungspreis je LE von KS 2

oder Ermittlung der Werte über Gleichungsverfahren als alternative Möglichkeit:

1) Bestimmung der Verrechnungspreise:

I. \quad $10 \cdot q_2 = 10.000 + 6 \cdot q_3$

II. \quad $10 \cdot q_3 = 6.000$

IIa. \quad $q_3 = \dfrac{6.000}{10} = 600$

Ia. \quad $10 \cdot q_2 = 10.000 + 6 \cdot 600$

\quad $q_2 = 1.360 \ €$

Die Endkosten der Kostenstellen 2 und 3 betragen 0 €. Die Kostenstelle 1 trägt Endkosten in Höhe von 23.200 € und die Kostenstelle 4 trägt Endkosten in Höhe von 18.800 €.

zu d)

Lösungsmöglichkeiten:

1) verbale Argumentation:

- Leistungsbeziehungen zwischen Haupt- und Hilfskostenstellen unverändert
- gesamte primäre Kosten unverändert
- KS 2 ist Hilfskostenstelle ⇒ muss vollständig entlastet werden
- an Hauptkostenstellen KS 1 und KS 4 weitergegebene Kosten unverändert ⇒ Endkosten der KS 1 und 4 unverändert

2) neu mit Gleichungsverfahren rechnen ⇒ neue Verrechnungspreise bestimmen

I. $12 \cdot q_2 = 10.000 + 2 \cdot q_2 + 6 \cdot q_3$

II. $10 \cdot q_3 = 6.000$

IIa. $q_3 = \dfrac{6.000}{10} = 600$

Ia. $12 \cdot q_2 = 10.000 + 2 \cdot q_2 + 6 \cdot 600$

$10 \cdot q_2 = 13.600$

$q_2 = 1.360\ €$

⇒ Verrechnungspreise unverändert

⇒ Endkosten der Kostenstellen 1 und 4 (= Endkostenstellen) unverändert

## Lösung zu Aufgabe 63

zu a)

Gozintograph (alle Angaben in Leistungseinheiten [LE]):

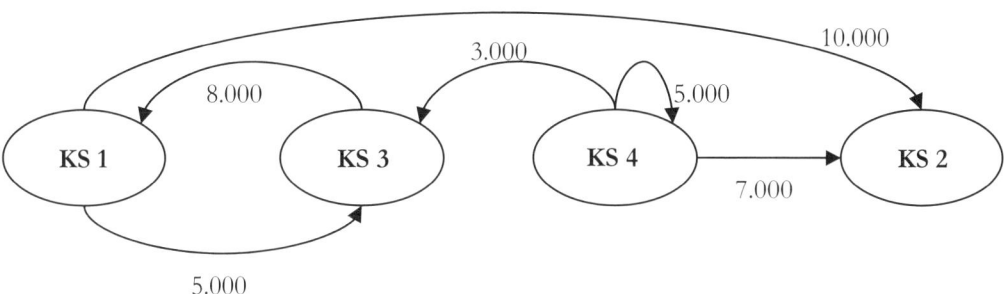

Nur das Gleichungsverfahren ist geeignet, da eine komplexe Kostenstellenstruktur (wechselseitige Leistungsverflechtungen) vorliegt.

zu b)

Gleichungsverfahren anwenden

Alternative A:

$q_1 = 2{,}5$ €/LE

I. $\quad 9.500 + 8.000 \cdot q_3 = 15.000 \cdot q_1$

$\quad \Leftrightarrow 9.500 + 8.000 \cdot q_3 = 37.500$ €

$\quad \Rightarrow q_3 = 3{,}5$ €/LE

II. $\quad 11.000 + 5.000 \cdot q_1 + 3.000 \cdot q_4 = 8.000 \cdot q_3$

$\quad \Leftrightarrow 11.000 + 12.500 + 3.000 \cdot q_4 = 28.000$ €

$\quad \Rightarrow q_4 = 1{,}5$ €/LE

Alternative B:

$q_1 = 2{,}5$ €

I. $\quad 9.500 + K_3 = K_1$

$\quad \Leftrightarrow K_3 = 15.000 \cdot q_1 - 9.500 = 28.000$ €

$\quad \Rightarrow q_3 = 3{,}5$ €/LE

II. $11.000 + \frac{1}{3} \cdot K_1 + \frac{1}{5} \cdot K_4 = K_3$

$\Leftrightarrow K_4 = 22.500 \,€$

$\Rightarrow q_4 = 1,5 \,€/LE$

## Lösung zu Aufgabe 64

zu a)

primäre Gemeinkosten der KS 1 ermitteln:

Ansatz: $\sum_i PK_i = \sum_i EK_i$

mit Zahlen:

$24.000 \,€ = PK_1 + PK_2 + PK_3 + 8.000 \,€$

es gilt:

(1) $PK_1 = 0,5 \cdot PK_3 \Leftrightarrow PK_3 = 2 \cdot PK_1$

(2) $PK_2 = 29 \cdot PK_1$

$\Rightarrow 24.000 \,€ = PK_1 + 29 \cdot PK_1 + 2 \cdot PK_1 + 8.000 \,€$

$\Leftrightarrow 16.000 \,€ = 32 \cdot PK_1$

$\Leftrightarrow PK_1 = 500 \,€$ primäre Gemeinkosten der KS 1

zu b)

Gesamtkosten KS 1 berechnen:

$SK_4$ ermitteln, es gilt:

$24.000 \,€ = EK_4 = GK_4 = PK_4 + SK_4$

$\Leftrightarrow SK_4 = 24.000 \,€ - 8.000 \,€ = 16.000 \,€$

Sekundäre Kosten der KS 4 für Inanspruchnahme von Leistungen der KS 1 ermitteln:

$16.000 \,€ = x + 0,25 \cdot 28.000 \,€ + 5 \cdot 1.000 \,€$

$\Leftrightarrow 16.000 \,€ = x + 12.000 \,€$

$\Leftrightarrow x = 4.000 \,€$

Gesamtkosten KS 1 ermitteln:

$\Leftrightarrow x = \dfrac{4.000 \,€}{0,25} = 16.000 \,€$ Gesamtkosten KS 1

## Lösung zu Aufgabe 65

zu a)

Gozintograph (alle Angaben in Leistungseinheiten [LE]):

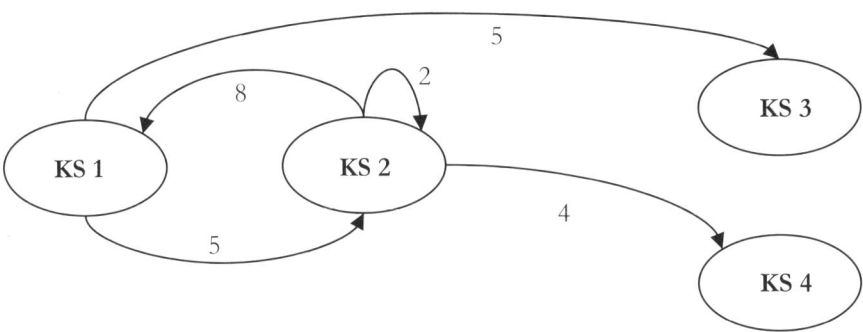

zu b)

geeignete Verfahren: nur Gleichungsverfahren, da komplexe Kostenstellenstruktur

zu c)

I. $\quad 10 \cdot q_1 = 16.000 + 8 \cdot q_2$

II. $\quad 14 \cdot q_2 = 24.000 + 5 \cdot q_1 + 2 \cdot q_2$

II. nach $q_2$ auflösen:

IIa. $\quad q_2 = \dfrac{24.000 + 5 \cdot q_1}{12} = 2.000 + \dfrac{5}{12} \cdot q_1$

IIa. in I. einsetzen und nach $q_1$ auflösen:

$$10 \cdot q_1 = 16.000 + 8 \cdot \left( 2.000 + \dfrac{5}{12} \cdot q_1 \right)$$

$$\Leftrightarrow 10 \cdot q_1 = 32.000 + \dfrac{10}{3} \cdot q_1$$

$$\Leftrightarrow 6\dfrac{2}{3} q_1 = 32.000$$

$$\Leftrightarrow q_1 = 4.800 \ \text{€} / \text{LE}$$

Den Verrechnungspreis $q_1$ in IIa. eingesetzt ergibt:

$$\Rightarrow q_2 = 4.000 \ \text{€} / \text{LE}$$

| BAB | KS 1 | KS 2 | KS 3 | KS 4 |
|---|---|---|---|---|
| $\sum$ Primäre Kosten | 16.000 | 24.000 | 10.000 | 18.000 |
| Umlage KS1 | -48.000 | +24.000 (4.800·5) | +24.000 (4.800·5) | |
| Umlage KS 2 | +32.000 (4.000·8) | +8.000 (4.000·2) -56.0000 | | +16.000 (4.000·4) |
| Endkosten | 0 | 0 | 34.000 | 34.000 |
| Gesamtkosten | 48.000 | 56.000 | 34.000 | 34.000 |

(Alle Ergebnisse in Euro [€])

Gesamtkosten:

Gesamtkosten = Primäre Kosten + Sekundäre Kosten

$GK_1 = q_1 \cdot 10 = 4.800 \cdot 10 = 48.000$ €

$GK_2 = q_2 \cdot 14 = 4.000 \cdot 14 = 56.000$ €

$GK_3 = 10.000 + 4.800 \cdot 5 = 34.000$ €

$GK_4 = 18.000 + 4.000 \cdot 4 = 34.000$ €

Test: Primärkosten der Hilfskostenstellen = Sekundärkosten der Hauptkostenstellen

$16.000 + 24.000 = q_1 \cdot 5 + q_2 \cdot 4 = 4.800 \cdot 5 + 4.000 \cdot 4 = 40.000$ € (✓)

## Lösung zu Aufgabe 66

zu a)

Gozintograph (alle Angaben in Leistungseinheiten [LE]):

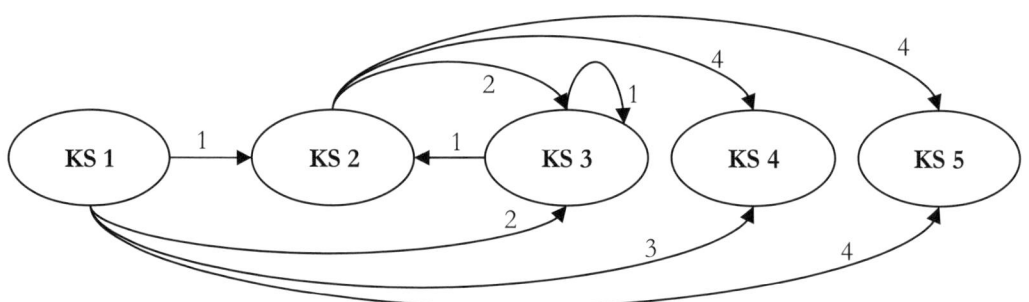

## zu b)

Komplexe Kostenstellenstruktur, weil es Interdependenzen (wechselseitige Lieferbeziehungen) zwischen den Hilfskostenstellen (KS 2 und KS 3) und Eigenverbrauch bei Kostenstelle 3 gibt.

## zu c)

Nur das Kostenstellenausgleichsverfahren (Synonym: Gleichungsverfahren) führt zu exakten Ergebnissen, da eine komplexe Kostenstellenstruktur vorliegt.

Gleichungssystem aufstellen:

I. $10 \cdot q_1 = 500$

II. $10 \cdot q_2 = 400 + q_1 + q_3$

III. $2 \cdot q_3 = 500 + 2 \cdot q_1 + 2 \cdot q_2 + q_3$

aus I.: $q_1 = 50$ €/LE

in II. und III. einsetzen:

IIa. $10 \cdot q_2 = 450 + q_3$

IIIa. $q_3 = 600 + 2 \cdot q_2$

IIIa. in IIa.:

$10 \cdot q_2 = 450 + 600 + 2 \cdot q_2$

$\Rightarrow q_2 = 131{,}25$ €/LE

in IIIa. eingesetzt:

$\Rightarrow q_3 = 862{,}50$ €/LE

Gesamtkosten:

Gesamtkosten = Primäre Kosten + Sekundäre Kosten

$GK_1 = 10 \cdot q_1 = 500$ €

$GK_2 = 10 \cdot q_2 = 1.312{,}50$ €

$GK_3 = 2 \cdot q_3 = 1.725$ €

$GK_4 = PK + 3 \cdot q_1 + 4 \cdot q_2 = 975$ €

$GK_5 = PK + 4 \cdot q_1 + 4 \cdot q_2 = 975$ €

$EK_1 = EK_2 = EK_3 = 0$ €

$EK_4 = 975$ €

$EK_5 = 975$ €

Test: Primärkosten der Hilfskostenstellen = Sekundärkosten der Hauptkostenstellen

$500 + 400 + 500 = 7 \cdot q_1 + 8 \cdot q_2 \Rightarrow 1.400 = 1.400$ € (✓)

## Lösung zu Aufgabe 67

zu a)

Gozintograph (alle Angaben in Leistungseinheiten [LE]):

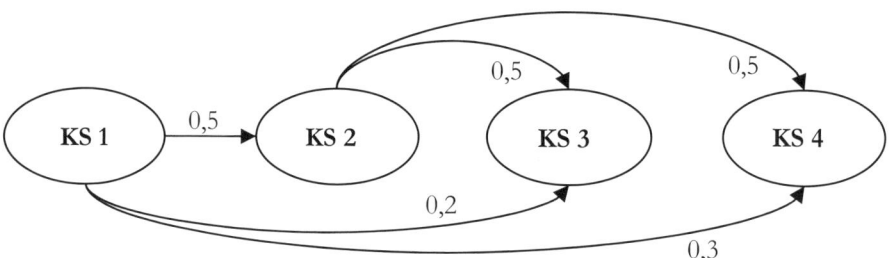

zu b)

Einfach-zusammenhängende Kostenstellenstruktur, weil es nur „vorwärtsgerichtete" Beziehungen zwischen den Hilfskostenstellen gibt und keine „rückwärtsgerichteten" oder wechselseitigen Beziehungen.

zu c)

Das Stufenleiterverfahren (Synonym: Treppenverfahren) führt bei der vorliegenden Kostenstellenstruktur zu exakten Ergebnissen.

$$q_1 = \frac{6.000}{(0,5+0,2+0,3)} = 6.000 \text{ €/LE}$$

$$q_2 = \frac{5.000 + 0,5 \cdot 6.000}{(0,5+0,5)} = 8.000 \text{ €/LE}$$

Betriebsabrechnungsbogen (alle Angaben in Euro [€]):

| BAB | KS 1 | KS 2 | KS 3 | KS 4 |
|---|---|---|---|---|
| ∑ Primäre Kosten | 6.000 | 5.000 | 20.000 | 40.000 |
| Umlage KS 1 | -6.000 | +3000 | +1.200 | +1.800 |
| Umlage KS 2 | 0 | -8.000 | +4.000 | +4.000 |
| Endkosten | 0 | 0 | 25.200 | 45.800 |
| Gesamtkosten | 6.000 | 8.000 | 25.200 | 45.800 |

## Lösung zu Aufgabe 68

zu a)

Gozintograph (alle Angaben in Leistungseinheiten [LE]):

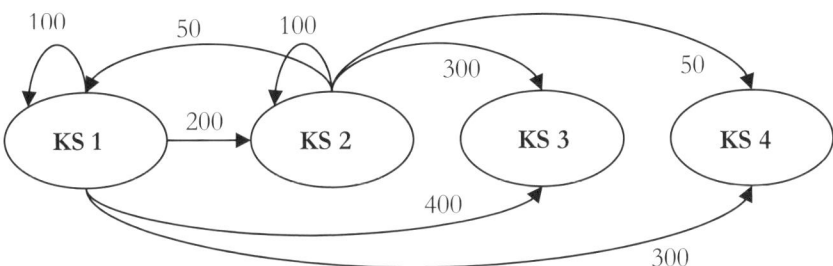

zu b)

Komplexe Kostenstellenstruktur, weil es Interdependenzen (wechselseitige Beziehungen) zwischen den Hilfskostenstellen (KS 1 und KS 2) und Eigenverbrauch (KS 1 und KS 2) gibt.

zu c)

Nur das Kostenstellenausgleichsverfahren (Synonym: Gleichungsverfahren) führt zu exakten Ergebnissen wegen komplexer Kostenstellenstruktur.

Gleichungssystem aufstellen:

I.   $1.000 \cdot q_1 = 6.925 + 100 \cdot q_1 + 50 \cdot q_2$

II.  $500 \cdot q_2 = 600 + 200 \cdot q_1 + 100 \cdot q_2$

Ia.  $900 \cdot q_1 = 6.925 + 50 \cdot q_2$

IIa. $400 \cdot q_2 = 600 + 200 \cdot q_1$

$\Leftrightarrow 50 \cdot q_2 = 75 + 25 \cdot q_1$

IIa. in Ia.:

$900 \cdot q_1 = 6.925 + 75 + 25 \cdot q_1$

$\Rightarrow$  $q_1 = 8$ €/LE

$\Rightarrow$  $q_2 = 5{,}5$ €/LE

Gesamtkosten:

Gesamtkosten = Primäre Kosten + Sekundäre Kosten

$GK_1 = 1.000 \cdot q_1 = 8.000$ €

$GK_2 = 500 \cdot q_2 = 2.750$ €

$GK_3 = 20.000 + 400 \cdot q_1 + 300 \cdot q_2 = 24.850$ €

$GK_4 = 40.000 + 300 \cdot q_1 + 50 \cdot q_2 = 42.675$ €

Test: Primärkosten der Hilfskostenstellen = Sekundärkosten der Hauptkostenstellen

$6.925 + 600 = 700 \cdot q_1 + 350 \cdot q_2 \Rightarrow 7525$ € $= 7525$ € (✓)

Sekundärkostenrechnung (alle Angaben in Euro [€]):

| BAB | KS 1 Kraftwerk | KS 2 Wasserwerk | KS 3 Montage | KS 4 Lackiererei |
|---|---|---|---|---|
| ∑ Primäre Kosten | 6.925 | 600 | 20.000 | 40.000 |
| (KS 1) Umlage Kraftwerk | -8.000 +800 | +1.600 | +3.200 | +2.400 |
| (KS 2) Umlage Wasserwerk | +275 | -2.750 +550 | +1.650 | +275 |
| Endkosten | 0 | 0 | 24.850 | 42.675 |
| Gesamtkosten | 8.000 | 2.750 | 24.850 | 42.675 |

## **Lösung zu Aufgabe 69**

zu a)

$PK_3 = ?; SK_3 = ?$

Es gilt:

Summe der primären Gemeinkosten der Hilfskostenstellen = Summe der Sekundärkosten der Hauptkostenstellen

$PK_1 + PK_2 = SK_3$

$10.000$ € $+ 40.000$ € $= 50.000$ €

$EK_3 = PK_3 + SK_3$

$140.000$ € $= PK_3 + 50.000$ €

$\Rightarrow PK_3 = 90.000$ €

zu b)

$GK_2 = ?; SK_2 = ?$

$GK_{HiKo} = PK_{HiKo} + SK_{HiKo} = x_{HiKo} \cdot q_{HiKo}$

$GK_2 = PK_2 + SK_2 = x_2 \cdot q_2$

$GK_2 = 40.000\,€ + SK_2 = 50\,\text{Rep.} \cdot 1.000\,€/\text{Rep.}$

$\Rightarrow SK_2 = 10.000\,€$

$GK_2 = 50\,\text{Rep.} \cdot 1.000\,€/\text{Rep.} = 50.000\,€$

zu c)

$GK_1 = ?;\ EK_1 = ?;\ q_1 = ?,\quad EK_1 = 0,\ \text{da HiKo}$

Es ist bekannt, dass KS 3 durch KS 1 belastet wurde und dass $SK_3 = 50.000\,€$

$\Rightarrow$ kann $q_1$ herleiten über $SK_3$

$SK_3 = x_{23} \cdot q_2 + x_{13} \cdot q_1 = 50.000\,€$

$= 40 \cdot 1.000\,€ + 400 \cdot q_1 = 50.000\,€$

$\Rightarrow q_1 = 25,00\,€/\text{Einheit Strom}$

Bestimmung von $GK_1$:

$GK_1 = PK_1 + SK_1 = x_1 \cdot q_1$

$GK_1 = 10.000\,€ + x_{11} \cdot q_1 + x_{21} \cdot q_2 = 1.000 \cdot q_1$

$GK_1 = 10.000\,€ + x_{11} \cdot q_1 + 10\,\text{Rep} \cdot 1.000\,€/\text{Rep} = 1.000 \cdot q_1$

$GK_1 = 10.000\,€ + x_{11} \cdot 25,00\,€ + 10\,\text{Rep.} \cdot 1.000\,€/\text{Rep.} = 1.000 \cdot 25,00\,€$

$\Rightarrow GK_1 = 1.000 \cdot 25,00\,€ = 25.000\,€$

$\Rightarrow x_{11} = 200$

$x_{12} = ?$

$x_{12} = x_1 - x_{11} - x_{13}$

$x_{12} = 1.000 - 200 - 400 = 400$

$\Rightarrow \underbrace{10.000\,€}_{400 \cdot 25,00}$ von KS 1 zu KS 2

zu d)

|  | HiKo KS1 | HiKo KS2 | HaKo KS3 |
|---|---|---|---|
| Primäre GK | 10.000 | 40.000 | 90.000 |
| Umlage KS 1 | 5.000<br>-25.000 | 10.000 | 10.000 |
| Umlage KS 2 | 10.000 | -50.000 | 40.000 |
| Endkosten | 0 | 0 | 140.000 |
| Gesamtkosten | 25.000 | 50.000 | 140.000 |

(alle Angaben in Euro [€])

## Lösung zu Aufgabe 70

zu a)

a1) Einfach-zusammenhängende Kostenstellenstruktur, da kein Eigenverbrauch und keine „rückwärtsgerichteten" Leistungen.

KS 2 und KS 4 $\Rightarrow$ Hilfskostenstellen

KS 1 und KS 3 $\Rightarrow$ Hauptkostenstellen oder Endkostenstellen

a2) Alle Verfahren führen zu einem exaktem Ergebnis, da zwischen den Hilfskostenstellen keine Verflechtung besteht $\Rightarrow$ Wähle Anbauverfahren (Blockverfahren), da einfachstes Verfahren.

Verrechnungspreise bestimmen:

$$PK_2 = 100.000\,€ = q_2 \cdot (6\,LE + 4\,LE)$$

$$\Rightarrow q_2 = \frac{100.000\,€}{10\,LE} = 10.000\,€/LE$$

$$PK_4 + SK_4 = 40.000\,€ + 0\,€ = q_4 \cdot (3\,LE + 1\,LE)$$

$$\Rightarrow q_4 = \frac{40.000\,€}{4\,LE} = 10.000\,€/LE$$

zu b)

Unternehmen Y

b1) Gozintograph (alle Angaben in Leistungseinheiten [LE]):

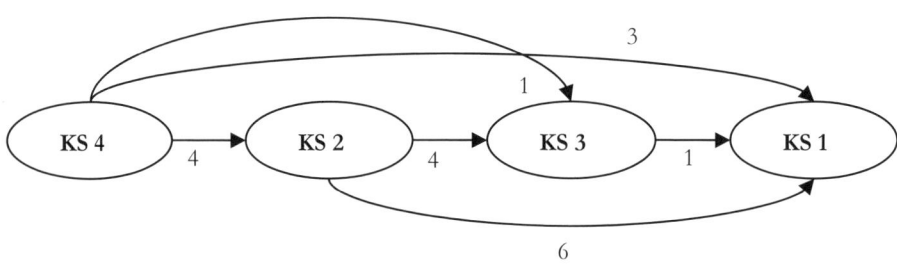

b2) Einfach-zusammenhängende Kostenstellenstruktur, da keine „rückwärtsgerichteten" Leistungen und keine Eigenleistung.

KS 2, KS 3 und KS 4 $\Rightarrow$ Hilfskostenstellen

KS 1 $\Rightarrow$ Hauptkostenstelle

b3) Stufenleiterverfahren (Synonym: Treppenverfahren) und Gleichungsverfahren (Synonym: Kostenstellenausgleichsverfahren) führen zu exakten Ergebnissen $\Rightarrow$ Wähle Stufenleiterverfahren, da einfacher umsetzbar.

KS 4:

$PK_4 = q_4 \cdot (x_{41} + x_{42} + x_{43})$

$\Leftrightarrow 40.000\,€ = q_4 \cdot (3\,LE + 4\,LE + 1\,LE)$

$\Rightarrow q_4 = 5.000\,€/LE$

KS 2:

$PK_2 + q_4 \cdot x_{42} = q_2 \cdot (x_{21} + x_{23})$

$\Leftrightarrow 100.000\,€ + 5.000\,€/LE \cdot 4\,LE = q_2 \cdot (6\,LE + 4\,LE)$

$\Rightarrow q_2 = 12.000\,€/LE$

KS 3:

$PK_3 + q_2 \cdot x_{23} + q_4 \cdot x_{43} = q_3 \cdot x_{31}$

$\Leftrightarrow 30.000\,€ + 4\,LE \cdot 12.000\,€/LE + 1\,LE \cdot 5.000\,€/LE = q_3 \cdot 1\,LE$

$\Rightarrow q_3 = 83.000\,€/LE$

zu c)

Unternehmen Z

c1) Komplexe Kostenstellenstruktur, da Eigenlieferung bei KS 3 und Lieferungen an vorgelagerte Kostenstellen.

KS 2, KS 3 und KS 4 $\Rightarrow$ Hilfskostenstellen

KS 1 $\Rightarrow$ Hauptkostenstelle

c2) Nur Gleichungsverfahren (Synonym: Kostenstellenausgleichsverfahren) führt zu exakten Ergebnissen.

$$GK_j = PK_j + SK_j = PK_j + \sum_{i=1}^{J} q_i \cdot x_{ij} = q_j \cdot x_j \text{ für } j = 1,\ldots,J$$

I.   $GK_2 = 100.000\,€ + 1 \cdot q_3 + 4 \cdot q_4 = 10 \cdot q_2$

II.  $GK_3 = 30.000\,€ + 4 \cdot q_2 + 2 \cdot q_3 + 1 \cdot q_4 = 4 \cdot q_3$

   $GK_3 = 30.000\,€ + 4 \cdot q_2 - 2 \cdot q_3 + q_4 = 0$

III. $GK_4 = 40.000\,€ = 8 \cdot q_4$

aus III. folgt:

$q_4 = \dfrac{40.000\,€}{8\,LE} = 5.000\,€/LE$

In I. einsetzten:

I.  $100.000\, \text{€} + q_3 + 4\, \text{LE} \cdot 5.000\, \text{€}/\text{LE} = 10 \cdot q_2$

$\Rightarrow$ Ia.  $q_3 = -120.000\, \text{€} + 10 \cdot q_2$

Ia. und $q_4$ in II.:

II.  $30.000\, \text{€} + 4 \cdot q_2 - 2 \cdot (-120.000\, \text{€} + 10 \cdot q_2) + 1\, \text{LE} \cdot 5.000\, \text{€}/\text{LE} = 0$

$\Leftrightarrow 30.000\, \text{€} + 4 \cdot q_2 + 240.000\, \text{€} - 20 \cdot q_2 + 5.000\, \text{€} = 0$

$\Leftrightarrow -16\, \text{LE} \cdot q_2 = -275.000\, \text{€}$

$\Rightarrow q_2 = 17.187,50\, \text{€}/\text{LE}$

In Ia.:

Ia.  $q_3 = -120.000\, \text{€} + 10\, \text{LE} \cdot 17.187,50\, \text{€}/\text{LE} = 51.875\, \text{€}/\text{LE}$

Gesamtkosten:

$GK_j = PK_j + SK_j$

$GK_4 = 40.000\, \text{€}$

$GK_2 = 100.000\, \text{€} + 4\, \text{LE} \cdot 5000\, \text{€}/\text{LE} + 1\, \text{LE} \cdot 51.875\, \text{€}/\text{LE} = 171.875\, \text{€}$

$GK_3 = 30.000\, \text{€} + 1\, \text{LE} \cdot 5.000\, \text{€}/\text{LE} + 4\, \text{LE} \cdot 17.187,50\, \text{€}/\text{LE} + 2\, \text{LE} \cdot 51.875\, \text{€}/\text{LE} = 207.500\, \text{€}$

$GK_1 = 120.000\, \text{€} + 3\, \text{LE} \cdot 5.000\, \text{€}/\text{LE} + 6\, \text{LE} \cdot 17.187,50\, \text{€}/\text{LE} + 1\, \text{LE} \cdot 51.875\, \text{€}/\text{LE} = 290.000\, \text{€}$

Endkosten:

$EK_{2,3,4} = 0$, da Hilfskostenstellen vollständig entlastet werden.

$EK_1 = GK_1 = 120.000\, \text{€} + 103.125\, \text{€} + 51.875\, \text{€} + 15.000\, \text{€} = 290.000\, \text{€}$

|  | Kostenstellen | | | |
|---|---|---|---|---|
|  | HiKo | | | HaKo |
|  | KS 4 | KS 2 | KS 3 | KS 1 |
| PK (Summe) | 40.000 | 100.000 | 30.000 | 120.000 |
| KS 4 | −40.000 | +20.000 | +5.000 | +15.000 |
| KS 2 |  | −171.875 | +68.750 | +103.125 |
| KS 3 |  | +51.875 | +103.750 | +51.875 |
|  |  |  | −207.500 |  |
| Endkosten | 0 | 0 | 0 | 290.000 |
| Gesamtkosten | 40.000 | 171.875 | 207.500 | 290.000 |

(alle Angaben in Euro [€])

## 4.2.3 Kostenträgerstückrechnung

### 4.2.3.1 Mehrstufige Divisionskalkulation

**Lösung zu Aufgabe 71**

| | Aussage | Richtig/Falsch |
|---|---|---|
| a) | Eine Anwendungsvoraussetzung der einstufigen Divisionskalkulation ist, dass Absatz- und Produktionsmengen von Fertigerzeugnissen identisch sein müssen. | Richtig |
| | Vgl. Lehrbuch Abschnitt II.D.3. | |
| b) | Zu den Anwendungsvoraussetzungen der einstufigen Divisionskalkulation gehört, dass der Lagerbestand unfertiger Erzeugnisse konstant bleibt. | Richtig |
| | Vgl. Lehrbuch Abschnitt II.D.3. | |

**Lösung zu Aufgabe 72**

zu a)

Ermittlung der Herstellkosten

Stufe 1 (Zuschnitt):

$$k_1 = \frac{38.400}{32.000} = 1,2 \left[ \text{€}/\text{Einzelteil} \right]$$

Stufe 2 (Nähen):

$$k_2 = \frac{16.500 + 20 \cdot 1,2 \cdot 1.250}{1.250} = 37,20 \left[ \text{€}/\text{Nilpferd} \right]$$

Stufe 3 (Füllen):

$$k_3 = \frac{10.000 + 37,20 \cdot 1.250}{1.250} = \frac{56.500}{1.250} = 45,20 \left[ \text{€}/\text{Nilpferd} \right]$$

Die Herstellkosten pro Nilpferd betragen 45,20 €.

zu b)

Maximale Veränderung von $E_1^*$:

$$k_1 = \frac{E_1^*}{32.000}$$

$$\Rightarrow k_2 = \frac{16.500 + \frac{E_1^*}{32.000} \cdot 25 \cdot 1.250}{1.250} = 13,20 + \frac{E_1^*}{1.280}$$

$$\Rightarrow k_3 = \frac{10.000 + 1.250 \cdot \left(13,20 + \frac{E_1^*}{1.280}\right)}{1.250} \leq 48,20$$

$$\Leftrightarrow 10.000 + 1.250 \cdot \left(13,20 + \frac{E_1^*}{1.280}\right) \leq 60.250$$

$$\Leftrightarrow 13,20 + \frac{E_1^*}{1.280} \leq 40,20$$

$$\Leftrightarrow \frac{E_1^*}{1.280} \leq 27$$

$$\Leftrightarrow E_1^* \leq 34.560\ \text{€}$$

$E_1^*$ darf maximal den Wert 34.560 € annehmen.

## **Lösung zu Aufgabe 73**

zu a)

der Stufe 1 zugerechnete Kosten: $\quad k_1 = \frac{E_1^*}{x_1} = 5 = \frac{E_1^*}{4.200} \Rightarrow E_1^* = 4.200 \cdot 5 = 21.000\ \text{€}$

zu b)

in Produktionsstufe 2 hergestellte Menge:

$$k_2 = \frac{48.000 + 5 \cdot m_1}{x_2} = 20\ \text{€/ME, da hier } m_1 = x_2$$

$$\Rightarrow \frac{48.000}{x_2} = 15$$

$$\Rightarrow x_2 = 3.200\ \text{ME}$$

$\Rightarrow$ Lagerzugang, da Produktionsmenge Stufe 2 < Produktionsmenge Stufe 1

mengenmäßig: $\quad 4.200 - 3.200 = +1.000\ \text{ME}$

wertmäßig: $\quad 1.000 \cdot 5 = +5.000\ \text{€}$

## Lösung zu Aufgabe 74

zu a)

Ermittlung der Herstellkosten:

$$k_1 = \frac{9.000}{6.000} = 1,5 \,€/kg \text{ oder}$$

$$k_1 = 1,5 \frac{€}{kg} \cdot 0,6 \frac{kg}{Kuchen} = 0,9 \frac{€}{Kuchen}$$

$$k_2 = \frac{5.600 + 0,9 \cdot 2.800}{2.800} = 2,9 \,€/Kuchen$$

$$k_3 = \frac{4.800 + 2.700 \cdot 2,9 + 500 \cdot 2,8}{3.200} = 4,384375 \approx 4,38 \,€/Kuchen \Rightarrow \text{Herstellkosten}$$

alternativ für $k_3$:

$$k_2 = \frac{2.700 \cdot 2,9 + 500 \cdot 2,8}{3.200} = 2,884375 \approx 2,88 \,€/Kuchen$$

$$\Rightarrow k_3 = \frac{4.800 + 3.200 \cdot 2,884375}{3.200} = 4,384375 \approx 4,38 \,€/Kuchen \Rightarrow \text{Herstellkosten}$$

zu b)

Menge auf Lager vorher: 500 Kuchen

Menge auf Lager aktuell: 100 Kuchen

Bewertung der Kuchen:

Auf Lager liegen die frischen Kuchen, die noch nicht glasiert wurden:

Bewertung à 2,90 €/Kuchen

Bewertung des Lagers insgesamt: 2,90 €/Kuchen · 100 Kuchen = 290 €

## Lösung zu Aufgabe 75

zu a)

Produktionsstufe 1 (Keltern):

$$k_1 = \frac{210.000 \,€}{15.000 \,Liter} = 14,00 \,€/\text{Liter gekelterte Menge}$$

Produktionsstufe 2 (Lagern):

Da es sich bei den 5 % um regelmäßigen Schwund handelt, müssen sie mit einkalkuliert werden. Deswegen 15.000 im Zähler und 14.250 im Nenner.

$$k_2 = \frac{15.000 \text{ Liter} \cdot 14,00 \text{ €/Liter} + 50.000 \text{ €}}{14.250 \text{ Liter}} = \frac{260.000 \text{ €}}{14.250 \text{ Liter}} = 18,2456 \text{ €/Liter}$$

$\approx 18,25$ €/Liter gelagerte Menge

(15.000 Liter - 14.250 Liter = 750 Liter gehen verloren)

Produktionsstufe 3 (Abfüllung):

$$w_2 = \frac{14.250 \text{ Liter} \cdot 18,25 \text{ €/Liter} + 1.000 \text{ Liter} \cdot 20,00 \text{ €/Liter}}{15.250 \text{ Liter}} = 18,36475 \approx 18,36 \text{ €/Liter}$$

$$k_3 = \frac{15.250 \text{ Liter} \cdot 18,36 \text{ €/Liter} + 200.000 \text{ €}}{15.250 \text{ Liter}} = 31,4748 \approx 31,47 \text{ €/Liter abgefüllte Menge}$$

Produktionsstufe 4 (Vertrieb):

5.250 Liter werden im nächsten Jahr vertrieben. Daher erhöhen sie die Kosten nicht.

$$k_4 = \frac{10.000 \text{ Liter} \cdot 31,47 \text{ €/Liter} + 20.000 \text{ €}}{10.000 \text{ Liter}} = 33,47 \text{ €/Liter vertriebene Menge}$$

pro Flasche = 33,47 €/Liter · 0,75 Liter/Flasche = 25,1025 €/Flasche ≈ 25,10 €/Flasche

zu b)

Herstellkosten nicht abgesetzter Fertigerzeugnisse betragen:

31,47 €/Liter · 0,75 Liter/Flasche = 23,60 €/Flasche $\Rightarrow$ Kosten der Produktionsstufe 3

Vertriebskosten fallen nur für abgesetzte Erzeugnisse an und sind daher bei der Bewertung der Herstellkosten nicht abgesetzter Erzeugnisse nicht zu berücksichtigen.

zu c)

fertige Erzeugnisse (Stufe 3) $\Rightarrow$ noch nicht abgesetzt

Bestandserhöhung: 15.250 Liter – 10.000 Liter = 5.250 Liter $\Rightarrow$ mengenmäßige Veränderung

Bewertung: 5.250 Liter · 31,47 €/Liter = 165.217,50 € $\Rightarrow$ wertmäßige Veränderung

## Lösung zu Aufgabe 76

Die Kosten der Stufen werden in folgender Rechnung ersichtlich:

$$k_1 = \frac{E_1^*}{x_1} = \frac{8.000\,\text{€}}{10.000\,\text{m}^2} = 0,8\,\frac{\text{€}}{\text{m}^2}$$

$$k_2 = \frac{0,8\,\frac{\text{€}}{\text{m}^2} \cdot 10.000\,\text{m}^2 + 1\,\frac{\text{€}}{\text{Liter}} \cdot 0,5\,\frac{\text{Liter}}{\text{m}^2} \cdot 10.000\,\text{m}^2 + 5.037,50\,\text{€}}{9.250\,\text{m}^2} = 1,95\,\frac{\text{€}}{\text{m}^2}$$

$$k_3 = \frac{1,95\,\frac{\text{€}}{\text{m}^2} \cdot 9.250\,\text{m}^2 + 2.497,50\,\text{€}}{9.250\,\text{m}^2} = 2,22\,\frac{\text{€}}{\text{m}^2}$$

### 4.2.3.2 Äquivalenzziffernkalkulation

## Lösung zu Aufgabe 77

Einheitsproduktmenge bestimmen

V1:  $20.000 \cdot 1,25$  = 25.000 RE

V2:  $17.500 \cdot 0,8$  = 14.000 RE

V3:  $14.500 \cdot 1$  = 14.500 RE

$\Rightarrow$ Summe: 53.500 RE

Kosten je Einheitsprodukt:

$$\frac{160.500}{53.500} = 3\ \text{€/RE}$$

Kosten je Variante:

V1: $3 \cdot 1,25 = 3,75$ €/Stück

V2: $3 \cdot 0,8 = 2,40$ €/Stück

V3: $3 \cdot 1 = 3,00$ €/Stück

## Lösung zu Aufgabe 78

zu a)

Produktionsmengen ermitteln (alternative Rechenwege):

$$\frac{42.000}{15} = 2.800 \text{ Rechnungseinheiten}$$

$x_1 + 1,5 \cdot x_2 = 2.800$

$x_2 = 1,2 \cdot x_1$

$\Leftrightarrow x_1 + 1,5 \cdot 1,2 \cdot x_1 = 2.800$

$\Leftrightarrow x_1 = 1.000$

$\Rightarrow x_2 = 1.200$

oder:

$15 \cdot x_1 + 15 \cdot 1,5 \cdot x_2 = 42.000$

$15 \cdot x_1 + 15 \cdot 1,5 \cdot 1,2 \cdot x_1 = 42.000$

$42 \cdot x_1 = 42.000$

$\Leftrightarrow x_1 = 1.000 \text{ ME}$

$\Rightarrow x_2 = 1.200 \text{ ME}$

Die Produktionsmengen betragen für das erste Produkt 1.000 Mengeneinheiten und für das zweite Produkt 1.200 Mengeneinheiten.

zu b)

Selbstkosten je Stück für Produktart 2    $15 \cdot 1,5 = 22,5$ €

## Lösung zu Aufgabe 79

zu a)

Die Äquivalenzziffer für Trikots beträgt 1,65.

zu b)

| Sorte | Äquivalenzziffer | Produkteinheiten | Rechnungseinheiten (RE) |
|---|---|---|---|
| Fahnen | 1 | 9.250 | 9.250 |
| Trikots | 1,65 | 10.000 | 16.500 |
| Summe | | | 25.750 |

$k_{Fahne} = \dfrac{57.165\,€}{25.750\,RE} = 2,22\,€/RE = 2,22\,€/ME$  Kosten pro Stück für eine Fahne

$k_{Trikot} = 2,22\,€/Re \cdot 1,65\,RE/ME = 3,66\,€/ME$  Kosten pro Stück für ein Trikot

oder einfacher:

$1,65 \cdot k_{Fahne} = k_{Trikot} \Rightarrow 1,65 \cdot 2,22\,€/ME = 3,66\,€/ME$

## Lösung zu Aufgabe 80

Kosten pro Rechnungseinheit des Einheitsproduktes: $\dfrac{11,40\,€}{1,9} = 6\,€$

Produktionsmenge Deltas: $3 \cdot 80\,Stück = 240\,Stück$

Anzahl Rechnungseinheiten insgesamt: $80 \cdot 1 + 240 \cdot 1,9 = 536\,RE$

Gesamtkosten: $6\,€ \cdot 536 = 3.216\,€$

Die Gesamtkosten der letzten Periode betragen 3.216 €.

## Lösung zu Aufgabe 81

zu a)

Äquivalenzziffern und Einheitsproduktmenge berechnen:

$z_{Call\,1} = 1$

$z_{Call\,2} = 1,2 \cdot z_{Call\,1} = 1,2$

$z_{Call\,3} = 1,25 \cdot z_{Call\,4}$

$z_{Call\,4} = 1,1 \cdot z_{Call\,2} = 1,1 \cdot 1,2 = 1,32$

$\Rightarrow z_{Call\,3} = 1,25 \cdot 1,32 = 1,65$

| Variante | Menge [Stück] | Äquivalenzziffer | Einheitsproduktmenge/ Rechnungseinheiten (RE) |
|---|---|---|---|
| Call 1 | 1.000 | 1 | $1 \cdot 1.000 = 1.000$ |
| Call 2 | 950 | 1,2 | $1,2 \cdot 950 = 1.140$ |
| Call 3 | 1.300 | 1,65 | $1,65 \cdot 1.300 = 2.145$ |
| Call 4 | 1.400 | 1,32 | $1,32 \cdot 1.400 = 1.848$ |
| Summe Einheitsprodukt | | | 6.133 |

Kosten je Einheitsprodukt: $\dfrac{23.183\,\text{€}}{6.133\,\text{RE}} = 3,78\,\text{€/RE}$

| Variante | Kosten [€/RE] |
|---|---|
| Call 1 | $1 \cdot 3,78 = 3,78$ |
| Call 2 | $1,2 \cdot 3,78 = 4,54$ |
| Call 3 | $1,65 \cdot 3,78 = 6,24$ |
| Call 4 | $1,32 \cdot 3,78 = 4,99$ |

zu b)

Berechnung von $k_3$ über:

$$k_3 = k_1 \cdot z_3 = 3,69$$

$$k_3 = \frac{23.183\,€}{\text{gesamte Rechnungseinheiten}} \cdot z_3 = 3,69$$

$$k_3 = \frac{23.183\,€}{1.000\,\text{RE} + 1.140\,\text{RE} + 1.300 \cdot z_3 + 1.848\,\text{RE}} \cdot z_3 = 3,69$$

$$= \frac{23.183\,€}{3.988\,\text{RE} + 1.300 \cdot z_3} \cdot z_3 = 3,69$$

$$23.183\,€ \cdot z_3 = 14.715,72 + 4.797 \cdot z_3$$
$$\Rightarrow z_3 = 0,80$$

## Lösung zu Aufgabe 82

zu a)

Sorte 1 ist das Einheitsprodukt, da es eine Äquivalenzziffer von 1 hat.

zu b)

$$k_2 \cdot 1,875 = k_3$$
$$z_2 \cdot 1,875 = z_3 = 1,5$$
$$\Rightarrow z_2 = 0,8$$

zu c)

|  | Äquivalenzziffer | Anzahl der hergestellten Produkte | Rechnungs-einheiten | Kosten je Produkteinheit |
|---|---|---|---|---|
| Sorte 1 | 1 | 600 Stück | 600 RE | 5,00 € |
| Sorte 2 | 0,8 | 300 Stück | 240 RE | 4,00 € |
| Sorte 3 | 1,5 | 450 Stück | 675 RE | 7,50 € |
| Summe |  | 1.350 Stück | 1.515 RE |  |

Kosten je Einheitsprodukt: $\dfrac{7.575\,€}{1.515\,\text{RE}} = 5,00\,€/\text{RE}$

zu d)

675 Lutscher von Sorte 1 rufen die gleichen Kosten hervor. (Bedeutung der Rechnungseinheiten von Sorte 3)

### 4.2.3.3 Kalkulation von Kuppelprodukten

**Lösung zu Aufgabe 83**

| | Aussage | Richtig/Falsch |
|---|---|---|
| a) | Die Zuschlagskalkulation ist für die Kalkulation von Kuppelprodukten geeignet. | Falsch |
| | Für die Kalkulation von Kuppelprodukten sind sowohl die Marktwertrechnung als auch die Restwertrechnung geeignet. | |
| b) | Die Grundidee der zur Kalkulation von Kuppelprodukten eingesetzten Marktwertrechnung besteht darin, den einzelnen Kostenträgern Gemeinkosten auf Basis einer Schlüsselgröße zuzurechnen, die von den Absatzpreisen abhängt. | Richtig |
| | Vgl. Lehrbuch Abschnitt II.D.3.c. | |
| c) | Marktwert- und Restwertrechnung als Verfahren zur Kalkulation von Kuppelprodukten unterscheiden sich dahingehend, dass zur Anwendung der Marktwertrechnung eine Einteilung der Kuppelprodukte in Haupt- und Neben- oder Abfallprodukte erforderlich ist, zur Restwertrechnung jedoch nicht. | Falsch |
| | Markt- und Restwertrechnung sind hier vertauscht. | |
| d) | Die Anwendung der Marktwertrechnung setzt eine Einteilung der Kuppelprodukte in Hauptprodukte einerseits und Neben- oder Abfallprodukte andererseits voraus. | Falsch |
| | Die Einteilung in Haupt- Abfall- und Nebenprodukte ist Teil der Vorgehensweise der Restwertrechnung. | |
| e) | Einzelnen Kuppelprodukten können die Kosten des Produktionsprozesses grundsätzlich nicht verursachungs- oder beanspruchungsgerecht zugerechnet werden. | Richtig |
| | Dies ist der Fall, weil bei Kuppelprodukten mehrere Produkte zwangsläufig gleichzeitig im Rahmen eines Produktionsprozesses anfallen. | |

| f) | Die Marktwertrechnung basiert auf dem Grundgedanken des Kostenträgfähigkeitsprinzips. | Richtig |
|---|---|---|
| | Und zwar in dem Sinne, dass den Kuppelprodukten Herstellkosten proportional zu ihren Erlösen zugerechnet werden. | |
| g) | Die Marktwertrechnung stellt eine Möglichkeit der Kalkulation von Kuppelprodukten dar. | Richtig |
| | Bei der Markwertrechnung werden den Kuppelprodukten Herstellkosten proportional zu ihren Erlösen zugerechnet. | |

## Lösung zu Aufgabe 84

zu a)

Marktwertrechnung:

gesamter Marktwert: 100.000 € + 150.000 € + 650.000 € = 900.000 €

je € Marktwert zugerechnete Kosten: $\frac{765.000\ €}{900.000\ €} = 0{,}85$

Kosten der Kuppelprodukte:

    P1: 100.000 € · 0,85 = 85.000 €

    P2: 150.000 € · 0,85 = 127.500 €

    P3: 650.000 € · 0,85 = 552.500 €

zu b)

Restwertrechnung:

Nebenprodukte: Zurechnung von Kosten in Höhe ihres Marktwertes

    P1: 100.000 €

    P2: 150.000 €

Hauptprodukt: Restliche Kosten

    P3: 765.000 € − 100.000 € − 150.000 € = 515.000 €

## zu c)

Unterschiede

| Marktwertrechnung | Restwertrechnung |
|---|---|
| Keine Unterscheidung zwischen Haupt- und Nebenprodukten. | Unterscheidung zwischen Haupt- und Nebenprodukten. |
| Alle Kuppelprodukte weisen dieselbe Gewinnmarge auf. | Gesamter Gewinn wird dem Hauptprodukt zugerechnet, Gewinnmarge der Nebenprodukte beträgt Null. |

## Lösung zu Aufgabe 85

zu a)

| Produkt | Marktwert |
|---|---|
| Altbier | $200 \cdot 0{,}5 = 100$ € |
| Weizenbier | 210 € |
| Starkbier | 80 € |
| Kölsch | 440 € |
| **Summe** | 830 € |

Kosten pro € Marktwert: $\dfrac{664}{830} = 0{,}8$ €

| Produkt | Kosten pro Liter | Gewinn pro Liter |
|---|---|---|
| Altbier | $0{,}80 \cdot 0{,}50 = 0{,}4$ € | $0{,}50 - 0{,}40 = 0{,}10$ € |
| Weizenbier | 0,56 € | 0,14 € |
| Starkbier | 0,64 € | 0,16 € |
| Kölsch | 0,88 € | 0,22 € |

Anmerkung: Die Gewinnmarge (Gewinn / Umsatz) ist für alle Produkte identisch.

$$\text{Bsp.: Gewinnmarge Altbier} = \frac{0{,}1\,€}{0{,}5\,€} = 0{,}2 = 20\,\%$$

## zu b)

Gewinn von Altbier, Weizenbier und Starkbier = 0 €, da es Nebenprodukte sind.

Folgekosten von Altbier: 0,7 · 100 € = 70 €

Gesamtkosten in Höhe von 664 € + 70 € = 734 €

Gesamtkosten, die von Altbier, Weizenbier und Starkbier getragen werden:

⇒ 300 € · 0,9 + 300 € · 0,7 + 100 € · 0,8 = 560 €

Für Kölsch verbleibende Gesamtkosten: 734 € − 560 € = 174 €

⇒ Kosten pro Liter Kölsch: $\frac{174}{400} = 0,435$ €

⇒ Gewinn pro Liter Kölsch: 0,665 €

### 4.2.3.4 Zuschlagskalkulation

**Lösung zu Aufgabe 86**

| Aussage | | Richtig/Falsch |
|---|---|---|
| a) | Bei der summarischen Zuschlagskalkulation werden die Einzelkosten unter Verwendung einer einzigen Zuschlagsbasis auf die Kostenträger geschlüsselt. | Falsch |
| | Bei der Anwendung der summarischen Zuschlagskalkulation summiert man die gesamten primären Gemeinkosten eines Unternehmens und anschließend rechnet man diese Summe auf der Basis einer Zuschlagsgrundlage den absatzbestimmten Kostenträgern zu. | |
| b) | Bei der summarischen Zuschlagskalkulation werden die Gemeinkosten unter Verwendung einer einzigen Zuschlagsbasis auf die Kostenträger geschlüsselt. | Richtig |
| | Vgl. Lehrbuch Abschnitt II.D.4. | |
| c) | Die Zuschlagskalkulation ist vor allem für Serien- oder Einzelfertigung geeignet. | Richtig |
| | Vgl. Lehrbuch Abschnitt II.D.2. | |
| d) | In der Zuschlagskalkulation werden Kostenträgereinzelkosten über Schlüsselgrößen zugerechnet. | Falsch |
| | Kennzeichen von Einzelkosten ist, dass sie den Kostenträgern direkt – also ohne Schlüsselgrößen - zugerechnet werden können. In der Zuschlagskalkulation werden aber Kostenträgergemeinkosten mithilfe von Schlüsselgrößen und Zuschlagssätzen den Kostenträgern zugerechnet. | |

| | | |
|---|---|---|
| e) | Der wesentliche Unterschied zwischen der summarischen und der elektiven Zuschlagskalkulation besteht darin, dass bei der summarischen Zuschlagskalkulation für jede Hauptkostenstelle ein Zuschlagssatz verwendet wird, während bei der elektiven Zuschlagskalkulation lediglich ein einziger Zuschlagssatz zum Einsatz kommt. | Falsch |
| | Es verhält sich genau umgekehrt. Bei der <u>summarischen</u> Zuschlagskalkulation dient <u>eine Summe</u> von Einzelkosten als Zuschlagsbasis aller Gemeinkosten. Bei der elektiven Zuschlagskalkulation (von lat. eligere = auswählen) werden dagegen für die verschiedenen Kostenstellen auch <u>verschiedene Summen</u> von Einzelkosten als Zuschlagsbasis ausgewählt (z.B. Materialeinzelkosten als Zuschlagsbasis für Materialgemeinkosten, Fertigungseinzelkosten als Zuschlagsbasis für Fertigungsgemeinkosten). | |
| f) | Bei der elektiven Zuschlagskalkulation werden die Gemeinkosten auf Basis einer einzigen Zuschlagsgrundlage zugerechnet. | Falsch |
| | Bei der elektiven Zuschlagskalkulation werden die Gemeinkosten in Teilbeträge aufgeteilt und anhand mehrerer verschiedener wert- oder mengenmäßiger Schlüssel auf die Kostenträger umgewälzt. | |
| g) | Die Verwaltungs- und Vertriebsgemeinkosten werden im Rahmen der elektiven Zuschlagskalkulation typischerweise auf Basis der Herstellkosten zugeschlagen. | Richtig |
| | Vgl. Lehrbuch Abschnitt II.D.4. | |
| h) | Die elektive Zuschlagskalkulation wird bevorzugt in der Massenfertigung zur Kalkulation eingesetzt. | Falsch |
| | Die elektive Zuschlagskalkulation wird bevorzugt in der Einzel- und Serienfertigung eingesetzt. | |

## Lösung zu Aufgabe 87

zu a)

Zuschlagssätze bestimmen:

Material: $z_M = 30\ \%$

Fertigung: $z_F = \dfrac{624.141\ €}{495.350\ €} \cdot 100\ \% = 126\ \%$

Auftrag kalkulieren:

| | |
|---|---|
| Materialeinzelkosten | 210 € |
| + Materialgemeinkosten (30 % auf MEK) | 63 € |
| = **Materialkosten (MK)** | **273 €** |
| Fertigungseinzelkosten | 450 € |
| + Fertigungsgemeinkosten (126 % auf FEK) | 567 € |
| = **Fertigungskosten** | **1.017 €** |
| **Herstellkosten (HK)** | **1.290 €** |
| + Verwaltungs- und Vertriebsgemeinkosten | 129 € |
| = **Selbstkosten** | **1.419 €** |

zu b)

Sondereinzelkosten (SEK) der Fertigung

$\Rightarrow$ Fertigungskosten + 50 €

MK nicht betroffen $\Rightarrow$ HK steigen um insgesamt 50 €.

HK sind Zuschlagsbasis für Verwaltungs- und Vertriebsgemeinkosten.

$\Rightarrow$ steigen um $0,1 \cdot 50 € = 5 €$

$\Rightarrow$ SK steigen um insgesamt 50 € + 5 € = 55 €.

## Lösung zu Aufgabe 88

Herstellkosten = Fertigungskosten + Materialkosten

$x_M$  Materialeinzelkosten

$x_F$  Fertigungseinzelkosten

$x_F \cdot (1 + 0,3) + x_M \cdot (1 + 0,1) = 265,50 €$

es gilt: $x_M = 1,5 \cdot x_F$

$\Rightarrow 1,3 \cdot x_F + 1,1 \cdot 1,5 \cdot x_F = 265,50 €$

$\Rightarrow x_F = 90 €$

⇒ Materialkosten:	$1{,}5 \cdot 90\,€ \cdot 1{,}1 = 148{,}50\,€$

⇒ Fertigungskosten:	$90\,€ \cdot 1{,}3 = 117\,€$

### Lösung zu Aufgabe 89

Zuschlagssatz bestimmen:

$$z = \frac{125.000\,€}{275.000\,€ + 225.000\,€} \cdot 100\% = 25\%$$

Selbstkosten ermitteln:

| Einzelkosten | 300 € |
|---|---|
| + Gemeinkosten (25 %) | 75 € |
| **= Selbstkosten** | **375 €** |

### Lösung zu Aufgabe 90

zu a)

$10\% \mathrel{\widehat{=}} 0{,}50\,€ \Rightarrow$ zugeschlagene Gemeinkosten

$110\% \mathrel{\widehat{=}} 5{,}50\,€ \Rightarrow$ Selbstkosten des Produktes

zu b)

Fertigungsmaterialkosten (FM) = $1{,}5 \cdot$ Fertigungslohnkosten (FL)

Gemeinkosten = 10.000 €

Zuschlagssatz = 10 %, also gilt: $\dfrac{10.000\,€}{FL + FM} = 0{,}1$

⇒ $FL + FM = 100.000\,€$

Aus der obigen Relation ergibt sich:

$FL + FM = 100.000\,€ = 1{,}5 \cdot FL + FL$

⇒ $FL = 40.000\,€$

⇒ $FM = 60.000\,€$

alternative Lösung:

$FL + 1{,}5 \cdot FL = 5\,€/ME \Leftrightarrow 2{,}5 \cdot FL = 5\,€/ME \Leftrightarrow FL = 2\,€/ME$

$FL + FM = 5\,€/ME \Leftrightarrow 2 + FM = 5\,€/ME \Leftrightarrow FM = 3\,€/ME$

## Lösung zu Aufgabe 91

Einzelkosten:

Materialeinzelkosten: 5.000 € · 20 + 2.000 € · 30 = 160.000 €

Fertigungseinzelkosten: 5.000 · 40 + 2.000 · 50 = 300.000 €

Herstellkosten: 160.000 + 300.000 + 65.000 + 90.000 = 615.000 €

Zuschlagssätze:

Material: 65.000 €/160.000 € = 0,40625

Fertigung: 90.000 €/300.000 € = 0,3

Verwaltung: 20.000 €/615.000 € = 0,0325

Vertrieb: 25.000 €/615.000 € = 0,0407

Selbstkostenkalkulation:

|  | Produkt A | Produkt B |
|---|---|---|
| Materialeinzelkosten | 20,00 € | 30,00 € |
| + Materialgemeinkosten (40,625 %) | 8,125 € | 12,1875 € |
| **= Materialkosten** | **28,125 €** | **42,1875 €** |
| Fertigungseinzelkosten | 40,00 € | 50,00 € |
| + Fertigungsgemeinkosten (30 %) | 12,00 € | 15,00 € |
| **= Fertigungskosten** | **52,00 €** | **65,00 €** |
| **Herstellkosten** | **80,125 €** | **107,1875 €** |
| + Verwaltungsgemeinkosten (3,25 %) | 2,6041 € | 3,4836 € |
| + Vertriebsgemeinkosten (4,07 %) | 3,2611 € | 4,3625 € |
| **= Selbstkosten** | **85,9902 €** | **115,0336 €** |

Die Selbstkosten von A betragen 85,99 € und die Selbstkosten von B betragen 115,03 €.

**Lösung zu Aufgabe 92**

zu a)

Zuschlagssätze berechnen.

Fertigungskostenstelle 1: $z_{FS1} = \dfrac{337.500\ €}{450.000\ €} \cdot 100\ \% = 75,00\ \%$

Fertigungskostenstelle 2: $z_{FS2} = \dfrac{350.000\ €}{700.000\ €} \cdot 100\ \% = 50,00\ \%$

Material: $z_{Material} = \dfrac{270.000\ €}{225.000\ €} \cdot 100\ \% = 120,00\ \%$

Verwaltungs- und Vertriebsgemeinkosten $\Rightarrow$ Basis: gesamte Herstellkosten

= 450.000 € + 337.500 € + 700.000 € + 350.000 € + 225.000 € + 270.000 € = 2.332.500 €

$\Rightarrow$ Zuschlagssatz: $z_4 = \dfrac{18.660\ €}{2.332.500\ €} = 0,008 = 0,8\ \%$

|  | Fertigungshauptstelle 1 | Fertigungshauptstelle 2 | Materialstelle | Verwaltung und Vertrieb |
|---|---|---|---|---|
| Einzellöhne | 450.000 € | 700.000 € | - | - |
| Einzelmaterial | - | - | 225.000 € | - |
| Primäre Gemeinkosten | ... | ... | ... | ... |
| Innerbetriebliche Leistungsverrech- | ... | ... | ... | ... |
| Endkosten | 337.500 € | 350.000 € | 270.000 € | 18.660 € |
| Zuschlagsbasis | 450.000 € | 700.000 € | 225.000 € | 2.332.500 € |
| Zuschlagssatz | 75 % | 50 % | 120 % | 0,8 % |

zu b)

Auftragskalkulation:

| | |
|---|---|
| Materialeinzelkosten | 400,00 € |
| + Materialgemeinkosten (120 %) | 480,00 € |
| = **Materialkosten** | **880,00 €** |
| Einzelkosten Fertigungs-KS 1 | 300,00 € |
| + Gemeinkosten Fertigungs-KS 1 (75 %) | 225,00 € |
| Einzelkosten Fertigungs-KS 2 | 750,00 € |
| + Gemeinkosten Fertigungs-KS 2 (50 %) | 375,00 € |
| = **Fertigungskosten** | **1.650,00 €** |
| **Herstellkosten** | **2.530,00 €** |
| + Verwaltungs- und Vertriebsgemeinkosten (0,8 %) | 20,24 € |
| + Sondereinzelkosten des Vertriebs | 20,00 € |
| = **Selbstkosten** | **2.570,24 €** |

### 4.2.3.5 Maschinensatzkalkulation

## Lösung zu Aufgabe 93

| Aussage | | Richtig/Falsch |
|---|---|---|
| a) | Zur Durchführung einer Maschinenstundensatzkalkulation wird i.d.R. zwischen maschinenzeitabhängigen und maschinenzeitunabhängigen Gemeinkosten unterschieden. | Richtig |
| | Vgl. Lehrbuch Abschnitt II.D.4.c. | |
| b) | In der Maschinenstundensatzkalkulation werden sowohl wertmäßige als auch mengenmäßige Schlüsselgrößen zur Überwälzung der Kostenträger-Gemeinkosten auf die Kostenträger eingesetzt. | Richtig |
| | Vgl. Lehrbuch Abschnitt II.D.4.c. | |

## Lösung zu Aufgabe 94

Herstellkosten und Selbstkosten des Auftrags bestimmen:

| | |
|---|---|
| Materialeinzelkosten | 200 € |
| + Materialgemeinkosten (5 %) | 10 € |
| = **Materialkosten** | **210 €** |
| Fertigungseinzelkosten 1 | 100 € |
| + Fertigungsgemeinkosten 1 (25 %) | 25 € |
| + Gemeinkosten Maschinengruppe A | 45 € |
| + Gemeinkosten Maschinengruppe B | 20 € |
| Fertigungseinzelkosten 2 | 150 € |
| + Fertigungsgemeinkosten 2 (10 %) | 15 € |
| + Gemeinkosten Maschinengruppe C | 125 € |
| + Gemeinkosten Maschinengruppe D | 30 € |
| = **Fertigungskosten** | **510 €** |
| **Herstellkosten** | **720 €** |
| + Verwaltungs- und Vertriebsgemeinkosten (10 %) | 72 € |
| = **Selbstkosten** | **792 €** |

## Lösung zu Aufgabe 95

Die Lösungen finden Sie in folgender Tabelle:

| | Kraftwerk | FKS 1 | | FKS 2 | | Material | Verwaltung | Vertrieb |
|---|---|---|---|---|---|---|---|---|
| | | A | B | C | D | | | |
| Primäre Kosten | | | | | | | | |
| Abschreibung | 200.000 | 12.000 | 15.000 | 17.000 | 19.000 | | | |
| Personalkosten | | 100.000 | | 90.000 | | 80.000 | 70.000 | 60.000 |
| Sekundäre Kosten | | | | | | | | |
| Innerbetriebliche Leistungsverrechnung | -200.000 | 50.000 | 60.000 | 70.000 | 20.000 | | | |
| Endkosten | | | | | | | | |
| Maschinenzeitabhängig | 0 | 62.000 | 75.000 | 87.000 | 39.000 | | | |
| Maschinenzeitunabhängig | 0 | 100.000 | | 90.000 | | 80.000 | 70.000 | 60.000 |
| Zuschlagsbasis | | | | | | | | |
| Maschinenminuten | | 100.000 | 150.000 | 200.000 | 300.000 | | | |
| Stelleneinzelkosten | | 50.000 | | 35.000 | | 700.000 | | |
| Herstellkosten | | | | | | | 1.318.000 | 1.318.000 |
| Zuschlagsätze | | | | | | | | |
| Maschinenminutensatz | | 0,62 | 0,5 | 0,435 | 0,13 | | | |
| Gemeinkostensatz | | 2 | | 2,5714 | | 0,1143 | 0,0531 | 0,0455 |

Berechnungen zum BAB:

Verrechnungspreis Kraftwerk: $\left(\dfrac{200.000}{25.000 + 30.000 + 35.000 + 10.000}\right) = 2\,\text{€}/\text{kwh}$

Materialeinzelkosten: $50.000 \cdot 6 + 100.000 \cdot 4 = 700.000\,\text{€}$

FEK: Fertigungskostenstelle 1: $50.000 \cdot 0,5 + 100.000 \cdot 0,25 = 50.000\,\text{€}$

FEK: Fertigungskostenstelle 2: $50.000 \cdot 0,3 + 100.000 \cdot 0,2 = 35.000\,\text{€}$

Herstellkosten:
= 62.000 + 75.000 + 87.000 + 39.000 + 100.000 + 90.000 + 80.000 + 50.000 + 35.000 +700.000
= 1.318.000

Selbstkostenkalkulation:

|  | Originalball | Nachbildung |
|---|---|---|
| Materialeinzelkosten | 6,00 € | 4,00 € |
| + Materialgemeinkosten (11,43 %) | 0,6858 € | 0,4572 € |
| **= Materialkosten** | **6,6858 €** | **4,4572 €** |
| Fertigungseinzelkosten der FKS 1 | 0,50 € | 0,25 € |
| + Fertigungsgemeinkosten der FKS 1 (200 %) | 1,00 € | 0,50 € |
| + Gemeinkosten der |  |  |
| • Maschine A (0,62 €/Min. · 2 Min.) | 1,24 € |  |
| • Maschine B (0,5 €/Min. · 1,5 Min.) |  | 0,75 € |
| + Fertigungseinzelkosten der FKS 2 | 0,30 € | 0,20 € |
| + Fertigungsgemeinkosten der FKS 2 (257 %) | 0,7714 € | 0,5143 € |
| + Gemeinkosten der |  |  |
| • Maschine C (0,435 €/Min. · 4 Min.) | 1,74 € |  |
| • Maschine D (0,13 €/Min. · 3 Min.) |  | 0,39 € |
| **= Fertigungskosten** | **5,5514 €** | **2,6043 €** |
| **Herstellkosten** | **12,2372 €** | **7,0615 €** |
| + Verwaltungsgemeinkosten (5,31 %) | 0,6498 € | 0,375 € |
| + Vertriebsgemeinkosten (4,55 %) | 0,5568 € | 0,3213 € |
| **= Selbstkosten** | **13,4438 €** | **7,7578 €** |

Die Selbstkosten eines Originalballs betragen 13,44 €, die einer Nachbildung 7,76 €.

### 4.2.4 Leistungsrechnung

**Lösung zu Aufgabe 96**

| Aussage | | Richtig/Falsch |
|---|---|---|
| a) | Treuerabatte, die Kunden für die Bestellung mehrerer unterschiedlicher Produkte gewährt werden, stellen Gemeinerlöse dar und führen zu Zurechnungsproblemen bei der Ermittlung von Stückerlösen für ein einzelnes Produkt. | Richtig |
| | Einzelerlöse lassen sich den abgesetzten Produkten auf Basis des Verursachungsprinzips direkt zurechnen, während Gemeinerlöse den verschiedenen Produkten nur mithilfe des Durchschnittsprinzips und einer Erlösstellenrechnung zugerechnet werden können. Der Treuerabatt ist eine Form des Mengenrabatts. Er wird solchen Kunden gewährt, die regelmäßig Produkte nachfragen. Bestellt der Kunde verschiedene Produkte, ist es unmöglich einem Einzelprodukt den kompletten Mengenrabatt zuzurechnen, da ja mehrere Produkte zur Gesamtmenge beigetragen haben. | |
| b) | Erlösstellen können z.B. anhand geografischer, kundenspezifischer oder absatzorganisatorischer Kriterien gebildet werden. | Richtig |
| | Vgl. Lehrbuch Abschnitt II.E.4.b. | |
| c) | Die gesamten Istleistungen der Periode ergeben sich als Summe aus Umsatzerlösen und Lagerbestandszunahmen der Periode. | Richtig |
| | Vgl. Lehrbuch Abschnitt II.F. | |
| d) | Das Gesamt- und Umsatzkostenverfahren unterscheiden sich im Hinblick auf das der Rechnung zugrunde liegende Mengengerüst dadurch, dass im Umsatzkostenverfahren nur die abgesetzte Menge berücksichtigt wird, während das Gesamtkostenverfahren von der Produktionsmenge ausgeht. | Richtig |
| | Vgl. Lehrbuch Abschnitte II.F.3, II.F.4. und II.F.5. | |
| e) | Bestandserhöhungen an Erzeugnissen können im Rahmen der Kosten- und Leistungsrechnung sowohl mit Kosten als auch mit um gegebenenfalls noch anfallenden Fertigungs- und oder Vertriebskosten verminderten Absatzpreisen bewertet werden. | Richtig |
| | Vgl. Lehrbuch Abschnitt II.E. | |

## Lösung zu Aufgabe 97

zu a)

**Einzelerlöse**

1) Nach Produktart

- Herrenhandtaschen: $(5.000 + 3.000) \cdot 500\ € = 4.000.000\ €$
- Damenschuhe: $(12.000 + 8.000) \cdot 120\ € = 2.400.000\ €$

Summe der Einzelerlöse: $4.000.000\ € + 2.400.000\ € = 6.400.000\ €$

2) Nach Abnehmer

- Händler in Rom: $5.000 \cdot 500\ € + 12.000 \cdot 120\ € = 3.940.000\ €$
- Händler in Mailand: $3.000 \cdot 500\ € + 8.000 \cdot 120\ € = 2.460.000\ €$

Summe der Einzelerlöse: $3.940.000\ € + 2.460.00\ € = 6.400.000\ €$

zu b)

**Gemeinerlöse**

<u>Funktionsrabatte:</u>

- Händler in Rom: $3.940.000\ € \cdot 0,12 = 472.800\ €$

Funktionsrabatt für Händler in Mailand:

$\Rightarrow$ Gesamte Funktionsrabatte - Funktionsrabatte für Händler in Rom

$\Rightarrow 718.800\ € - 472.800\ € = 246.000\ €$

Funktionsrabatt für Händler in Mailand:

$2.460.000\ € \cdot z = 246.000\ €$

$\Rightarrow z = 10\%$

Der Funktionsrabatt für einen Bruttoumsatz kleiner als $2.500.000\ €$ betrug 10 %.

<u>Auftragsrabatte:</u>

- Händler in Rom:

Rechnungsbetrag für Händler in Rom:

$3.293.840\ € = 3.940.000\ € - 472.800\ € -$ Auftragsrabatt $\Leftrightarrow$ Auftragsrabatt $= 173.360\ €$

Berechnung des Rabattsatzes für den Händler in Rom

Auftragsrabatt:

$(3.940.000 \text{ €} - 472.800 \text{ €}) \cdot v = 173.360 \text{ €}$

$\Rightarrow v = 0{,}05 = 5\%$

- Händler in Mailand:

Rechnungsbetrag für Händler in Mailand:

$2.059.020 \text{ €} = 2.460.000 \text{ €} - 246.000 \text{ €} - \text{Auftragsrabatt} \Leftrightarrow \text{Auftragsrabatt} = 154.980 \text{ €}$

Berechnung des Rabattsatzes für den Händler in Mailand

Auftragsrabatt:

$(2.460.000 \text{ €} - 246.000 \text{ €}) \cdot w = 154.980 \text{ €}$

$\Rightarrow w = 0{,}07 = 7\%$

Dem Händler in Rom wurde also ein Funktionsrabatt in Höhe von 5 % gewährt, dem Händler in Mailand in Höhe von 7 %.

Skonti:

- Händler in Rom

$(3.940.000 \text{ €} - 472.800 \text{ €} - 173.360 \text{ €}) \cdot 0{,}03 \cdot 0{,}5 = 49.407{,}60 \text{ €}$

- Händler in Mailand:

$(2.460.000 \text{ €} - 246.000 \text{ €} - 154.980 \text{ €}) \cdot 0{,}04 \cdot 0{,}1 = 8.236{,}08 \text{ €}$

Summe der Skonti: 57.643,68 €

| Summe der Funktionsrabatte | 718.800,00 € |
|---|---|
| Summe der Auftragsrabatte | 328.340,00 € |
| Summe der Skonti | 57.643,68 € |
| **Summe der Gemeinerlöse** | **1.104.783,68 €** |

Summe der Einzelerlöse - Summe der Gemeinerlöse = Gesamterlös

6.400.000,00 € - 1.104.783,68 € = 5.295.216,32 €

zu c)

| Bezugsgrößen | Händler in Mailand | | Händler in Rom | |
|---|---|---|---|---|
| Rabatte | Herrentaschen | Damenschuhe | Herrentaschen | Damenschu |
| Bruttoumsatz | 1.500.000 | 960.000 | 2.500.000 | 1.44 |
| Funktions-rabatte | 0,1 · 1.500.000 = 150.000 | 0,1 · 960.000 = 96.000 | 0,12 · 2.500.000 = 300.000 | 0,12 · 1.44 = 17 |
| Auftragsbrutto-umsatz | 1.500.000-150.000 = 1.350.000 | 960.000-96.000 = 864.000 | 2.500.000-300.000 = 2.200.000 | 1.440.000-17 = 1.26 |
| Auftragsrabatte | 1.350.000 · 0,07 = 94.500 | 864.000 · 0,07 = 60.480 | 2.200.000 · 0,05 = 110.000 | 1.267.200 = 6 |
| Auftragsnetto-umsatz | 1.350.000-94.500 = 1.255.500 | 864.000-60.480 = 803.520 | 2.200.000-110.000 = 2.090.000 | 1.267.200-6 = 1.20 |
| Skonti | 1.255.500 · 0,04 · 0,1 = 5.022 | 803.520 · 0,04 · 0,1 = 3.214,08 | 2.090.000 · 0,03 · 0,5 = 31.350 | 1.203.840 · 0.0 = 18.0 |
| Rechnungsbetrag nach Rabatten | 1.255.500-5.022 = 1.250.478 | 803.520-3.214,08 = 800.305,92 | 2.090.000-31.350 = 2.058.650 | 1.203.840-18.0 = 1.185.7 |
| Summe Erlös-minderungen | 249.522 | 159.694,08 | 441.350 | 254.2 |

(Alle Angaben in Euro [€])

| | Händler in Mailand | | Händler in Rom | |
|---|---|---|---|---|
| | Herrentaschen | Damenschuhe | Herrentaschen | Damenschu |
| Umsatzerlöse = Einzelerlöse | 1.500.000 | 960.000 | 2.500.000 | 1.44 |
| Erlös-minderungen | 249.522 | 159.694,08 | 441.350 | 254.2 |
| Gesamterlöse | 1.500.000-249.522 = 1.250.478 | 960.000-159.694,08 = 800.305,92 | 2.500.000-441.350 = 2.058.650 | 1.440 254.2 = 1.185.7 |
| Stückerlöse | 1.250.478 / 3000 = 416,83 | 800.305,92 / 8000 = 100,04 | 2.058.650 / 5000 = 411,73 | 1.185.782 1 = |

(Alle Angaben in Euro [€])

⇒ den Herrenhandtaschen zuzurechnende Erlösminderungen:

249.522 € + 441.350 € = 690.872 €

⇒ den Damenschuhen zuzurechnende Erlösminderungen:

159.694,08 € + 254.217,60 € = 413.911,68 €

Stückerlöse für Herrenhandtaschen : $\quad 500\ € - \dfrac{690.872\ €}{8000} = 413,64\ €$

Stückerlöse für Damenschuhe: $\quad 120\ € - \dfrac{413.911,68\ €}{20.000} = 99,30\ €$

Gesamterlös: 413,64 € · 8.000 + 99,30 € · 20.000 = 5.295.120 €

zu d)

- Stückdeckungsbeitrag für Herrenhandtaschen:
  Stückerlöse für Herrenhandtaschen – Stückkosten für Herrenhandtaschen

⇒ 413,64 €/Stück -200 €/Stück = 213,64 €/Stück

- Stückdeckungsbeitrag für Damenschuhe:

⇒ 99,30 €/Stück- 90 €/Stück = 9,30 €/Stück

Aufgrund des Stückdeckungsbeitrages sollte das Unternehmen versuchen, den Absatz von Herrenhandtaschen zu erhöhen.

## Lösung zu Aufgabe 98

### Einzelerlöse:

4.100 · 3,10 + 12.000 · 21 + 800 · 3,10 + 2.400 · 21 = 264.710 + 52.880 = 317.590 €

### Gemeinerlöse:

Funktionsrabatt:   264.710 · 0,2 = 52.942 €

Auftragsrabatte:

Einzelhändler: 264.710 · 0,8 · (0,4 · 0,05 + 0,15 · 0,1) = 211.768 · 0,035 = 7.411,88 €

Konsumenten: 52.880 · 0,05 · 0,1 = 264,40 €

⇒ 7.411,88 + 264,40 = 7.676,28 €

Skonto:

Einzelhändler: (264.710 – 52.942 – 7.411,88) · 0,4 · 0,05 = 4.087,12 €

Konsumenten: (52.880 – 264,40) · 0,1 · 0,02 = 105,23 €

$\Rightarrow 4.087,12 + 105,23 = 4.192,35\ €$

| Einzelerlöse | 317.590,00 € |
|---|---|
| - Funktionsrabatt | 52.942,00 € |
| - Auftragsrabatte | 7.676,28 € |
| - Skonto | 4.192,35 € |
| **= Gesamterlös** | **252.779,37 €** |

## Lösung zu Aufgabe 99

zu a)

Stückerlöse Einzelhändler

Einzelerlöse: $\quad 80 \cdot 3.000 = 240.000,00\ €$

- Funktionsrabatt $\quad 240.000 \cdot 0,12 = 28.800\ €$

$\quad\quad\quad\quad\quad\quad\quad = 211.200,00\ €$

- Mengenrabatt $\quad (240.000 - 28.800) \cdot 0,05 \cdot 0,5 = 5.280\ €$

$\quad\quad\quad\quad\quad\quad\quad = 205.920,00\ €$

- Skonto $\quad (240.000 - 28.800 - 5.280) \cdot 0,02 \cdot 0,1 = 411,84\ €$

$\quad\quad\quad\quad\quad\quad\quad = 205.508,16\ €$

$\Rightarrow$ Stückerlös der Variante „Standard" für die an Einzelhändler verkaufte Menge:

$$\frac{205.508,16}{3.000} = 68,50\ €/\text{Stück}$$

zu b)

Datenrekonstruktion Großhändler

b1)

Funktionsrabatt, der den Großhändlern gewährt wurde:

$(80 \cdot 5.000 + 100 \cdot 7.000) - 935.000 = 165.000\ €$

$\Leftrightarrow \dfrac{165.000}{1.100.000} = 0,15 = 15\ \%$

b2)

Inanspruchnahme des Mengenrabatts:

Mengenrabatt = Auftragsbruttoumsatz − Auftragsnettoumsatz

$$\text{Auftragsnettoumsatz} = \frac{10.752,50}{0,25 \cdot 0,05} = 860.200 \text{ €}$$

Mengenrabatt $\Rightarrow$ 935.000 − 860.200 = 74.800 €

$\Rightarrow$ 74.800 = 935.000 · 0,1 · I

$\Leftrightarrow$ I = 0,8 = 80 % $\Rightarrow$ Anteil der mit Großhändlern erzielten Auftragsbruttoumsätze, auf die Mengenrabatte gewährt wurden.

## Lösung zu Aufgabe 100

zu a)

mit einzelnen Produktarten erzielten Einzelerlöse:

Sommerreifen: 90 · 55.100 = 4.959.000 €

Winterreifen: 110 · 16.400 = 1.804.000 €

$\Rightarrow$ 4.959.000 + 1.804.000 = 6.763.000 €

Mit den Autoherstellern (A) erzielte Einzelerlöse: 40.100 · 90 + 12.000 · 110 = 4.929.000 €

Mit den Reifenhändlern (R) erzielte Einzelerlöse: 15.000 · 90 + 4.400 · 110 = 1.834.000 €

$\Rightarrow$ 4.929.000 + 1.834.000 = 6.763.000 €

Funktionsrabatte auf Bruttoumsatz/Grundpreis:

A:   4.929.000 · 0,1 = 492.900 €

Auftragsrabatte auf Auftragsbruttoumsatz (ABU) = Bruttoumsatz − Funktionsrabatte:

A:   (4.929.000 − 492.900) · (0,35 · 0,1) = 4.436.100 · 0,035 = 155.263,50 €

R:   1.834.000 · 0,05 · 0,1 = 9.170 €

$\Rightarrow$ 155.263,50 + 9.170,00 = 164.433,50 €

Skonto auf Auftragsnettoumsatz = Rechnungsbetrag = ABU − Auftragsrabatte:

A:   $(4.929.000 − 492.900 − 155.263,50) \cdot 0,4 \cdot 0,02 = 34.246,69$ €

R:   (1.834.000 − 9.170) · 0,2 · 0,02 = 7.299,32 €

$\Rightarrow$ 34.246,69 + 7.299,32 = 41.546,01 €

| Funktionsrabatte | 492.900,00 € |
|---|---|
| Auftragsrabatte | 164.433,50 € |
| Skonti | 41.546,01 € |
| Gesamte Gemeinerlöse (Erlösminderungen) | 698.879,51 € |

Gesamterlös: $6.763.000,00 - 698.879,51 = 6.064.120,49$ €

zu b)

| | Erlösbetrag | Autohersteller | | Reifenhändler | |
|---|---|---|---|---|---|
| | | Sommer | Winter | Sommer | Winter |
| Absatzmengen [€] | - | 40.100 | 12.000 | 15.000 | 4.400 |
| Grundpreise [€] | - | 90 | 110 | 90 | 110 |
| Einzelerlöse [€] | 6.763.000 | 3.609.000 | 1.320.000 | 1.350.000 | 484.000 |

| Funktionsrabatte [€] | 492.900 | 360.900 [1] | 132.000 | 0 | 0 |
|---|---|---|---|---|---|
| Auftragsrabatte [€] | 164.433,50 | 113.683,50 | 41.580,00 [2] | 6.750,00 | 2.420,00 |
| Skonti [€] | 41.546,01 | 25.075,33 | 9.171,36 | 5.373,00 [3] | 1.926,32 |
| Summe [€] | 698.879,51 | 499.658,83 | 182.751,36 | 12.123,00 | 4.346,32 |

Beispiele für die Berechnungen:

[1] $360.900 = 10\%$ von $3.609.000$

[2] $41.580 = (0,35 \cdot 0,1) \cdot (1.320.000 - 132.000)$

[3] $5.373 = 20\% \cdot 2\% \cdot (1.350.000 - 6.750)$

zu c)

Dem Produkt Sommerreifen zuzurechnende Erlösminderungen (Erlös als Schlüsselgröße):

$499.658,83 + 12.123,00 = 511.781,83$ €

Stückerlös Sommerreifen: $90 - \dfrac{511.781,83}{55.100} = 90 - 9,2882 \approx 80,71$ € / ME

Produkt Winterreifen zuzurechnende Erlösminderungen:

$182.751,36 + 4.346,32 = 187.097,68$ €

Stückerlös Winterreifen: $110 - \dfrac{187.097,68}{16.400} = 110 - 11,4084 \approx 98,59$ €/ME

Gesamterlöse (mit exakten Werten weitergerechnet):

$80,71 \cdot 55.100 + 98,59 \cdot 16.400 = 6.064.120,49$ €   ✓ vgl. a)

## Lösung zu Aufgabe 101

zu a)

**Einzelerlöse:**

$60.000 \cdot 50 + 80.000 \cdot 15 + 140.000 \cdot 50 + 200.000 \cdot 15 = 14.200.000$ €

oder: $= 4.200.000 + 10.000.000 = 14.200.000$ €

zu b)

**Gemeinerlöse:**

Funktionsrabatt:

$10.000.000 \cdot 0,2 = 2.000.000$ €

Auftragsrabatte:

FC-Fanshops: $(10.000.000 - 2.000.000) \cdot (0,4 \cdot 0,05 + 0,15 \cdot 0,1) = 8.000.000 \cdot 0,035 = 280.000$ €

Skonto:

FC-Fans: $(4.200.000) \cdot 0,5 \cdot 0,03 = 63.000$ €

FC-Fanshops: $(10.000.000 - 2.000.000 - 280.000) \cdot 0,4 \cdot 0,02 = 61.760$ €

$\Rightarrow \quad 63.000 + 61.760 = 124.760$ €

zu c)

| | |
|---|---|
| Einzelerlöse | 14.200.000 € |
| - Funktionsrabatt | 2.000.000 € |
| - Auftragsrabatte | 280.000 € |
| - Skonto | 124.760 € |
| **= Gesamterlös** | **11.795.240 €** |

## 4.2.5 Erfolgsrechnung auf Basis von Kosten und Leistungen

**Lösung zu Aufgabe 102**

| | Aussage | Richtig/Falsch |
|---|---|---|
| a) | Beim Umsatzkostenverfahren werden die gesamten in einer Periode angefallenen Kosten berücksichtigt. | Falsch |
| | Es werden nur die Herstellkosten der abgesetzten Produkte sowie die gesamten Verwaltungs- und Vertriebskosten berücksichtigt. Herstellkosten nicht abgesetzter Produkte finden keine Berücksichtigung. | |
| b) | Ziel der Kostenträgerzeitrechnung ist die Ermittlung der Kosten einer Produkteinheit. | Falsch |
| | Die Kostenträgerzeitrechnung ist ein anderer Ausdruck für die Erfolgsrechnung und verknüpft die Kosten- mit der Leistungsrechnung. Ihr Ziel ist die Ermittlung des <u>sachzielbezogenen Periodenerfolgs</u> aus der Differenz aller Leistungen und Kosten. | |
| c) | Bei Anwendung des Gesamtkostenverfahrens ergibt sich das Bruttoergebnis als Differenz aus Umsatzerlösen und Herstellkosten der abgesetzten Produkte. | Falsch |
| | Verkaufserlöse<br>+ Lagerbestandszunahme<br>- Lagerbestandsabnahme<br><u>- gesamte Primärkosten</u><br>= Periodenerfolg nach GKV. | |
| d) | Die Kostenträgerstückrechnung kann entweder unter Verwendung des Gesamtkostenverfahrens oder unter Verwendung des Umsatzkostenverfahrens durchgeführt werden. | Falsch |
| | Nach den hier genannten Verfahren kann die Kostenträger<u>zeit</u>rechnung, auch Erfolgsrechnung genannt, durchgeführt werden. Diese dient der <u>Ermittlung des sachzielbezogenen Periodenerfolgs</u> aus der Differenz aller Leistungen und Kosten. Bei der Kostenträger<u>stück</u>rechnung werden die Kosten je Produkteinheit ermittelt, z.B. anhand der Zuschlagskalkulation. | |

| e) | Die Ermittlung eines sachzielbezogenen Periodenerfolgs ist Ziel der Kostenträgerstückrechnung. | Falsch |
|---|---|---|
| | Die Ermittlung eines sachzielbezogenen Periodenerfolgs ist Ziel der Kostenträger<u>zeit</u>rechnung. | |
| f) | Bei Anwendung des Gesamtkostenverfahrens können die Herstellkosten eines Produkts problemlos den Erlösen dieses Produkts gegenüber gestellt werden. | Falsch |
| | Dies gilt nur bei Anwendung des Umsatzkostenverfahrens. In der Erfolgsrechnung bei Anwendung des Gesamtkostenverfahrens werden nur die Erlöse und die Bestandsveränderungen, nicht aber die Kosten den unterschiedlichen Produkten und Produktgruppen zugeordnet. | |

## Lösung zu Aufgabe 103

| Umsatz ($22.500 \cdot 15 + 27.000 \cdot 13,5 + 34.000 \cdot 21$) | 1.416.000 € |
|---|---|
| - Herstellkosten des Umsatzes ($22.500 \cdot 8,9 + 27.000 \cdot 7,5 + 34.000 \cdot 10,40$) | 756.350 € |
| **= Bruttoergebnis** | **659.650 €** |
| - Verwaltungskosten | 164.550 € |
| - Vertriebskosten | 171.300 € |
| **= kalkulatorisches Betriebsergebnis** | **323.800 €** |

## Lösung zu Aufgabe 104

zu a)

Umsatzkostenverfahren

a1) HK des Umsatzes = Umsatz – Bruttoergebnis

Umsatz: $105 \cdot 5.000 + 70 \cdot 7.000 = 1.015.000$ €

HK des Umsatzes: $1.015.000 - 440.000 = 575.000$ €

a2) Herstellkosten je Stück bestimmen

mit $h_M$ Herstellkosten Mister und $h_S$ Herstellkosten Signor

HK des Umsatzes: $1.000 \cdot 55 + 4.000 \cdot h_M + 7.000 \cdot h_S = 575.000$ €

Es gilt: $x_M = 1,5 \cdot h_S$

Einsetzen:    $4.000 \cdot 1,5 \cdot h_S + 7.000 \cdot h_S = 520.000$

$\Leftrightarrow 13.000 \cdot h_S = 520.000$

$\Leftrightarrow h_S = 40 \text{ €/Stück} \qquad \Rightarrow h_M = 60 \text{ €/Stück}$

zu b)

Gesamtkostenverfahren

Alternative A:

Produktionsmenge bestimmen:

Saldo der Bestandsveränderungen = Bestandserhöhungen – Bestandsminderungen

$\Rightarrow$ Saldo der Bestandsveränderungen = - 15.000 $\Rightarrow$ Bestandserhöhung < Bestandsminderung

Umsatz + Bestandserhöhungen - Bestandsminderungen = Gesamtleistung

$\Rightarrow$ 1.015.000 + Saldo der Bestandsveränderungen = 1.000.000

Einsetzen:

$(x_S - 7.000) \cdot 40 + (4.000 - 5.000) \cdot 55 = -15.000$

$\Leftrightarrow x_S - 7.000 = 1.000$

$\Leftrightarrow x_S = 8.000$ Stück $\Rightarrow$ Produktionsmenge des Modells "Signor"

Alternative B:

$1.015.000 + (x_S - 7.000) \cdot 40 - (5.000 - 4.000) \cdot 55 = 1.000.000$

$\Leftrightarrow (x_S - 7.000) \cdot 40 = 40.000$

$\Leftrightarrow x_S - 7.000 = 1.000$

$\Leftrightarrow x_S = 8.000$ Stück $\Rightarrow$ Produktionsmenge des Modells "Signor"

## Lösung zu Aufgabe 105

zu a)

Kalkulatorisches Betriebsergebnis nach Gesamtkostenverfahren (GKV):

| | |
|---|---:|
| Umsatz $(3.250 \cdot 69 + 4.000 \cdot 89 + 2.750 \cdot 199)$ | 1.127.500 € |
| + Bestandserhöhungen $((4.500 - 4.000) \cdot 40,75)$ | 20.375 € |
| - Bestandsminderungen $((3.250 - 3.000) \cdot 37,50 + (2.750 - 2.500) \cdot 74,30)$ | 27.950 € |
| - Materialkosten | 124.000 € |
| - Personalkosten $(115.000 + 120.000 + 100.250)$ | 335.250 € |
| - Abschreibungen | 117.500 € |
| - Energiekosten | 18.347 € |
| - Sonstige Kosten | 9.169 € |
| = kalkulatorisches Betriebsergebnis | 515.659 € |

zu b)

Unterschiede Gesamtkostenverfahren (GKV)/Umsatzkostenverfahren (UKV):

Mengengerüst

- Das UKV stellt auf die Absatzmenge ab.
- Das GKV stellt auf Absatz- und Produktionsmenge ab.

Kostenausweis:

- Das UKV beruht auf der Kostenträgerrechnung (benötigt die Selbstkosten).
- Das GKV beruht vorrangig auf der Kostenartenrechnung, allerdings ist zusätzlich eine Kostenträgerrechnung notwendig, um Bestandsveränderungen korrekt zu bewerten.

## Lösung zu Aufgabe 106

| | |
|---|---:|
| Umsatz $(850.000 \cdot 0,9 + 1.200.000 \cdot 0,7 + 640.000 \cdot 1,2)$ | 2.373.000 € |
| - Absatzherstellkosten $(850.000 \cdot 0,5 + 1.000.000 \cdot 0,4 + 200.000 \cdot 0,45 + 640.000 \cdot 0,8)$ | 1.427.000 € |
| = Bruttoergebnis | 946.000 € |
| - Verwaltungskosten | 275.450 € |
| - Vertriebskosten | 146.550 € |
| = kalkulatorisches Betriebsergebnis | 524.000 € |

## Lösung zu Aufgabe 107

zu a)

Umsatzkostenverfahren

Umsatz: $5.500 \cdot 110 + 5.000 \cdot 90 + 1.800 \cdot 130 = 1.289.000$ €

| Umsatz | 1.289.000 € |
|---|---|
| - Herstellkosten des Umsatzes $(5.500 \cdot 95 + 4.500 \cdot 72 + 500 \cdot 68 + 1.800 \cdot 115)$ | 1.087.500 € |
| = **Bruttoergebnis** | **201.500 €** |
| - Verwaltungs- und Vertriebskosten | 141.500 € |
| = **kalkulatorisches Betriebsergebnis** | **60.000 €** |

zu b)

Gesamtkostenverfahren

Bestimmung des Materialverbrauchs:

| Umsatz $(5.500 \cdot 110 + 5.000 \cdot 90 + 1.800 \cdot 130)$ | 1.289.000 € |
|---|---|
| + Bestandserhöhungen $((2.000 - 1.800) \cdot 115,00)$ | 23.000 € |
| - Bestandsminderungen $((5.000 - 4.500) \cdot 68,00)$ | 34.000 € |
| - Materialkosten | X |
| - Personalkosten | 410.000 € |
| - Abschreibungen | 120.000 € |
| - Kapitalkosten | 30.000 € |
| - Sonstige Kosten | 25.000 € |
| = **kalkulatorisches Betriebsergebnis (gemäß Umsatzkostenverfahren)** | **60.000 €** |

Die Materialkosten betragen folglich:

$1.289.000 + 23.000 - 34.000 - X - 410.000 - 120.000 - 30.000 - 25.000 = 60.000$

$X = 633.000$ €

## Lösung zu Aufgabe 108

zu a)

Umsatzkostenverfahren

| Umsatz $(1.200 \cdot 500 + 400 \cdot 1000)$ | 1.000.000 € |
|---|---|
| - Herstellkosten der abgesetzten Güter $(1.000 \cdot 300 + 200 \cdot 320 + 400 \cdot 700)$ | 644.000 € |
| - Verwaltungskosten | 100.000 € |
| - Vertriebskosten | 80.000 € |
| = **kalkulatorisches Betriebsergebnis** | **176.000 €** |

zu b)

Gesamtkostenverfahren

| Umsatz | 1.000.000 € |
|---|---|
| + Lagerbestandszunahmen bewertet zu HK $(100 \cdot 700)$ | 70.000 € |
| - Lagerbestandsabnahmen $(200 \cdot 320)$ | 64.000 € |
| - Gesamte Primäre Kosten der Periode $(350.000 + 300.000 + 50.000 + 80.000 + 50.000)$ | 830.000 € |
| = **kalkulatorisches Betriebsergebnis** | **176.000 €** |

zu c)

Die beiden Verfahren führen immer zum gleichen Ergebnis, sofern die Prämissen gleich sind. Eine mögliche Prämisse, die sich unterscheiden könnte, wäre z.B. die unterschiedliche Bewertung der Lagerbestände in den beiden Verfahren.

## Lösung zu Aufgabe 109

zu a)

| Gesamtkostenverfahren | Vergleich | Umsatzkostenverfahren |
|---|---|---|
| (Verkaufs-)Erlöse der Periode | entsprechen sich | (Verkaufs-)Erlöse der Periode |
| + Lagerbestandszunahme an unfertigen und fertigen Erzeugnissen der Periode, bewertet mit Herstellkosten | in UKV nicht enthalten; Ausgleich mit den gesamten primären Kosten der Periode | - Herstellkosten der abgesetzten Produkte einer Periode<br>- Verwaltungs- und Vertriebskosten der Periode |
| - Lagerbestandsabnahme an unfertigen und fertigen Erzeugnissen der Periode, bewertet mit Herstellkosten | bei UKV in HK der abgesetzten Produkte enthalten | |
| - gesamte primäre Kosten der Periode | Die primären Kosten, die für die abgesetzten Produkte angefallen sind, sind in deren Selbstkosten enthalten. Rest: Ausgleich mit Lagerbestandszunahme | |
| = kalkulatorisches Betriebsergebnis der Periode | | = kalkulatorisches Betriebsergebnis der Periode |

zu b)

Gesamtkostenverfahren

| | |
|---|---|
| Umsatz $(35.000 \cdot 25 + 27.500 \cdot 28,50 + 20.000 \cdot 35,50)$ | 2.368.750 € |
| + Bestandserhöhungen $((28.000 - 27.500) \cdot 13,35)$ | 6.675 € |
| - Bestandsminderungen $((35.000 - 32.000) \cdot 15,50)$ | 46.500 € |
| - Materialkosten | 194.000 € |
| - Personalkosten $(437.200 + 267.000 + 151.000)$ | 855.200 € |
| - Abschreibungen | 252.375 € |
| - Energiekosten | 9.363 € |
| - Sonstiges | 147.442 € |
| = **kalkulatorisches Betriebsergebnis** | **870.545 €** |

zu c)

Umsatzkostenverfahren

| Umsatz ( $35.000 \cdot 25 + 27.500 \cdot 28,50 + 20.000 \cdot 35,50$ ) | 2.368.750 € |
|---|---|
| - Herstellkosten des Umsatzes (der abgesetzten Produkte) ( $32.000 \cdot 15,75 + 3.000 \cdot 15,50 + 27.500 \cdot 13,35 + 20.000 \cdot 22,40$ ) | 1.365.625 € |
| = **Bruttoergebnis** | **1.003.125 €** |
| - Verwaltungskosten | 99.435 € |
| - Vertriebskosten | 33.145 € |
| = **kalkulatorisches Betriebsergebnis** | **870.545 €** |

## 4.3 Einführung in die Plankosten- und Planleistungsrechnung

### 4.3.1 Normalkostenrechnung

**Lösung zu Aufgabe 110**

| | Aussage | Richtig/Falsch |
|---|---|---|
| a) | Die Normalkostenrechnung ist zukunftsorientiert und rechnet mit normalisierten Werten. | Falsch |
| | Die Normalkostenrechnung ist vergangenheitsorientiert, denn als Normalkosten werden „Durchschnittswerte aus einer größeren Anzahl von Istkostenbeträgen vergangener Abrechnungszeiträume" bezeichnet. | |
| b) | Als Vorteile der Normalkostenrechnung können Schnelligkeit, Glättung und gute Eignung für Kontrolle und Planung genannt werden. | Falsch |
| | Für Planungsaufgaben eignet sich die Normalkostenrechnung wenig. Genau wie die Istkostenrechnung wird die Normalkostenrechnung von den Verhältnissen in der Vergangenheit geprägt und gibt folglich die künftigen Kosten nur dann richtig an, wenn die reale Entwicklung in der Zukunft ähnlich abläuft wie in der Vergangenheit. Das gleiche Problem ergibt sich für Normalkosten als Sollgrößen. | |

| | | |
|---|---|---|
| c) | Wird die innerbetriebliche Leistungsverrechnung auf Basis normalisierter Kosten durchgeführt, findet immer eine vollständige Überwälzung der Kosten der Hilfskostenstellen auf die Hauptkostenstellen statt. | Falsch |
| | Dies ist nur der Fall, falls die normalisierten Verrechnungssätze den Ist-Verrechnungssätzen entsprechen. In der Regel treten aber Abweichungen auf. Die mit positiven Vorzeichen versehenen Überdeckungen geben an, dass die entsprechenden Hilfskostenstellen stärker entlastet als belastet wurden. (Gesamtkosten < Entlastung) Für die Unterdeckung verhält es sich genau umgekehrt. | |
| d) | Die Verwendung normalisierter, historischer Zuschlagssätze zur Durchführung einer normalisierten Kostenträgerstückrechnung ist im Vergleich zur Verwendung von Zuschlagssätzen, die auf den Ergebnissen der in der aktuellen Periode durchgeführten normalisierten Sekundärkostenrechnung basieren, mit dem Vorteil verbunden, ein Produkt bereits während der aktuellen Periode kalkulieren zu können. | Richtig |
| | Vgl. Lehrbuch Abschnitt III.A. | |
| e) | Die Verwendung normalisierter Preise erleichtert die Bewertung des Verbrauchs von Roh-, Hilfs- und Betriebsstoffen erheblich. | Richtig |
| | Die Erleichterung ergibt sich dadurch, dass in der ganzen Periode mit einem festen Preis pro Roh-, Hilfs- oder Betriebsstoff gerechnet werden kann. Es ist keine Neuberechnung durchzuführen, falls neue Bestände mit anderen Preisen ins Lager eingehen. Es ist damit auch keine Rücksicht auf eine fiktive Verbrauchsfolge zu nehmen. | |
| f) | In der Normalkostenrechnung ist die Summe der primären Kosten aller Kostenstellen stets identisch mit der Summe der Endkosten der Hauptkostenstellen. | Falsch |
| | Bei der Normalkostenrechnung kommt es nur in Ausnahmefällen zu dieser Übereinstimmung, da mit festen, normalisierten Verrechnungssätzen gearbeitet wird. | |

## **Lösung zu Aufgabe 111**

zu a)

Berechnung der normalisierten Verrechnungspreise $\bar{q}$ für innerbetriebliche Güter:

$$\bar{q} = \frac{\text{durchschnittliche Gemeinkosten } (\bar{K})}{\text{durchschnittliche Bezugsgrößenmenge } (\bar{b})} = \frac{\sum \text{Gemeinkosten}}{\sum \text{Bezugsgrößenmenge}}$$

$$\bar{q}_1 = \frac{2.400 + 2.100 + 2.050 + 2.090 + 1.785}{8.000 + 7.500 + 8.200 + 9.500 + 8500} = \frac{10.425}{41.700} = 0,25 \text{ €/kWh}$$

$$\bar{q}_2 = \frac{11.544 + 13.815 + 15.385 + 14.280 + 13.488}{96.200 + 92.100 + 90.500 + 89.250 + 89.920} = \frac{68.512}{457.970} = 0,15 \ \text{€/Transportmeter}$$

$$\bar{q}_3 = \frac{22.479 + 26.250 + 24.766 + 29.700 + 27.492}{762 + 840 + 812 + 880 + 790} = \frac{130.687}{4.084} = 32,00 \ \text{€/Bauteil}$$

zu b)

Innerbetriebliche Leistungsverrechnung mit normalisierten Verrechnungspreisen:

|  | KS 1 Kraftwerk | KS 2 Transport | KS 3 Bauteile | KS 4 Material | KS 5 Fertigung |
|---|---|---|---|---|---|
| Primäre Gemeinkosten | 1.748 | 13.105 | 21.829 | 52.861 | 65.171 |
| KS 1 – Kraftwerk | -1.900 | +300 | +365 | +635 | +600 |
| KS 2 – Transport | - | -13.509 | +5.118 | +3.828 | +4.563 |
| KS 3 – Bauteile | - | - | -26.368 | +11.808 | +14.560 |
| Gesamtkosten (bzw. Endkosten bei den HaKo) | 1.748 | 13.405 | 27.312 | 69.132 | 84.894 |
| anderen Stellen zugerechnete Kosten (Entlastungen) | 1.900 | 13.509 | 26.368 | - | - |
| Über-/Unterdeckung (Differenz aus zugerechneten Kosten und GK) | +152 | +104 | -944 | - | - |

(Alle Angaben in Euro [€])

zu c)

Ermitteln der Selbstkosten des Absatzproduktes:

Zunächst Berechnen der (normalisierten) Zuschlagssätze:

|  | KS 4 Material | KS 5 Fertigung | Kostenstelle V&V |
|---|---|---|---|
| Durchschnittliche Gemeinkosten (Endkosten) | 69.132 | 84.894 | 42.270 |
| Durchschnittliche Zuschlagsgrundlage | 124.000 | 172.500 | 450.526[1)] |
| Normalisierter Zuschlagssatz | 55,752 % | 49,214 % | 9,382 % |

(Alle Angaben in Euro [€])

¹⁾ Ermittlung der Herstellkosten:

Herstellkosten = Materialeinzelkosten + Materialgemeinkosten
    + Fertigungseinzelkosten + Fertigungsgemeinkosten

Herstellkosten = 124.000 + 69.132 + 172.500 + 84.894 = 450.526 €

|  | Absatzprodukt |
|---|---|
| Materialeinzelkosten | 4,00 € |
| + Materialgemeinkosten (55,752 % auf MEK) | 2,23 € |
| = **Materialkosten** | **6,23 €** |
| Fertigungseinzelkosten | 5,60 € |
| + Fertigungsgemeinkosten (49,214 % auf FEK) | 2,756 € |
| = **Fertigungskosten** | **8,356 €** |
| **Herstellkosten** | **14,586 €** |
| + Verwaltung- und Vertriebsgemeinkosten (9,382 % auf Herstellkosten) | 1,368 € |
| = **Selbstkosten** | **15,954 €** |

Die Selbstkosten des Absatzproduktes betragen 15,95 €.

## **Lösung zu Aufgabe 112**

zu a)

normalisierte Verrechnungspreise berechnen:

$$\overline{q_1} = \frac{4.720}{800} = 5,9 \text{ €/LE}$$

$$\overline{q_2} = \frac{6.600}{12.000} = 0,55 \text{ €/LE}$$

zu b)

Normalkostenrechnung durchführen:

|  | KS 1 | KS 2 | KS 3 | KS 4 |
|---|---|---|---|---|
| Summe primäre Gemeinkosten | 2.397 | 5.653 | 2.532 | 5.685 |
| KS 1 | -4.602 | 1.062 | 2.065 | 1.475 |
| KS 2 | 2.200 | -6.655 | 1.155 | 3.300 |
| Gesamtkosten | 4.597 | 6.715 | 5.752 | 10.460 |
| Summe Entlastungen | 4.602 | 6.655 | - | - |
| Über-/Unterdeckung | 5 | -60 | - | - |

(Alle Angaben in Euro [€])

## Lösung zu Aufgabe 113

zu a)

Primäre Kosten der KS 2 ermitteln:

$GK_2 = 5.000 - 100 = 4.900$ €

$\Rightarrow PK_2 = 4.900 - 3.600 = 1.300$ €   Primäre Kosten der KS 2

zu b)

Gesamtkosten der KS 3 ermitteln:

Sekundäre Kosten der KS 4 für Inanspruchnahme von Leistungen der KS 3 ermitteln:

$SK_4 = 7.750$ € $= 1,5 \cdot 3.500 + 0,4 \cdot 5.000 + 0,2 \cdot$ Gesamtentlastung KS 3

$\Leftrightarrow 7.750 = 7.250 + 0,2 \cdot$ Gesamtentlastung KS 3

$\Leftrightarrow$ Gesamtentlastung KS 3 $= \dfrac{500}{0,2} = 2.500$ €

Gesamtkosten ermitteln:

Über-/Unterdeckung KS 3 = 0 $\Rightarrow$ Gesamtkosten = Entlastungen $\Rightarrow$ Gesamtkosten = 2.500 €

zu c)

Primäre Kosten der KS 1 ermitteln:

Ansatz allgemein:   $\sum_{i=1}^{3} PK_i = SK_4 - \sum_{i=1}^{3}$ Überdeckung$_i$ $- \sum_{i=1}^{3}$ Unterdeckung$_i$

Überdeckung KS 2 = 100 €

Unterdeckung KS 1 = -250 €

$\Rightarrow PK_1 + 1.300 + 550 = 7.750 - 100 + 250$

$\Leftrightarrow PK_1 + 1.850 = 7.900$

$\Leftrightarrow PK_1 = 6.050 \text{ €} \Rightarrow$ Primäre Kosten der KS 1

## Lösung zu Aufgabe 114

zu a)

Feste, normalisierte Verrechnungspreise $\bar{q}$ für innerbetriebliche Güter berechnen:

$$\bar{q}_1 = \frac{4.680}{780} = 6 \text{ €/LE}$$

$$\bar{q}_2 = \frac{6.372}{11.800} = 0,54 \text{ €/LE}$$

zu b)

Normalkostenrechnung durchführen:

| | KS 1 | KS 2 | KS 3 | KS 4 | KS 5 |
|---|---|---|---|---|---|
| Summe primäre Gemeinkosten | 2.947 | 5.373 | 3.485 | 5.766 | 1.250 |
| KS 1 | -4.860 | + 900[1)] | + 2.580 | + 1.200 | + 180 |
| KS 2 | + 1.890[2)] | - 6.264 | + 1.512 | + 2.700 | + 162 |
| Gesamtkosten | 4.837 | 6.273 | 7.577 | 9.666 | 1.592 |
| Summe der Entlastungen | 4.860 | 6.264 | - | - | - |
| Über-/ Unterdeckung | 23[3)] Überdeckung | - 9 Unterdeckung | - | - | - |

(Alle Angaben in Euro [€])

Beispiele für die Berechnung:

[1)] $900 = 150 \cdot 6$

[2)] $1890 = 3500 \cdot 0,54$

[3)] $23 = 4.860 - 4.837$

zu c)

normalisierte Zuschlagssätze der Hauptkostenstellen:

|  | Kostenstelle Material | Kostenstelle Fertigung | Kostenstelle V&V |
|---|---|---|---|
| Durchschnittliche Gemeinkosten (Endkosten) | 9.500 € | 7.800 € | 1.558 € |
| Durchschnittliche Zuschlagsgrundlage | 19.000 € | 26.000 € | 62.300 € |
| Normalisierter Zuschlagssatz | 50 % | 30 % | 2,5 % |

Kostenträger kalkulieren:

|  | Produkt A |
|---|---|
| Materialeinzelkosten (MEK) | 10 € |
| + Materialgemeinkosten (50 % auf MEK) | 5 € |
| **= Materialkosten** | **15 €** |
| Fertigungseinzelkosten (FEK) | 15 € |
| + Fertigungsgemeinkosten (30 % auf FEK) | 4,50 € |
| **= Fertigungskosten** | **19,50 €** |
| **= Herstellkosten** | **34,50 €** |
| + Verwaltung- und Vertriebsgemeinkosten (2,5 % auf HK) | 0,8625 € |
| **= Selbstkosten** | **35,3625 €** |

Die Selbstkosten des Absatzproduktes A betragen 35,36 €.

## 4.3.2 Plankosten- und Planleistungsrechnung

### 4.3.2.1 Starre Plankostenrechnung

**Lösung zu Aufgabe 115**

| Aussage | | Richtig/Falsch |
|---|---|---|
| a) | In der starren Plankostenrechnung werden deterministische Zusammenhänge unterstellt. | Richtig |
| | Die Plankosten werden auf der Basis bestimmter, fest vorgegebener Kosteneinflussgrößen wie zum Beispiel Beschäftigungsgrad, Qualität etc. ermittelt. Eine Trennung in variable und fixe Kosten erfolgt nicht. | |
| b) | Eine starre Plankostenrechnung ist mit dem Nachteil verbunden, dass keine differenzierte Abweichungsanalyse durchgeführt werden kann. | Richtig |
| | Da in diesem Verfahren die Plankosten nicht auf die Istbeschäftigung umgerechnet werden, ist ihre Aussagefähigkeit sehr gering und somit keine wirksame Kostenkontrolle möglich. | |
| c) | Die starre Plankostenrechnung auf Vollkostenbasis ist zur Planung des Produktionsprogramms ungeeignet, weil alternative Beschäftigungen nicht analysiert werden können. | Richtig |
| | Eine Anpassung der Beschäftigung an die tatsächlich eingetretene Istbeschäftigung erfolgt im Rahmen der starren Plankostenrechnung nicht. Alternative Beschäftigungen können daher nicht analysiert werden. | |
| d) | Die starre Plankostenrechnung auf Vollkostenbasis ist zur Planung des Produktionsprogramms geeignet, weil alternative Beschäftigungen abgebildet werden. | Falsch |
| | Die starre Plankostenrechnung auf Vollkostenbasis ist ungeeignet, weil bei ihr von einer starren, festen Beschäftigung ausgegangen wird. | |

**Lösung zu Aufgabe 116**

zu a)

Einzelkosten sind:

Geldakkord von 2 €/$ME_A$ und 3 €/$ME_B$ ⇒ Fertigungseinzelkosten
Materialkosten von 4 €/$ME_A$ und 3 €/$ME_B$ ⇒ Materialeinzelkosten

zu b)

siehe Betriebsabrechnungsbogen-Formular

1) 270.000 € von 480.000 € sind Einzelkosten $\Rightarrow$ Gemeinkosten = 210.000 €

2) Materialkosten des Materials sind Materialeinzelkosten $\Rightarrow$ keine Materialgemeinkosten in KS 3.

zu c)

Analyse der Leistungsstrukturen

Da nur „vorwärts" gerichtete Leistungsverflechtungen existieren, führen das Gleichungsverfahren und das Stufenleiterverfahren zu exakten Ergebnissen.

zu d)

Durchführung der Sekundärkostenrechnung

Kantine:

$75.000\ € + 0 = (1.000\ ME + 2.000\ ME + 6.000\ ME + 1.000\ ME) \cdot q_1$

$\Rightarrow q_1 = \dfrac{75.000\ €}{10.000\ ME} = 7{,}50\ €/ME$

Instandhaltung:

$267.000\ € + 1.000\ ME \cdot 7{,}50\ €/ME = (750\ ME + 15.000\ ME + 250\ ME) \cdot q_2$

$\Rightarrow q_2 = \dfrac{274.500\ €}{16.000\ ME} = 17{,}15625\ €/ME = 17{,}16\ €/ME$

3) und 4):

$\Rightarrow$ Umlage Kantine:

auf Instandhaltung (KS 2): $1.000\ ME \cdot 7{,}50\ €/ME = 7.500\ €$

auf Material (KS 3): $2.000 \cdot 7{,}50 = 15.000\ €$

auf Fertigung (KS 4): $6.000 \cdot 7{,}50 = 45.000\ €$

auf V & V (KS 5): $1.000 \cdot 7{,}50 = 7.500\ €$

$\Rightarrow$ Umlage Instandhaltung:

insgesamt umzulegen: $267.000 + 7.500 = 274.500\ €$

auf Material (KS 3): $750 \cdot 17{,}15625 = 12.867{,}19\ €$

auf Fertigung (KS 4): $15.000 \cdot 17{,}15625 = 257.343{,}75\ €$

auf V & V (KS 5): $250 \cdot 17{,}15625 = 4.289{,}06\ €$

zu e)

Zuschlagsbasen ermitteln:

5) für MGK: Materialeinzelkosten = 390.000 € (siehe Aufgabenstellung)

$\Rightarrow$ Zuschlagssatz = 278.867,19 € / 390.000 € = 71,50 %

6) für maschinenunabhängige FGK: Fertigungseinzelkosten (Geldakkordlohn) = 270.000 € (siehe Aufgabenstellung)

$\Rightarrow$ Zuschlagssatz = 566.171,88 €/270.000 € = 209,69 %

7) für maschinenabhängige FGK: Fertigungsminuten gesamt = 216.000 Min.

$\Rightarrow$ Zuschlagssatz = 566.171,88 € /216.000 Min. = 2,62 €/Min.

8) für V&V Kosten: Herstellkosten gesamt

= $\underbrace{390.000\,€}_{\text{MEK}} + \underbrace{278.867,19\,€}_{\text{MGK}} + \underbrace{270.000\,€}_{\text{FEK}} + \underbrace{1.132.343,75\,€}_{\text{FGK abhängig + unabhängig}}$ = 2.071.210,94 €

$\Rightarrow$ Zuschlagssatz = 766.789,06 €/2.071.210,94 €=37,02 %

zu f)

Selbstkosten ermitteln (Kalkulation):

|  | Produkt A | Produkt B |
|---|---|---|
| Materialeinzelkosten | 4,00 € | 3,00 € |
| + Materialgemeinkosten (71,5 %) | 2,86 € | 2,15 € |
| **Materialkosten** | **6,86 €** | **5,15 €** |
| Fertigungseinzelkosten | 2,00 € | 3,00 € |
| + Fertigungsgemeinkosten maschinenlaufzeitunabhängig (209,69 %) | 4,19 € | 6,29 € |
| + Fertigungsgemeinkosten maschinenlaufzeitabhängig (2,62 €/min) | 4,37 € (1,67 Min. /ME)[9] | 6,08 € (2,32 Min. /ME)[10] |
| **Fertigungskosten** | **10,56 €** | **15,37 €** |
| **Herstellkosten** | **17,42 €** | **20,52 €** |
| Verwaltungs- und Vertriebsgemeinkosten (37,02 %) | 6,45 € | 7,60 € |
| **Selbstkosten** | **23,87 €** | **28,12 €** |

9) 100.000 Min. / 60.000 ME = 1,67 Min.

10) 116.000 Min. / 50.000 ME = 2,32 Min.

Betriebsabrechnungsbogen:

| | Gemeinkosten | Kostenstellen | | | | |
|---|---|---|---|---|---|---|
| | | KS1 Kantine | KS2 Instand-haltung | KS3 Material | KS4 Fertigung | KS5 V&V |
| 1 | Löhne & Gehälter | 40.000 | 110.000 | 156.000 | 210.000[1] | 500.000 |
| 2 | Material | 20.000 | 112.000 | -[2] | - | 60.000 |
| 3 | Abschreibungen | 5.000 | 20.000 | 25.000 | 545.000 | 45.000 |
| 4 | Sonstiges | 10.000 | 25.000 | 70.000 | 75.000 | 150.000 |
| 5 | **Summe Gemeinkosten** | 75.000 | 267.000 | 251.000 | 830.000 | 755.000 |
| 6 | Umlage Kantine[3] | -75.000 | 7.500 | 15.000 | 45.000 | 7.500 |
| 7 | Umlage Instand-haltung [4] | | -274.500 | 12.867,19 | 257.343,75 | 4.289,06 |
| 8 | **Endkosten** | 0 | 0 | 278.867,19 | 1.132.343,75 | 766.789,06 |
| 9 | Gesamtkosten | 75.000 | 274.500 | 278.867,19 | 1.132.343,75 | 766.789,06 |
| 10 | | | | | maschinen-zeitunab-hängig | maschinen-zeitabhängig | |
| 11 | | | | | 566.171,88 | 566.171,88 | |
| 12 | Zuschlagsbasis | | | 390.000 €[5] | 270.000 €[6] | 216.000 Min.[7] | 2.071.210,94[8] |
| 13 | **Planzuschlag** | | | 71,50 % | 209,69 % | 2,62 €/Min. | 37,02 % |

(Alle Angaben in Euro [€])

## 4.3.2.2 Flexible Plankostenrechnung auf Vollkosten- und Teilkostenbasis

### Lösung zu Aufgabe 117

| | Aussage | Richtig/Falsch |
|---|---|---|
| a) | Bei Anwendung der flexiblen Plankostenrechnung auf Vollkostenbasis werden alle Kosten verursachungsgerecht verrechnet. | Falsch |
| | Im Rahmen der Plankostenrechnung werden auch Gemeinkosten verrechnet. Diese sind per Definition nicht verursachungsgerecht zurechenbar. | |
| b) | In der flexiblen Plankostenrechnung auf Vollkostenbasis werden nur alle variablen, aber nicht alle fixen Kosten verrechnet. | Falsch |
| | Der Begriff der Vollkosten beinhaltet die Einbeziehung aller Kosten. | |
| c) | Die flexible Plankostenrechnung auf Teilkostenbasis wird auch als Grenzplankostenrechnung bezeichnet. | Richtig |
| | Vgl. Lehrbuch Abschnitt III.D. | |
| d) | Für die Ermittlung des Deckungsbeitrages sind fixe Kosten irrelevant. | Richtig |
| | Vgl. Lehrbuch Abschnitt III.E.3. | |

### Lösung zu Aufgabe 118

zu a)

Materialkosten für Wartung sind in Bezug auf die Ausbringungsmenge variabel:

$\Rightarrow 1.035 \cdot 15 = 15.525$ €

zu b)

innerbetriebliche Leistungsverrechnung durchführen (alle Angaben in Euro [€]):

|  |  | KS 1 | KS 2 | | KS 3 | KS 4 | |
|---|---|---|---|---|---|---|---|
|  |  | fix | fix | variabel | fix | fix | variabel |
| Primäre GK | | 55.000 | 56.400 | 15.525 | 60.235 | 148.000 | 0 |
| 1 | | -55.000 | +17.600 | | +13.200 | +24.200 | |
| 2 | fix | | -74.000 | | +35.705 | +38.295 | |
|   | variabel | | | -15.525 | | | +15.525 |
| 3 | | | | | -109.140 | +109.140 | |
| Endkosten | | 0 | 0 | 0 | 0 | 319.635 | 15.525 |

mit

$$q_1^{fix} = \frac{55.000}{(800 + 600 + 1100)} = 22\,€$$

$$q_2^{fix} = \frac{56.400 + 800 \cdot 22}{(965 + 1035)} = 37\,€$$

$$q_3^{fix} = \frac{60.235 + 600 \cdot 22 + 965 \cdot 37}{400} = 272{,}85\,€$$

exemplarisch :

$17.600 = 800 \cdot 22$

## Lösung zu Aufgabe 119

zu a)

Umlage der variablen Kosten der Instandhaltung:
In der Aufgabe ist angegeben, dass die gesamten Kosten auf die KS 4 umgewälzt werden. Demnach erfolgt die Überwälzung des kompletten Betrags auf die KS 4 und dort Erfassung bei den variablen Kosten der KS 4. Da die gesamten Kosten auf eine Kostenstelle umgelegt werden, ist hier keine Berechnung eines Verrechnungspreises für die variablen Kosten notwendig.

Umlage der fixen Kosten der Instandhaltung:

Verrechnungspreis bestimmen:

$177.000\,€ + 7.500\,€ = 10.000 \cdot q_2^{fix}$

$\Rightarrow q_2^{fix} = 18,45\,€/ME$

$\Rightarrow$ Umlage auf Lager $= 18,45\,€/ME \cdot 750\,ME = 13.837,50\,€$

$\Rightarrow$ Umlage auf Fertigung $= 18,45\,€/ME \cdot 9.000\,ME = 166.050\,€$

$\Rightarrow$ Umlage auf V & V $= 18,45\,€/ME \cdot 250\,ME = 4.612,50\,€$

zu b)

Zuschlagsbasen:

Für Material und Fertigung analog Teil 1: MEK und FEK

Für die fixen V&V sind die Herstellkosten auf <u>Vollkostenbasis</u> (variabel und fix!!) die Zuschlagsbasis:

$$\underbrace{390.000\,€}_{MEK} + \underbrace{270.000\,€}_{FEK} + \underbrace{279.837,50\,€}_{MGK} + \underbrace{335.000\,€}_{var\,FGK} + \underbrace{796.050\,€}_{fix\,FKG} = 2.070.887,50\,€$$

Wenn variable V&V gegeben gewesen wären, wäre deren Zuschlagsbasis Einzelkosten + variable Gemeinkosten (ohne fixe Gemeinkosten!).

zu c)

Selbstkostenermittlung auf Vollkostenbasis

| Kalkulation | Produkt A | Produkt B |
|---|---|---|
| Materialeinzelkosten | 4,00 € | 3,00 € |
| + Materialgemeinkosten variabel | 0 € | 0 € |
| + Materialgemeinkosten fix (71,75 %) | 2,87 € | 2,15 € |
| **Materialkosten** | **6,87 €** | **5,15 €** |
| Fertigungseinzelkosten | 2,00 € | 3,00 € |
| + Fertigungsgemeinkosten variabel (124,07 %) | 2,48 € | 3,72 € |
| + Fertigungsgemeinkosten fix (294,83 %) | 5,90 € | 8,84 € |
| **Fertigungskosten** | **10,38 €** | **15,56 €** |
| **Herstellkosten** | **17,25 €** | **20,71 €** |

| Kalkulation | Produkt A | Produkt B |
|---|---|---|
| Herstellkosten | 17,25 € | 20,71 € |
| + V&V-Gemeinkosten variabel | 0 | 0 € |
| + V&V-Gemeinkosten fix (37,04 %) | 6,39 € | 7,67 € |
| Selbstkosten | 23,64 € | 28,38 € |

zu d)

Selbstkostenermittlung auf Teilkostenbasis:

| Kalkulation | Produkt A | Produkt B |
|---|---|---|
| Materialeinzelkosten | 4,00 € | 3,00 € |
| + Materialgemeinkosten variabel | 0 € | 0 € |
| **Materialkosten variabel** | **4,00 €** | **3,00 €** |
| Fertigungseinzelkosten | 2,00 € | 3,00 € |
| + Fertigungsgemeinkosten variabel | 2,48 € | 3,72 € |
| **Fertigungskosten variabel** | **4,48 €** | **6,72 €** |
| **Herstellkosten variabel** | **8,48 €** | **9,72 €** |
| + V&V-Gemeinkosten variabel | 0 € | 0 € |
| **Selbstkosten variabel** | **8,48 €** | **9,72 €** |

zu e)

Auf Basis der Vollkostenrechnung würde man die Produktion einstellen wollen, weil die Selbstkosten nicht gedeckt werden. Führt man zusätzlich eine Teilkostenrechnung durch, so erkennt man, dass kurzfristig eine Produktion von A durchaus sinnvoll ist, weil sie dazu beiträgt, die Fixkosten zu decken, d.h. einen positiven Deckungsbeitrag erbringt.

## Lösung zu Aufgabe 120

zu a)

Variable Gemeinkosten:

In Bezug auf die Ausbringungsmenge sind die Materialkosten für Wartung variabel:

Anzahl Wartungen: $\dfrac{1.200 \cdot 75 + 1.500 \cdot 45}{60} = 2.625$

Kosten für Wartungsmaterial: $2.625 \cdot 10 = 26.250 \,€$

zu b)

innerbetriebliche Leistungsverrechnung

Verrechnungspreise bestimmen:

$q_1^{var} = \dfrac{26.250}{2.625} = 10$

$q_1^{fix} = \dfrac{151.250 - 26.250}{5.000} = 25$

$q_2^{fix} = \dfrac{82.500 + 25 \cdot 1.000}{2.500} = 43$

$q_3^{fix} = \dfrac{104.725 + 25 \cdot 1.375 + 43 \cdot 1.300}{15.000} = 13$

Durchführung der innerbetrieblichen Leistungsverrechnung (alle Angaben in Euro [€]):

|  |  | KS 1 |  | KS 2 | KS 3 | KS 4 |  |
|---|---|---|---|---|---|---|---|
|  |  | variabel | fix | fix | fix | variabel | fix |
| primäre GK |  | 26.250 | 125.000 | 82.500 | 104.725 | 0 | 248.000 |
| 1 | variabel | -26.250 |  |  |  | 26.250 |  |
|  | fix |  | -125.000 | 25.000 | 34.375 |  | 65.625 |
| 2 |  |  |  | -107.500 | 55.900 |  | 51.600 |
| 3 |  |  |  |  | -195.000 |  | 195.000 |
| Endkosten |  | 0 | 0 | 0 | 0 | 26.250 | 560.225 |

## Lösung zu Aufgabe 121

zu a)

Zuschlagssätze bestimmen:

Material variabel: $\quad z_M^{var} = \dfrac{25.000}{125.000} = 20\,\%$

Verwaltung und Vertrieb variabel: $\quad z_{V\&V}^{var} = \dfrac{43.000}{125.000 + 200.000 + 25.000 + 80.000} = 10\,\%$

zu b)

Teilkosten bestimmen:

| | |
|---|---|
| Materialeinzelkosten | 350 € |
| + variable Materialgemeinkosten (20 %) | 70 € |
| **= gesamte variable Materialkosten** | **420 €** |
| | |
| Fertigungseinzelkosten | 400 € |
| + variable Fertigungsgemeinkosten (40 %) | 160 € |
| **= gesamte variable Fertigungskosten** | **560 €** |
| | |
| **variable Herstellkosten** | **980 €** |
| + variable Verwaltungs- und Vertriebsgemeinkosten (10 %) | 98 € |
| **= Teilkosten** | **1.078 €** |

## Lösung zu Aufgabe 122

zu a)

Endkosten der Hilfskostenstellen betragen immer 0.

$\Rightarrow$ A = 0 und B = 0

zu b)

b1) Plan-Zuschlagssatz: $\dfrac{300.000\,€}{600.000\,€} = 0,5$

b2) Produktkalkulation:

| Materialeinzelkosten | 2,00 € |
|---|---|
| + Materialgemeinkosten (125 %) | 2,50 € |
| = **Materialkosten** | **4,50 €** |
| Fertigungseinzelkosten | 4,00 € |
| + Fertigungsgemeinkosten variabel (50 %) | 2,00 € |
| + Fertigungsgemeinkosten fix (25 %) | 1,00 € |
| + Sondereinzelkosten der Fertigung | 1,00 € |
| = **Fertigungskosten** | **8,00 €** |
| **Herstellkosten** | **12,50 €** |
| + Verwaltungs- und Vertriebsgemeinkosten (50 %) | 6,25 € |
| = **Selbstkosten** | **18,75 €** |

|  | Hilfskostenstellen | | Lager | Fertigung | | V&V |
|---|---|---|---|---|---|---|
|  | variabel | fix | fix | variabel | fix | fix |
| Endkosten | A=0 | B=0 | 100.000 | 100.000 | 50.000 | 300.000 |
| Zuschlagsbasis |  |  | 80.000 | 200.000 | 200.000 | 600.000 |
| Plan-Zuschlag |  |  | 125 % | 50 % | 25 % | C=50 % |

b3)

Stückdeckungsbeitrag = Preis − variable Stückkosten

$= 11{,}00 - (2{,}00 + 4{,}00 + 2{,}00 + 1{,}00) = 2{,}00$ €

## Lösung zu Aufgabe 123

zu a)

siehe BAB- Lösungsschema

zu b)

Verrechnungssätze für die fixen Kosten der Hilfskostenstellen bestimmen:

I. $33 \cdot q_W = 21.000 + 2 \cdot q_W + 2 \cdot q_T$

II. $10 \cdot q_T = 45.000 + 5 \cdot q_W$

$\Rightarrow q_T = 4.500 + 0,5 \cdot q_W$

II. in I. einsetzen:

$33 \cdot q_W = 21.000 + 2 \cdot q_W + 2 \cdot (4.500 + 0,5 \cdot q_W)$

$33 \cdot q_W = 21.000 + 2 \cdot q_W + 9.000 + 1 \cdot q_W$

$30 \cdot q_W = 30.000$

$\Rightarrow q_W = 1.000$

in II. einsetzen:

$\Rightarrow q_T = 5.000$

Höhe der variablen Kosten, die den Hauptkostenstellen zugeschlagen werden können:

|  | Variable GK [€] | Material [€] | Fertigung [€] | V&V [€] |
|---|---|---|---|---|
| Werkstatt | 31.500 | 6.300 [20 %] | 25.200 [80 %] | 0 |
| Transport | 20.500 |  |  | 20.500 |

zu c)

siehe BAB- Lösungsschema

zu d)

Herstellkosten variabel:

= FEK + MEK+ FGK variabel + MGK variabel

= 300.000 + 500.000 + 25.200 + 100.000 = 925.200 €

Herstellkosten:

= Herstellkosten variabel + MGK fix + FGK fix

= 925.200 + 425.000 + 600.000 = 1.950.200 €

Zuschlagssätze ermitteln:

| | |
|---|---|
| Material variabel: | 100.000/500.000 = 20 % |
| Material fix: | 425.000/500.000 = 85 % |
| Fertigung variabel: | 25.200/100.800 = 0,25 €/Min. |
| Fertigung fix: | 600.000/300.000 = 200 % |
| Verwaltung und Vertrieb variabel: | 41.260/925.200 = 4,46 % |
| Verwaltung und Vertrieb fix: | 21.250/1.950.000 = 1,09 % |

zu e)

| | Variable Plankosten | Gesamte Plankosten |
|---|---|---|
| Materialeinzelkosten | 0,60 € | 0,60 € |
| + Materialgemeinkosten variabel (20 %) | 0,12 € | 0,12 € |
| + Materialgemeinkosten fix (85 %) | 0 € | 0,51 € |
| = **Materialkosten** | **0,72 €** | **1,23 €** |
| + Fertigungseinzelkosten | 0,20 € | 0,2 € |
| + Fertigungsgemeinkosten variabel (0,25 €/Min.) | [1,2 Min./ME] 0,30 € | [1,2 Min./ME] 0,30 € |
| + Fertigungsgemeinkosten fix (200 %) | 0 € | 0,40 € |
| = **Fertigungskosten** | **0,50 €** | **0,90 €** |
| **Herstellkosten** | **1,22 €** | **2,13 €** |
| + Verwaltungs- und Vertriebsgemeinkosten variabel (4,46 %) | 0,054 € | 0,054 € |
| + Verwaltungs- und Vertriebsgemeinkosten fix (1,09 %) | 0 € | 0,023 € |
| = **Selbstkosten** | **1,274 ≈ 1,27 €** | **2,207 ≈ 2,21 €** |

Das BAB – Lösungsschema finden Sie hier:

| | Kostenstelle | | | | | | | | | |
|---|---|---|---|---|---|---|---|---|---|---|
| | Werkstatt | | Transport | | Material | | Fertigung | | Verwaltung & Vertrieb | |
| | variabel | fix | variabel | fix | variabel | fix | variabel | fix | variabel | fix |
| Primäre Gemeinkosten gesamt | 31,5 | 21 | 20,5 | 45 | 93,7 | 412 | 0 | 567 | 20,76 | 1,25 |
| Umlage Werkstatt variabel | -31,5 | 0 | 0 | 0 | 6,3 | 0 | 25,2 | | 0 | 0 |
| Umlage Werkstatt fix [$q_W = 1.000$] | 0 | 2 -33 | 0 | 5 | 0 | 3 | 0 | 23 | 0 | 0 |
| Umlage Transport variabel | 0 | 0 | -20,5 | 0 | 0 | 0 | 0 | 0 | 20,5 | 0 |
| Umlage Transport fix [$q_T = 5.000$] | 0 | 10 | 0 | -50 | 0 | 10 | 0 | 10 | 0 | 20 |
| Endkosten | 0 | 0 | 0 | 0 | 100 | 425 | 25,2 | 600 | 41,26 | 21,25 |
| Zuschlagsbasis | | | | | 500 | 500 | 100,8 Min. | 300 | 925,2 | 1.950,2 |
| Zuschlagssatz | | | | | 20 % | 85 % | 0,25 €/min | 200 % | 4,46 % | 1,09 % |

Alle Angaben in <u>Tausend</u> Euro.

 **in der UTB-Reihe**

Josef Kloock/Günter Sieben/
Thomas Schildbach/Carsten Homburg

# Kosten- und Leistungsrechnung

9., aktualisierte und erweiterte Auflage

2005. XVI/340 S., kt. € 32,90
UTB 8312 (ISBN 978-3-8252-8312-4)

Dieses erfolgreiche Lehrbuch bietet einen umfangreichen Überblick zur Kosten- und Leistungsrechnung und ist in drei größere Teile untergliedert:

Teil I  beschäftigt sich mit den Grundlagen der Kosten- und Leistungsrechnung und verdeutlicht zentrale Begriffe.

Teil II behandelt die primär für Dokumentations- und Kontrollaufgaben geeignete Istkosten- und Istleistungsrechnung.

Teil III führt die Plankosten- und Planleistungsrechnung ein. Mit der Grenzplankostenrechnung wird hier ein zur Unterstützung kurzfristiger Entscheidungen geeignetes Rechnungssystem erläutert.

Das Buch eignet sich sowohl für Studenten und Wissenschaftler als auch für Praktiker. Kontrollfragen mit Lösungen zu den einzelnen Teilgebieten ermöglichen die Vertiefung des Stoffes und eine gezielte Prüfungsvorbereitung. Zahlreiche Abbildungen und Beispiele helfen dem Leser dabei, sich die abstrakten Zusammenhänge einzuprägen.

  *Stuttgart*

## Die Zeitschrift für den Wirtschaftsstudenten

Die Ausbildungszeitschrift, die Sie während Ihres ganzen Studiums begleitet · Speziell für Sie als Wirtschaftsstudent geschrieben · Studienbeiträge aus der BWL, Wirtschaftsinformatik und VWL · Original-Examensklausuren und Fallstudien · WISU-Repetitorium · WISU-Studienblatt · WISU-Lexikon · WISU-Kompakt · WISU-Magazin mit Beiträgen zu aktuellen wirtschaftlichen Themen, zu Berufs- und Ausbildungsfragen · WISU-Firmenguide für Bewerber · WISU-Praktikantenguide · WISU-Diplomarbeitenguide · Stellenanzeigen

Nur als WISU-Abonnent haben Sie Zugang zum umfangreichen WISU-Archiv im Internet.

Erscheint monatlich · Bezugspreis für Studenten halbjährlich 37,80 Euro zzgl. Versandkosten (Stand 2008) · Ein Probeheft erhalten Sie beim Lange Verlag, Poststr. 12, 40213 Düsseldorf.

**Lange Verlag · Düsseldorf**

 **in der UTB-Reihe**

### Betriebswirtschaft

Koppelmann
**Marketing**
Einführung in die
Entscheidungsprobleme
des Absatzes
und der Beschaffung
8. Aufl. 2006
212 S., kt. 19,90 €
ISBN 978-3-8252-8320-9

Sieben/Schildbach
**Betriebswirtschaftliche
Entscheidungstheorie**
4. Aufl. 1994
248 S., kt. 19,90 €
ISBN 978-3-8282-4656-7

v. Wysocki/Wohlgemuth
**Konzernrechnungs-
legung**
5. Aufl. 2008
in Vorbereitung

Grob
**Fallstudien zur
Betriebswirtschaftslehre**
1993
384 S., kt. 28,- €
ISBN 978-3-8282-4651-6

Kloock/Kuhner
**Bilanz- und
Erfolgsrechnung**
4. Aufl. 2008
in Vorbereitung

Kloock/Sieben/
Schildbach/Homburg
**Kosten- und
Leistungsrechnung**
9. Aufl. 2005
340 S., kt. 32,90 €
ISBN 978-3-8252-8312-4

Nicolai
**Personalmanagement**
2006
325 S., kt. 25,90 €
ISBN 978-3-8252-8323-0

### Volkswirtschaft

Görgens/Ruckriegel/Seitz
**Europäische Geldpolitik**
4. Aufl. 2004
559 S., Ln. 36,90 €
ISBN 978-3-8252-8285-1

Görgens/Ruckriegel
**Makroökonomik**
10. Aufl. 2007
325 S., kt. 24,90 €
ISBN 978-3-8252-8350-6

Hoyer/Rettig/Rothe
**Grundlagen der mikro-
ökonomischen Theorie**
3. Aufl. 1993
348 S., kt. 21,- €
ISBN 978-3-8282-4655-9

Kirsch
**Neue Politische
Ökonomie**
5. Aufl. 2004
446 S., kt. 32,90 €
ISBN 978-3-8252-8272-1

Rettig/Funk/
Voggenreiter
**Grundlagen der
Makroökonomik**
8. Aufl. 2008
in Vorbereitung

Koch/Czogalla
**Grundlagen der
Wirtschaftspolitik**
2. Aufl. 2004
447 S., kt. 26,90 €
ISBN 978-3-8252-8265-3

Streit
**Theorie der
Wirtschaftspolitik**
6. Aufl. 2005
457 S., kt. 34,90 €
ISBN 978-3-8252-8298-1

Wagner/Jahn
**Neue Arbeitsmarkt-
theorien**
2. Aufl. 2004
432 S., kt. 29,90 €
ISBN 978-3-8252-8258-5

Zerche/Gründger
**Sozialpolitik**
Einführung in
die ökonomische Theorie
der Sozialpolitik
2. Aufl. 1996
172 S., kt. 21,- €
ISBN 978-3-8282-4661-3

### Rechtswissenschaft

Weimar/Schimikowski
**Bürgerliches Recht (I-III)**
5. Aufl. 2008
in Vorbereitung

Diederichsen/Tietze
**Grundkurs im BGB
in Fällen und Fragen**
5. Aufl. 2007
130 S., kt. 15,90 €
ISBN 978-3-8252-8322-3

  *Stuttgart*

# Grundwissen der Ökonomik – BWL

Herausgegeben von Franz X. Bea und Marcell Schweitzer

Bea/Schweitzer
**Allgemeine BWL
Band 1: Grundfragen**
9. A. 2004. € 19,90
(UTB 1081)

Bea/Schweitzer
**Allgemeine BWL
Band 2: Führung**
9. A. 2005. € 23,90
(UTB 1082)

Bea/Schweitzer
**Allgemeine BWL
Band 3: Leistungsprozeß**
9. A. 2006. € 22,90
(UTB 1083)

Bea/Göbel
**Organisation**
3. A. 2006. € 28,90
(UTB 2077)

Bea/Haas
**Strategisches
Management**
4. A. 2005. € 25,90
(UTB 1458)

Bea/Scheurer
**Projektmanagement**
2008. ca. € 19,90
(UTB 2388)

Böcker/Helm
**Marketing**
7. A. 2003. € 25,90
(UTB 919)

Brockhoff
**Produktpolitik**
4. A. 1999. € 7,90
(UTB 1079)

Büschgen/Börner
**Bankbetriebslehre**
4. A. 2003. € 24,90
(UTB 917)

Coello Arias
**Espanol para economistas**
2002. m. 2 Audio-CD.
€ 9,90
(UTB 2352)

Drukarczyk
**Finanzierung**
9. A. 2003. € 29,90
(UTB 1229)

Friedl
**Controlling**
2002. € 28,90
(UTB 2117)

Friedl
**Kostenmanagement**
2008. ca. € 24,90
(UTB 2706)

Göbel
**Neue Institutionenökonomik**
2002. € 21,90
(UTB 2235)

Hansen/Neumann
**Arbeitsbuch Wirtschaftsinformatik**
7. A. 2007. € 23,90
(UTB 1281)

Hansen/Neumann
**Wirtschaftsinformatik 1
Grundlagen und Anwendungen**
9. A. 2005. € 19,90
(UTB 2669)

Hansen/Neumann
**Wirtschaftsinformatik 2
Informationstechnik**
9. A. 2005. € 21,90
(UTB 2670)

Heinhold
**Kosten- und Erfolgsrechnung**
4. Aufl. 2007. € 22,90
(UTB 1974)

Helm/Gierl
**Marketing Arbeitsbuch**
4. A. 2005. € 15,90
(UTB 1801)

Heyd
**Internationale Rechnungslegung**
2003. € 39,90
(UTB 2451)

Klimecki/Gmür
**Personalmanagement**
3. A. 2005. € 24,90
(UTB 2025)

Kuhnle
**Bilanzen**
2004. € 22,90
(UTB 2119)

Kuß/Tomczak
**Käuferverhalten**
4. A. 2007. € 19,90
(UTB 1604)

Pechtl
**Preispolitik**
2005. € 24,90
(UTB 2643)

Perlitz
**Internationales
Management**
5. A. 2004. € 29,90
(UTB 1560)

Schünemann
**Wirtschaftsprivatrecht**
5. A. 2006. € 29,90
(UTB 1584)

Schwarz/Gebicke
**Wörterbuch
Wirtschaft für Studium und Praxis
Deutsch-Russisch/
Russisch-Deutsch**
2004. € 24,90
(UTB 2624)

Schweiger/Schrattenecker
**Werbung**
6. A. 2005. € 19,90
(UTB 1370)

Spremann/
Gantenbein
**Kapitalmärkte**
2005. € 18,90
(UTB 2517)

Troßmann
**Investition**
1998. € 25,90
(UTB 2013)

Troßmann/Werkmeister
**Arbeitsbuch
Investition**
2001. € 16,90
(UTB 2205)

Zahn/Schmid
**Produktionswirtschaft I
Grundlagen und operatives
Produktionsmanagement**
1996. € 31,90
(UTB 8126)

  *Stuttgart*